中国电子学会物联网专家委员会推荐

普通高等教育物联网工程专业"十三五"规划教材

无线传感网技术与设计

向守超　谢钱涛　吴俊霖　编　著

西安电子科技大学出版社

内 容 简 介

本书全面介绍了无线传感网技术的基本原理和应用开发技术。全书共分为 8 章，首先介绍了无线传感网技术概论和无线传感网关键技术，包括体系结构、发展历程、定位技术、时间同步技术、安全技术、数据融合、路由协议等主要知识体系；其次介绍了 Wi-Fi 无线通信技术，包含了 AT 指令集介绍和典型的 Wi-Fi 无线通信实例；接下来分析了 ZigBee 技术在无线传感网中的具体应用，包含了 ZigBee 技术原理、协议栈分析以及 ZigBee 在协议栈中的具体开发与设计；最后讨论了红外线通信技术。本书在对知识体系全面分析的同时，插入了许多典型案例设计，真正做到了理论和实践密切结合。

本书可作为高等院校电气信息类、物联网工程类相关专业的无线传感网技术课程的教材或教学参考书。

图书在版编目(CIP)数据

无线传感网技术与设计 / 向守超，谢钱涛，吴俊霖主编. — 西安：西安电子科技大学出版社, 2018.10
ISBN 978-7-5606-5039-5

Ⅰ. ① 无… Ⅱ. ① 向… ② 谢… ③ 吴… Ⅲ. ① 无线电通信—传感器 Ⅳ. ① TP212

中国版本图书馆 CIP 数据核字(2018)第 181455 号

策划编辑　刘玉芳
责任编辑　祝婷婷　阎　彬
出版发行　西安电子科技大学出版社(西安市太白南路 2 号)
电　　话　(029)88242885　88201467　　　邮　编　710071
网　　址　www.xduph.com　　　电子邮箱　xdupfxb001@163.com
经　　销　新华书店
印刷单位　陕西利达印务有限责任公司
版　　次　2018 年 10 月第 1 版　　2018 年 10 月第 1 次印刷
开　　本　787 毫米×1092 毫米　1/16　印　张　19
字　　数　450 千字
印　　数　1～3000 册
定　　价　43.00 元

ISBN 978-7-5606-5039-5 / TP

XDUP 5341001-1

***** 如有印装问题可调换 *****

前　言

　　无线传感网是一种集信息采集、处理和传输功能于一体的智能网络信息系统。它由大量传感器节点组成，这些传感器节点被部署在指定的地理区域内，通过无线通信和自组织方式形成无线网络，能够实时感知与采集指定区域内的各种环境数据和目标信息，并将所感知与采集到的数据和信息传递给监控中心或终端用户，实现对物理世界的感知及人与物理世界之间的通信和信息交互。如果说互联网的出现改变了人与人之间的沟通方式，那么无线传感器网络的出现改变了人与自然界之间的交互方式，使人类可以通过无线传感网直接感知客观世界，进而极大地提高了人类认识和改造物理世界的能力。因此，无线传感网在民用和军事领域具有十分广阔的应用前景。在民用领域，无线传感网可以应用于环境监测、工业控制、医疗健康、智能家居、科学探索、抢险救灾和公共安全等方面；在军事领域，无线传感网可以应用于国土安全、战场监视、战场侦察、目标定位、目标识别、目标跟踪等方面。

　　无线传感网是物联网的重要分支，是随着无线通信、嵌入式技术、传感器技术、微机电技术以及分布式信息处理技术的进步而发展起来的一门新兴的信息获取技术，是当前在国际上备受关注、多学科高度交叉、知识高度集成的前沿热点研究领域。由于所涉及的学科和理论研究问题较多，很多技术还在探索过程中。目前很多的无线传感网教材都比较注重理论深度，不利于工程应用型人才培养。本书是在作者多年对无线传感网的理论研究和教学基础上编写的，作为无线传感网技术的基础性教材，力求简明扼要，深入浅出，删减复杂、繁琐的理论推导，比较详细地介绍了无线传感网所涉及的关键技术和基本理论，并将其与实际应用相结合，既有利于学生理解和掌握基础知识体系，也有利于学生对项目开发设计有初步的了解。

　　本书总结了当今无线传感网研究领域中的研究成果和应用技术，详细阐述了无线传感网研究中的基本理论和方法，包括无线传感网技术概论、无线传感网关键技术以及当今无线传感网在实际生活中的具体应用与设计。全书结构合理，内容丰富，知识体系简明扼要，理论与实践充分结合，共分成两大部分：第一部分讲解无线传感网技术概论和无线传感网关键技术；第二部分讲解无线传感网技术的具体应用。通过阅读本书，读者可以快速、全面地掌握无线传感网技术的基本理论知识，并应用这些理论知识做一些简单的设计开发工作。为了便于读者学习相关知识体系，本书在编写过程中尽量做到结合实际，以图文结合的方式来阐明物理概念，以具体实例来引导学生进行设计开发。通过本书的学习，读者可以为以后从事无线传感网技术的应用设计开发工作打下良好的基础。

本书依据物联网工程专业的教学大纲编写，教学计划为 64 学时(含实验实训)，也可根据实际教学情况和要求进行删减。本书由向守超(重庆机电职业技术学院)、谢钱涛(重庆工程学院)、吴俊霖(重庆工程学院)编著。其中第 1 章、第 2 章由谢钱涛老师编著，第 3 章、第 8 章由吴俊霖老师编著，第 4 章至第 7 章由向守超老师编著。本书作者诚挚感谢参加材料收集和整理的何小群老师、聂增丽老师、李章勇老师和唐敏老师，以及物联网学院的全体老师对本书编写作出的支持与鼓励！

由于编者水平有限，加之无线传感网技术在不断发展与更新，书中难免有不足之处，恳请广大读者批评指正。

编　者
2018.4

目　录

第 1 章　无线传感网技术概论

无线传感器网络(Wireless Sensor Networks，WSN，简称无线传感网)是当前在国际上备受关注、多学科高度交叉、知识高度集成的前沿热点研究领域。WSN 综合了传感器技术、嵌入式计算技术、现代网络及无线通信技术、分布式信息处理技术等，能够通过各类集成化的微型传感器协作地实时监测、感知和采集各种环境或监测对象的信息，这些信息通过无线方式被发送，并以自组多跳网络方式传送到用户终端，从而实现物理世界、计算世界以及人类社会三元世界的连通。无线传感网实现了将客观世界的物理信息同传输网络连接在一起，在下一代网络中将为人们提供最直接、最有效、最真实的信息。

本章将对无线传感网技术做一个比较全面的介绍，包括无线传感网的体系结构、主要特征、关键技术，以及应用领域、发展现状与发展趋势。

1.1　无线传感网体系结构

1.1.1　无线传感网网络结构

无线传感网是由一组无线传感器节点以 Ad Hoc(自组织)方式组成的无线网络，其目的是协作地感知、收集和处理传感网所覆盖的地理区域中感知对象的信息，并传递给观察者。这种无线传感网集中了传感器技术、嵌入式计算技术和无线通信技术，能协作地感知、监测和收集各种环境下所感知对象的信息，通过对这些信息的协作式信息处理，获得感知对象的准确信息，然后通过 Ad Hoc 方式将信息传送给需要这些信息的用户。因此传感器、感知对象和观察者构成了无线传感网的三个要素。

无线传感网包含类型众多的传感器节点，可以用来探测包括地震、电磁、温度、湿度、噪声、光强度、压力、土壤成分等周边环境中多种多样的现象及指标，因此无线传感网的应用前景非常广泛，受到越来越多研究人员的重视。但无线传感网的硬件资源十分有限，且其工作环境通常是一些资源受限的地方，因此给理论研究人员和工程技术人员提出了大量具有挑战性的研究课题。

典型的无线传感网体系结构如图 1-1 所示，它由分布式传感器节点群组成。传感器节点可以通过飞机布撒或人工布置的方式，大量部署在被感知对象的内部或者附近。这些节点通过自组织方式构成无线网络，以协作的方式实时感知、采集和处理网络覆盖区域中的信息，并通过多跳方式将整个区域内的信息传送给基站(Base Station，BS)或汇集节点，BS 再通过传输通信网络(由互联网、卫星网或移动通信网构成)将数据传送到数据中心或发送给远处的用户。用户可以通过传输通信网发送命令给 BS，而 BS 再将命令转发给各个传感器节点。

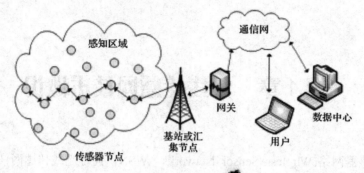

图 1-1　无线传感网结构

　　无线传感网是以数据为中心的网络，其关键技术和具体应用紧密相关，不同的应用场景其技术相差很大。目前，分布式的无线传感网多为分簇形式，即将传感器节点分成多个簇，每个簇存在一个簇头节点，负责簇内节点的管理和数据融合。基于分簇结构的无线传感网的体系结构如图 1-2 所示。分簇方式的特点是簇群内的节点只能与本簇的簇头通信，簇头和簇头之间可以相互传递数据，可以通过多跳方式传送数据到数据中心。

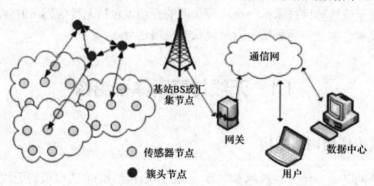

图 1-2　分簇的无线传感网的体系结构

1.1.2　无线传感器节点结构

　　无线传感器节点(以下简称为传感器节点)是一个微型化的嵌入式系统，它构成了无线传感网的基础层支持平台。典型的传感器节点由数据采集的感知单元、数据处理和存储的处理单元、通信收发的传输单元、节点供电的能源供给单元四个部分组成。传感器节点硬件结构如图 1-3 所示。

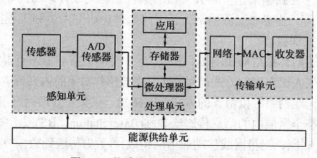

图 1-3　传感器节点硬件结构示意图

其中，感知单元由传感器和 A/D 转换器组成，负责感知监控对象的信息；能源供给单元负责供给节点工作所消耗的能量，一般为小体积的电池；传输单元完成节点间的信息交互通信工作，一般为无线电收发装置，由物理层收发器、MAC 层协议、网络层路由协议组成；处理单元包括存储器、微处理器和应用部分，负责控制整个传感器节点的操作，存储和处理本身采集的数据以及其他节点发来的数据。同时，有些节点上还装配有能源再生装置、运动或执行机构、定位系统等扩展设备，以获得更完善的功能。

典型的传感器节点体积较小，可能小于 $1\ cm^3$，其往往被部署在无人照看或恶劣的环境中，无法更换电池，节点能量受限。由于具体的应用背景不同，目前国内外出现了多种无线传感器节点的硬件平台。典型的节点包括美国 CrossBow 公司开发的 Mote 系列节点 Mica2、MicaZ 和 Mica2Dot，德国 Infineon 公司开发的 EYES 传感器节点等。实际上各平台最主要的区别是采用了不同的处理器、无线通信协议以及应用相关不同的传感器。常用的处理器有 Intel StrongARM、Texas Instrument MSP430 和 Atmel Atmega；常用的无线通信协议有 802.11b、802.15.4/ZigBee 和 Bluetooth 等；与应用相关的传感器有光传感器、热传感器、压力传感器以及湿度传感器等。

1.1.3 无线传感网协议栈

无线传感网协议栈由应用层、传输层、网络层、数据链路层、物理层以及功率管理平面、移动管理平面、任务管理平面组成，如图 1-4 所示。无线传感网协议栈将功率意识和路由意识组合在一起，将数据与网络协议综合在一起，在无线传输媒介上进行能量高效通信，支持各个传感器节点相互协作。根据感知任务，可以在应用层上建立和使用不同类型的应用软件。传输层帮助维护 WSN 应用所需要的数据流。网络层解决传输层提供的数据的传输路由问题。由于存在环境噪声以及传感器节点可能是移动节点，所以 MAC 协议必须具有能量意识能力，能够使与临近节点广播的碰撞达到最低程度。物理层解决简单而又强壮的调制、发送、接收技术问题。此外，功率管理平面、移动管理平面、任务管理平面分别监视传感器节点之间的移动、任务分配，帮助传感器节点协调感知任务和降低总功耗。

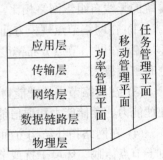

图 1-4 无线传感网协议栈

功率管理平面管理每个传感器节点如何运用其能量。例如，传感器节点接收到其中一个相邻节点的一条消息后，可以关闭接收机，这样可以避免接收重复的消息。一个传感器节点剩余能量较低时，可以向其相邻节点广播，通知它们自己剩余能量较低，不能参与路由功能，而将剩余能量用于感知任务。移动管理平面用于检测和记录传感器节点的移动状况，因而总是维护返回到用户的路由。传感器节点能够连续不停地跟踪其相邻传感器节点。传感器节点获知其相邻传感器节点后，就能够平衡其能量和任务处理。任务管理平面平衡和安排特定区域内的全部传感器节点，同时执行感知任务。因此，有些传感器节点能根据其能量等级执行比其他传感器节点更多的感知任务。功率管理平面、移动管理平面和任务管理平面是必需的，这样各个传感器节点才能一起高效地工作，在移动 WSN 中传输数据，共享资源。如果没有功率管理平面、移动管理平面和任务管理平面，那么每个传感器节点只能单独工作。从整个 WSN 来看，若传感器节点能够相互协作，则网络效率更高，WSN 的寿命更长。

1.2　无线传感网主要特征

1.2.1　不同于移动自组网

移动自组网(Mobile Ad Hoc Networks)或移动 Ad Hoc 网络是一个由几十到上百个节点组成，采用无线通信方式，动态组网的多跳移动性对等网络。其目的是通过动态路由和移动管理技术传输具有服务质量要求的多媒体信息流，通常其节点具有持续的能量供给。

无线传感网虽然与移动自组网有相似之处，但同时也存在很大的差别。无线传感网是集成了检测、控制和无线通信的网络系统。与传统的 Ad Hoc 网络相比，无线传感网的业务量较小，而移动 Ad Hoc 网络业务量较大，主要是 Internet 业务(包括多媒体业务)。无线传感器节点固定，处理能力、存储能力和通信能力有限，更换电池困难，因而能源问题是无线传感网的主要问题；而移动 Ad Hoc 网络移动性较强，易于更换电池，故其节点能量不受限制。

无线传感网是无线 Ad Hoc 网络的一种典型应用，虽然它具有无线自组织特征，但与传统的无线自组织网络相比，又有一些不同之处，它们之间的主要区别有以下几点：

(1) 在网络节点规模方面，无线传感网包含的节点数量比 Ad Hoc 网络高几个数量级。

(2) 在网络节点分布密度方面，因节点冗余的要求和部署的原因，无线传感器节点的分布密度很大。

(3) 在网络节点处理能力方面，Ad Hoc 网络的处理能力较强，而无线传感器节点固定，处理能力、存储能力和通信能力都有限。

(4) 在网络拓扑结构方面，Ad Hoc 网络是由于节点的移动而产生的，而无线传感网是由于节点休眠、环境干扰或节点故障而产生的。

(5) 在通信方式方面，无线传感器节点主要使用广播通信，而 Ad Hoc 网络节点采用点对点通信。

(6) 由于无线传感器节点数量的原因，节点没有统一的标识。

(7) 无线传感网以数据为中心。

1.2.2　不同于现场总线网络

在自动化领域，现场总线控制系统(Fieldbus Control System，FCS)正在逐步取代一般的分布式控制系统(Distributed Control System，DCS)，各种基于现场总线的智能传感器/执行器技术得到了迅速发展。现场总线是应用在生产现场和微机化测量控制设备之间，实现双向串行多节点数字通信的系统，也被称为开放式、数字化、多点通信的底层控制网络。

现场总线作为一种网络形式，是专门为实现在严格的实时约束条件下工作而特别设计的。现场总线技术将专用微处理器植入传统的测量控制仪表，使它们各自具有数字计算和数字通信的能力，然后采用简单连接的双绞线等作为总线，把多个测量控制仪表连接成网络系统，并按公开、规范的通信协议，在位于现场的多个微机化测量控制设备之间和现场仪表与远程监控计算机之间实现数据的传输与信息交换，形成各种适应实际需要的自动控制系统。

现场总线是 20 世纪 80 年代中期在国际上发展起来的。随着微处理器与计算机功能的不断增强和价格的降低，计算机与计算机网络系统得到了迅速发展。现场总线可实现整个企业的信息集成，实现综合自动化，形成工厂底层网络，完成现场自动化设备之间的多点数字通信，实现底层现场设备之间和生产现场与外界的信息交换。目前市场上较为流行的现场总线有 CAN(控制局域网络)、Lonworks(局部操作网络)、Profibus(过程现场总线)、HART(可寻址远程传感器数据通信)和 FF(基金会现场总线)等。

由于严格的实时性要求，这些现场总线的网络构成通常是有线的。在开放式通信系统互联参考模型中，现场总线利用的只有第一层物理层、第二层链路层和第七层应用层，避开了多跳通信和中间节点的关联队列延迟。然而，尽管固有的有限差错率不利于实现，人们仍然致力于在无线通信中实现现场总线的构想。

由于现场总线是通过报告传感数据来控制物理环境的，所以从某种程度上说，它与传感网非常相似，甚至可以将无线传感网看做是无线现场总线的实例。但是两者的区别是明显的。无线传感网关注的焦点不是数十毫秒范围内的实时性，而是具体的业务应用，这些应用能够容许较长时间的延迟和抖动。另外，基于传感网的一些自适应协议在现场总线中并不需要，如多跳、自组织的特点，而且现场总线及其协议也没有考虑节约能源的问题。

1.2.3　无线传感器节点的限制

无线传感器节点在实现各种网络协议和应用系统时，存在以下约束。

1. 电源能量有限

传感器节点体积微小，通常携带能量十分有限的电池。由于传感器节点个数多、成本要求低廉、分布区域广，而且部署区域环境复杂，有些区域甚至人员不能到达，所以传感器节点通过更换电池的方式来补充能源是不现实的。如何高效使用能量来使网络生命周期最大化是无线传感网面临的首要挑战。

传感器节点消耗能量的模块包括传感器模块、处理器模块和无线通信模块。随着集成电路工艺的进步。处理器和传感器模块的功耗变得很低，绝大部分能量消耗在无线通信模块上。因此，传感器节点传输信息时比执行计算时更消耗电能。

无线通信模块存在发送、接收、空闲和睡眠四种状态。无线通信模块在空闲状态一直监听无线信道的使用情况，检查是否将数据发送给自己；而在睡眠状态是关闭通信模块的。无线通信模块在发送状态的能量消耗最大，在空闲状态和接收状态的能量消耗接近，略少于发送状态的能量消耗，在睡眠状态的能量消耗最少。如何让网络通信更有效率，减少不必要的转发和接收，在不需要通信时尽快进入睡眠状态，是传感网协议设计需要重点考虑的问题。传感器节点各部分能量消耗的分布情况如图 1-5 所示，从图中可知传感器节点的绝大部分能量消耗在无线通信模块。传感器节点传输信息时要比执行计算时更消耗电能，将 1 比特信息传输 100 m 距离需要的能量大约相当于执行 3000 条计算指令消耗的能量。

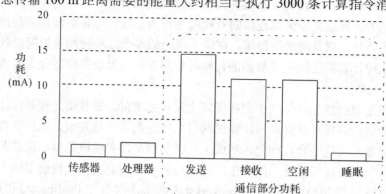

图 1-5　传感器节点能量消耗分布图

2. 通信能力有限

无线通信的能量消耗与通信距离的关系为 $E = kd^n$(参数 $n = 2 \sim 4$ 为衰落因子)。衰落因子的取值与很多因素有关,例如传感器节点部署贴近地面时,障碍物多、干扰大,衰落因子的取值就大;天线质量对信号发射的影响也很大。考虑诸多因素,通常衰落因子取值为3,即通信消耗与距离的 3 次方成正比。随着通信距离的增加,能耗将急剧增加,因此,在满足通信连通度的前提下应尽量减少通信距离。一般而言,传感器节点的无线通信半径在100 m 以内比较合适。

考虑到传感器节点的能量限制和网络覆盖区域大,无线传感网采用多跳路由的传输机制。传感器节点的无线通信带宽有限,通常仅有数百 kb/s 的速率。由于节点能量的变化,受高层建筑物、障碍物等地势地貌以及风雨雷电等自然环境的影响,无线通信性能可能经常变化,频繁出现通信中断。在这样的通信环境和节点有限的通信能力情况下,如何设计网络通信机制以满足传感网的通信需求是传感网面临的挑战之一。

3. 计算和存储能力有限

随着低功耗电路和系统设计技术的提高,目前已经开发出很多超低功耗微处理器。除了降低处理器的绝对功耗以外,现代处理器还支持模块化供电和动态频率调节功能。利用这些处理器的特性,传感器节点的操作系统设计了动态能量管理(Dynamic Power Management,DPM)模块和动态电压调节(Dynamic Voltage Scaling,DVS)模块,可以更有效地利用节点的各种资源。动态能量管理是当节点周围没有感兴趣的事件发生时,部分模块处于空闲状态,把这些组件关掉或调到更低能耗的睡眠状态;动态电压调节是当计算负载较低时,通过降低微处理器的工作电压和频率来降低处理能力,从而节约微处理器的能耗,很多处理器(如 StrongARM)都支持电压频率调节。

1.2.4　无线传感网的特点

无限传感网是一种智能网络,它与传统网络相比具有很多独特之处。正是这些独特的优点,使得无线传感网除了自身优势以外还有很多需要解决的问题,这无论对现代研究者还是对无线传感网在实际中的应用者来说,都具有很大的挑战性。无线传感网的主要特点介绍如下：

(1) 无线传感网规模大，密度高。为了获取尽可能精确、完整的信息，无线传感网通常密集部署在大片的监测区域内，传感器节点的数量可能成千上万，甚至更多。大规模网络通过分布式处理大量的采集信息，能够提高监测的精确度，降低对单个传感器节点的精确要求，通过大量冗余节点的协同工作，使得系统具有很强的容错性，并且增大了覆盖的监测区域，减少盲区。

(2) 传感器节点的能量、计算能力和存储容量有限。随着传感器节点的微型化，在设计中大部分节点的能量靠电池提供，其能量有限，而且由于条件限制，难以在使用过程中给节点更换电池，所以传感器节点的能量限制是整个无线传感网设计的瓶颈，它直接决定了网络的工作寿命。另一方面，传感器节点的计算能力和存储能力都较低，使得不能进行复杂的计算和数据存储，因而给无线传感网的研究者们提出了挑战，他们必须设计简单有效的路由协议等，以适用于无线传感网。

(3) 无线传感网的拓扑结构易变化，具有自组织能力。由于无线传感网中节点节能的需要，传感网节点可以在工作和睡眠状态之间切换，传感器节点随时可能由于各种原因发生故障而失效，或者添加新的传感器节点到网络中，这些情况的发生都使得无线传感网的拓扑结构在使用中很容易发生变化。此外，如果节点具备移动能力，也必定会带来网络的拓扑变化。基于网络的拓扑结构易变化，无线传感网具有自组织、自配置的能力，能够对由于环境、电能耗尽因素造成的传感器节点改变网络拓扑的情况做出相应的反应，以保证网络的正常工作。

(4) 网络的自动管理和高度协作性。在无线传感网中，数据处理由节点自身完成，这样做的目的是只有与其他节点相关的信息才在链路中被传送，从而减少无线链路中传送的数据量。以数据为中心的特性是无线传感网的又一个特点，因为节点不是预先计划的，而且节点位置也不是预先确定的，所以就有一些节点由于发生较多错误或者不能执行指定任务而被终止运行。为了在网络中监视目标对象，配置冗余节点是必要的，节点之间可以通信和协作，共享数据，这样可以保证获得被监视对象比较全面的数据。对用户来说，向所有位于观测区的传感器发送一个数据请求，然后将所采集的数据送到指定节点处理，可以用一个多播路由协议把消息送到相关节点，这需要一个唯一的地址表，而对于用户而言，不需要知道每个传感器的具体身份号，所以可以采用以数据为中心的组网方式。

(5) 传感器节点具有数据融合能力。在无线传感网中，由于传感器节点数目大，很多节点会采集到具有相同类型的数据。因而，通常要求其中的一些节点具有数据融合能力，能对来自多个传感器节点采集的数据进行融合，再送到信息处理中心。数据融合可以减少冗余数据，从而减少在传送数据过程中的能量消耗，延长网络的寿命。

(6) 以数据为中心的网络。在互联网中，网络设备用网络中唯一的 IP 地址标识，资源定位和信息传输依赖于终端、路由器、服务器等网络设备的 IP 地址。如果想访问互联网中的资源，首先要知道存放资源的服务器 IP 地址。可以说，目前的互联网是一个以地址为中心的网络。在无线传感网中，人们只关心某个区域某个观测指标的值，而不会去关心具体某个节点的观测数据。无线传感网是任务型的网络，脱离无线传感网讨论传感器节点没有任何意义。无线传感网的节点采用节点编号标识，是否需要节点编号唯一取决于网络通信协议的设计。由于传感器节点随机部署，构成的无线传感网与节点编号之间的关系是完全动态的，因此表现为节点编号与节点位置没有必然联系。用户使用无线传感网查询事件时，直接将所关心的事件通告给网络，而不是通告给某个确定编号的节点，网络在获得指定事件的信息后汇报给用户。这种以数据本身作为查询或传输线索的思想更接近于自然语言交流的习惯。所以，通常说无线传感网是一个以数据为中心的网络。

(7) 安全性问题严重。由于无线传感网节点本身的资源，如计算能力、存储能力、通信能力和电量供应能力十分有限，并且节点通常部署在无人值守的野外区域，使用不安全的无线链路进行数据传输，因此无线传感网很容易受到多种类型的攻击，如选择性转发攻击、采集点漏洞攻击、伪造身份攻击、虫洞攻击、Hello 消息广播攻击、黑洞攻击、伪造确认信息攻击以及伪造、篡改和重放路由攻击等。

1.2.5　短距离无线通信技术

目前使用较广泛的短距离无线通信技术是蓝牙(Bluetooth)、无线局域网 802.11(Wi-Fi)和红外数据传输(IrDA)。同时更有一些具有发展潜力的短距离无线技术标准，分别是：ZigBee、超宽频(Ultra Wide Band)、短距通信(Near Field Communication，NFC)、WiMedia、GPS、数字增强无线通信(Digital Enhanced Cordless Telecommunications，DECT)系统、无线1394 和专用无线系统等。它们都能满足不同的应用要求，或基于传输速度、距离、耗电量的特别需求；或着眼于功能的扩充性；或符合某些单一应用的特别需求；或建立竞争技术的差异化等。不过没有一种技术能完美到足以满足所有的需求。ZigBee 系统采用的是直接序列展频技术(Direct Sequence Spread Spectrum，DSSS)，使得原来较窄的高功率频率变成较宽的低功率频率，以有效控制噪声，是一种抗干扰能力极强，保密性、可靠性都很高的通信方式。蓝牙系统采用的是跳频扩频技术(Frequency-Hopping Spread Spectrum，FHSS)，这些系统仅在部分时间才会发生使用频率冲突，其他时间则能在彼此相互无干扰的频道中运作。ZigBee 系统是非跳频系统，所以蓝牙在多次通信中才可能和 ZigBee 的通信频率产生重叠，且将会迅速跳至另一个频率。大多数情况下，蓝牙不会对 ZigBee 产生严重威胁，而 ZigBee 对蓝牙系统的影响可以忽略不计。

1. IrDA 技术

红外线数据协会(Infrared Data Association，IrDA)是致力于建立红外线无线连接的非营利组织，同时也是一种利用红外线进行点对点通信的数据传输协议，其通信距离一般在 0～1 m 之间，传输速度最快可达到 16 Mb/s，通信介质为波长 900 nm 左右的近红外线。其传输具有小角度、短距离、直线数据传输、保密性强及传输速率较高等特点，适于传输大容量的文件和多媒体数据，并且无需申请频率的使用权，成本低廉。IrDA 已被全球范围内的众多厂商采用，目前主流的软硬件平台均提供对它的支持。

IrDA 数据通信按发送速率分为三大类：SIR、MIR 和 FIR。串行红外(SIR)的速率覆盖了 RS232 端口通常支持的速率(9600 b/s～115.2 kb/s)。中速率红外(MIR)可支持 0.576 Mb/s 和 1.152 Mb/s 的速率；高速率红外(FIR)通常用于 4 Mb/s 的速率，有时也可用于高于 SIR 的所有速率。

IrDA 的不足在于它是一种视距传输，两个相互通信的设备之间必须对准，中间不能被其他物体阻隔，而且只适合两台设备之间的连接。IrDA 目前的研究方向是如何解决视距传输问题及提高数据传输率。

2. 蓝牙技术

蓝牙(Bluetooth)技术是一种无线技术标准,可实现固定设备、移动设备和楼宇个人域网之间的短距离数据交换。蓝牙技术最初由电信巨头爱立信公司于 1994 年创制,当时是作为 RS232 数据线的替代方案。蓝牙可连接多个设备,克服了数据同步的难题。如今蓝牙由蓝牙技术联盟(Bluetooth Special Interest Group,SIG)管理。蓝牙技术联盟在全球拥有超过 25 000 家成员公司,它们分布在电信、计算机、网络和消费电子等多重领域。IEEE 将蓝牙技术列为 IEEE 802.15.1,但如今已不再维持该标准。蓝牙技术联盟负责监督蓝牙规范的开发,管理认证项目,并维护商标权益。制造商的设备必须符合蓝牙技术联盟的标准才能以"蓝牙设备"的名义进入市场。蓝牙技术拥有一套专利网络,可发放给符合标准的设备。

蓝牙系统一般由无线单元、链路控制单元、链路管理单元和蓝牙软件(协议栈)单元等四个单元组成。

蓝牙技术的特点和优点在于:工作在全球开放的 2.4 GHz ISM 频段;使用跳频扩频技术,把频带分成若干个跳频信道,在一次连接中,无线电收发器按一定的码序列不断地从一个信道跳到另一个信道;在有效范围内可越过障碍物进行连接,没有特别的通信视角和方向要求;组网简单方便;低功耗、通信安全性好;数据传输带宽可达 1 Mb/s;一台蓝牙设备可同时与其他 7 台蓝牙设备建立连接;支持语音传输。

蓝牙产品涉及 PC、笔记本、移动电话等通信设备以及 A/V 设备、汽车电子、家用电器和工业设备领域。尤其是个人局域网应用,包括无绳电话、PDA 与计算机的互联。但蓝牙同时存在植入成本高、通信对象少、通信速率较低等问题,它的发展与普及尚需经过市场的磨炼,其自身的技术也有待于不断完善和提高。

蓝牙的典型应用包括:

(1) 语音/数据接入,是指将一台计算机通过安全的无线链路连接到通信设备上,完成与广域网的连接。

(2) 外围设备互连,是指将各种设备通过蓝牙链路连接到主机上。

(3) 个人局域网(PAN),主要用于个人网络与信息的共享与交换。

3. Wi-Fi 技术

Wi-Fi(Wireless Fidelity,即无线保真技术)是属于无线局域网的一种,通常是指符合 IEEE 定义的一个无线网络通信的工业标准(IEEE 802.11)。它使用的是 2.4 GHz 附近的频段,物理层定义了两种无线调频方式和一种红外传输方式。Wi-Fi 基于 IEEE 802.11a、IEEE 802.11b、IEEE 802.11g 和 IEEE 802.11n。其最大优点就是传输的有效距离很长,传输速率较高(可达 11 Mb/s),与各种 IEEE 802.11　DSSS 设备兼容。

IEEE 802.11 没有具体定义分配系统,只是定义了分配系统应该提供的服务。整个无线局域网定义了 9 种服务,其中 5 种服务属于分配系统的任务,分别为联系(Association)、结束联系(Disassociation)、分配(Distribution)、集成(Integration)、再联系(Reassociation);另外 4 种服务属于站点的任务,分别为鉴权(Authentication)、结束鉴权(Deauthentication)、隐私(Privacy)、MAC 数据传输(MSDU delivery)。

目前,最新的交换机能把 Wi-Fi 无线网络从接近 100 m 的通信范围扩大到约 6.5 km。

另外，使用 Wi-Fi 的门槛较低。厂商只要在机场、车站、咖啡店、图书馆等人员较密集的地方设置"热点"，通过高速线路即可接入因特网。Wi-Fi 无线网络的主要特性为速度快；可靠性高；在开放性区域通信距离 305 m，在封闭区域通信距离为 76～122 m，方便与现有的有线以太网络整合；组网结构弹性化、灵活、价格较低。

在未来，Wi-Fi 最具有应用潜力的地方将主要在 SOHO、家庭无线网络以及不便安装电缆的建筑物等场所。目前，Wi-Fi 已作为一种流行的笔记本电脑技术而大受青睐。然而，由于 IEEE 802.11 标准的发展呈多元化趋势，其标准仍存在一些亟须解决的问题(如：厂商间的互操作性和备受关注的安全性问题)。

4. RFID 技术

RFID(Radio Frequency Identification)技术，又称无线射频识别，是一种通信技术，可通过无线电信号识别特定目标并读写相关数据，而无需识别系统与特定目标之间建立机械或光学接触。

RFID 是一种非接触式的自动识别技术，通过射频信号自动识别目标对象并获取相关数据。RFID 由标签(Tag)、解读器(Reader)和天线(Antenna)三个基本要素组成。其基本工作原理是：标签进入磁场后，接收解读器发出的射频信号，凭借感应电流所获得的能量发送出存储在芯片中的产品信息(PassiveTag，无源标签或被动标签)，或者主动发送某一频率的信号(ActiveTag，有源标签或主动标签)。解读器读取信息并解码后，送至中央信息系统进行有关的数据处理。RFID 将渗透到包括汽车、医药、食品、交通运输、能源、军工、动物管理以及人事管理等各个领域。然而，由于成本、标准等问题的局限，RFID 技术和应用环境还很不成熟，主要表现在：制造技术较为复杂，智能标签的生产成本相对过高；标准尚未统一，大规模应用的市场尚无法启动；应用环境和解决方案还不够成熟，安全性将接受很大考验。

5. UWB 技术

UWB(Ultra Wideband，超宽带技术)起源于 20 世纪 50 年代末，此前主要作为军事技术在雷达等通信设备中使用。随着无线通信的飞速发展，人们对高速无线通信提出了更高的要求，超宽带技术又被重新提出，并备受关注。UWB 利用纳秒至微微秒级的非正弦波窄脉冲传输数据，在较宽的频谱上传送较低功率信号。UWB 不使用载波，而是使用短的能量脉冲序列，并通过正交频分调制或直接排序将脉冲扩展到一个频率范围内。UWB 可提供高速率的无线通信，保密性很强，发射功率谱密度非常低，被检测到的概率也很低，在军事通信上有很大的应用前景。此外 UWB 通信采用调时序列，能够抗多径衰落，因此特别适合在高速移动环境下使用。更重要的是，UWB 通信又被称为是无载波的基带通信，几乎是全数字通信系统，所需要的射频和微波器件很少，因此可以减小系统的复杂性，降低成本。

与当前流行的其他短距离无线通信技术相比，UWB 具有抗干扰能力强、传输速率高、带宽极宽、发射功率小等优点，具有广阔的应用前景，在室内通信、高速无线 LAN、家庭网络等场合得到充分应用。由于 UWB 与传统通信系统相比，工作原理迥异，因此 UWB 具有如下传统通信系统无法比拟的技术特点：

(1) 系统结构的实现比较简单。当前的无线通信技术所使用的通信载波是连续的电波，载波的频率和功率在一定范围内变化，从而利用载波的状态变化来传输信息。而 UWB 则不使用载波，它通过发送纳秒级脉冲来传输数据信号。UWB 发射器直接用脉冲小型激励天线，不需要传统收发器所需要的上变频，从而不需要功率放大器与混频器，因此，UWB 允许采用非常低廉的宽带发射器。同时在接收端，UWB 接收机也有别于传统的接收机，不需要中频处理，因此，UWB 系统结构的实现比较简单。

(2) 高速的数据传输。民用商品中，一般要求 UWB 信号的传输范围为 10 m 以内，再根据经过修改的信道容量公式，其传输速率可达 500 Mb/s，是实现个人通信和无线局域网的一种理想调制技术。UWB 以非常宽的频率带宽来换取高速的数据传输，并且不单独占用已经拥挤不堪的频率资源，而是共享其他无线技术使用的频带。在军事应用中，可以利用巨大的扩频增益来实现远距离、低截获率、低检测率、高安全性和高速的数据传输。

(3) 功耗低。UWB 系统使用间歇的脉冲来发送数据，脉冲持续的时间很短，一般在 0.20～1.5 ns 之间，有很低的占空因数，系统耗电可以做到很低，在高速通信时系统的耗电量仅为几百 μW 到几十 mW。民用的 UWB 设备功率一般是传统移动电话所需功率的 1/100 左右，是蓝牙设备所需功率的 1/20 左右。军用的 UWB 电台耗电也很低。因此，UWB 设备在电池寿命和电磁辐射上，相对于传统无线设备有着很大的优越性。

(4) 安全性高。作为通信系统的物理层技术具有天然的安全性能。由于 UWB 信号一般把信号能量弥散在极宽的频带范围内，对一般通信系统，UWB 信号相当于白噪声信号，并且大多数情况下，UWB 信号的功率谱密度低于自然的电子噪声，从电子噪声中将脉冲信号检测出来是一件非常困难的事。采用编码对脉冲参数进行伪随机化后，脉冲的检测将更加困难。

(5) 多径分辨能力强。由于常规无线通信的射频信号大多为连续信号或其持续时间远大于多径传播时间，多径传播效应限制了通信质量和数据传输速率。由于超宽带无线电发射的是持续时间极短的单周期脉冲且占空比极低，因此多径信号在时间上是可分离的。假如多径脉冲要在时间上发生交叠，其多径传输路径长度应小于脉冲宽度与传播速度的乘积。由于脉冲多径信号在时间上不重叠，故很容易分离出多径分量以充分利用发射信号的能量。大量的实验表明，对常规无线电信号多径衰落深达 10～30 dB 的多径环境，对超宽带无线电信号的衰落最多不到 5 dB。

(6) 定位精确。冲激脉冲具有很高的定位精度，采用超宽带无线电通信，很容易将定位与通信合一，而常规无线电难以做到这一点。超宽带无线电具有极强的穿透能力，可在室内和地下进行精确定位，而 GPS 定位系统只能工作在 GPS 定位卫星的可视范围之内；与 GPS 提供绝对地理位置不同，超短脉冲定位器可以给出相对位置，其定位精度可达厘米级，此外，超宽带无线电定位器更为便宜。

(7) 工程简单造价便宜。在工程实现上，UWB 比其他无线技术要简单得多，可全数字化实现。它只需要以一种数学方式产生脉冲，并对脉冲产生调制，而这些电路都可以被集成到一个芯片上，设备的成本将很低。

当然，UWB 技术也存在自身的弱点，主要是占用的带宽过大，可能会干扰其他无线通信系统，因此其频率许可问题一直在争论之中。另外，有学者认为，尽管 UWB 系统发射的平均功率很低，但由于其脉冲持续时间很短，瞬时功率峰值可能会很大，这甚至会影响到民航等许多系统的正常工作，然而学术界的种种争论并未影响 UWB 的开发和使用，

2002 年 2 月美国通信协会(FCC)批准了 UWB 用于短距离无线通信的申请。

6. ZigBee 技术

ZigBee 技术是一种近距离、低复杂度、低功耗、低速率、低成本的双向无线通信技术，主要用于距离短、功耗低且传输速率不高的各种电子设备之间进行数据传输，典型的有周期性数据、间歇性数据和低反应时间数据传输的应用。

ZigBee 协议是由 ZigBee 联盟制定的，该联盟成立于 2001 年 8 月。2002 年下半年，英国 Invensys 公司、日本三菱电气公司、美国摩托罗拉公司以及荷兰飞利浦半导体公司共同宣布加入 ZigBee 联盟，研发名为 "ZigBee" 的下一代无线通信标准，这一事件成为该技术发展过程中的里程碑。ZigBee 联盟的目的是为了在全球统一标准上实现简单可靠、价格低廉、功耗低、无线连接的监测和控制产品合作，其于 2004 年 12 月发布了第一个 ZigBee 正式标准。

ZigBee 标准以 IEEE 802.15.4 标准定义的物理层及 MAC 层为基础，并对其进行了扩展，对网络层协议和 API 进行了标准化，定义了一个灵活、安全的网络层，支持多种拓扑结构，在动态的射频环境中提供高可靠性的无线传输。此外，ZigBee 联盟还开发了应用层、安全管理、应用接口等规范。

ZigBee 的通信速率要求低于蓝牙，由电池供电设备提供无线通信功能，并希望在不更换电池并且不充电的情况下能正常工作几个月甚至几年。ZigBee 支持 mesh 型网络拓扑结构，其网络规模可以比蓝牙设备大得多，一个网络可支持 65 000 个节点，在整个网络范围内，每一个 ZigBee 网络数传模块之间可以相互通信。ZigBee 无线设备工作在免许可频段的 2.4 GHz 频段和 868/915 MHz 频段，传输距离为 10～75 m，具体数值取决于射频环境以及特定应用条件下的传输功耗。ZigBee 物理层规范均基于直接序列扩频技术，对于不同频段的物理层，其码片的调制方式各不相同。ZigBee 的通信速率在 2.4 GHz 时为 250 kb/s，在 915 MHz 时为 40 kb/s，在 868 MHz 时为 20 kb/s。

1.2.6　广域网无线通信技术

广域网无线通信技术，主要实现远距离的无线传输和数据通信互联，目前主流的技术有：GPRS 和 EDGE 技术、WiMAX、3G 与 LTE(4G)通信技术。

1. GPRS 和 EDGE

除典型的短距无线通信手段外，常见的移动通信也可以应用于无线传感网中，特别是其中的数据传输功能，实现传感数据的广域网互联。

GPRS 的全称是 General Packet Radio Service，即通用分组无线业务，是 GSM 移动通信基础上的一种移动数据业务。GPRS 和以往连续在频道传输的方式不同，它以分组(Packet)方式来传输信号，因此使用者所负担的费用是以其传输数据单位计算的，并非使用其整个频道，理论上使用成本较低。GPRS 的传输速率可提升到 56 kb/s 甚至 114 kb/s。GPRS 经常被描述成 "2.5G"，也就是说这项技术位于第二代(2G)和第三代(3G)移动通信技术之间。它通过利用网络中未使用的 TDMA 信道，提供中速的数据传递。GPRS 突破了 GSM 网只能提供电路交换的思维方式，只通过增加相应的功能和对现有的基站系统进行部分改造来实现分组交换，这种改造的投入相对来说并不大，但得到的用户数据速率却相当可观，而且不需要现行无线应用所需要的中介转换器，所以连接及传输都会更方便容易。使用者可联机上网，参加视讯会议等互动传播，而且在同一个视讯网络上(VRN)的使用者，甚至可以无需通过拨号上网而保持网络连接。在 GPRS 分组交换通信方式中，数据被分成一定长度的包(分组)，每个包的前面有一个分组头(其中的地址标志指明该分组发往何处)。数据传送之前并不需要预先分配信道，建立连接，而是在每一个数据包到达时，根据数据报头中的信息(如目的地址)，临时寻找一个可用的信道资源将数据包发送出去。在这种传送方式中，数据的发送和接收方同信道之间没有固定的占用关系，信道资源可以视为所有的用户共享使用。

由于数据业务在绝大多数情况下都表现出一种突发性的业务特点，对信道带宽的需求变化较大，因此采用分组方式进行数据传输将能够更好地利用信道资源。

EDGE 是英文 Enhanced Data Rate for GSM Evolution 的缩写，即增强型数据速率 GSM 演进技术。EDGE 是一种从 GSM 到 3G 的过渡技术，它主要是在 GSM 系统中采用了一种新的调制方法，即最先进的多时隙操作和 8PSK 调制技术。由于 8PSK 可将现有 GSM 网络采用的 GMSK 调制技术的符号携带信息空间从 1 扩展到 3，故而使每个符号所包含的信息是原来的 3 倍。

EDGE 是一种介于现有的第二代移动网络与第三代移动网络之间的过渡技术，比“二代半”技术 GPRS 更加优良，因此也有人称它为“2.75G”技术。EDGE 还能够与以后的 WCDMA 制式共存，这也正是其所具有的弹性优势。EDGE 技术主要影响现有 GSM 网络的无线访问部分，即收发基站(BTS)和 GSM 中的基站控制器(BSC)，而对基于电路交换和分组交换的应用和接口并没有太大的影响。因此，网络运营商可最大限度地利用现有的无线网络设备，只需少量的投资就可以部署 EDGE，并且通过移动交换中心(MSC)和服务 GPRS 支持节点(SGSN)还可以保留使用现有的网络接口。事实上，EDGE 改进了这些现有 GSM 应用的性能和效率，并且为将来的宽带服务提供了可能。EDGE 技术有效地提高了 GPRS 信道编码效率及其高速移动数据标准，它的最高速率可达 384 kb/s，在一定程度上节约了网络投资，可以充分满足未来无线多媒体应用的带宽需求。从长远观点看，它将会逐步取代 GPRS 成为与第三代移动通信系统最接近的一项技术。

EDGE 的技术不同于 GSM 的优势在于：① 8PSK 调制方式；② 增强型的 AMR 编码方式；③ MCS1～9 这 9 种信道调制编码方式；④ 链路自适应(LA)；⑤ 递增冗余传输(IR)；⑥ RLC 窗口大小自动调整。

2. WiMAX

WiMAX(Worldwide Interoperability for Microwave Access)，即全球微波互联接入技术。WiMAX 也叫 IEEE 802.16 无线城域网。WiMAX 是一项新兴的宽带无线接入技术，能提供面向互联网的高速连接，数据传输距离最远可达 50 km。WiMAX 还具有 QoS 保障、传输速率高、业务丰富多样等优点。WiMAX 的技术起点较高，采用了代表未来通信技术发展方向的 OFDM/OFDMA、AAS、MIMO 等先进技术，随着技术标准的发展，WiMAX 逐步实现宽带业务的移动化。

WiMAX 是一种城域网(MAN)技术，为企业和家庭用户提供“最后一公里”的宽带无线连接方案。运营商部署一个信号塔，就能得到超数公里的覆盖区域。覆盖区域内任何地方的用户都可以立即启用互联网连接。和 Wi-Fi 一样 WiMAX 也是一个基于开放标准的技术，其工作频段采用的是无需授权频段，范围在 2～11 GHz 之间，其频道带宽可根据需求在 1.5～20 MHz 范围进行调整。因此，WiMAX 使用的频谱可能比其他任何无线技术更丰富，它可以提供消费者所希望的设备和服务，它会在全球经济范围内创造一个开放而具有竞争优势的市场。

WiMAX 解决方案将内建于笔记本电脑，可直接进行客户端发送，传送真正的便携式无线宽频，不需外接客户端设备。WiMAX 将可以为高速数据应用提供更出色的移动性。此外，凭借这种覆盖范围和高吞吐率，WiMAX 还能够为电信基础设施、企业园区和 Wi-Fi 热点提供回程。

WiMAX 被认为是最好的一种接入蜂窝网络，让用户能够便捷地在任何地方连接到运营商的宽带无线网络，并且提供优于 Wi-Fi 的高速宽带互联网体验。它是一个新兴的无线标准。用户还能通过 WiMAX 进行订购或付费点播等业务，类似于接收移动电话服务。

3. 3G

第三代移动通信技术(3rd-generation，3G)，是指支持高速数据传输的蜂窝移动通信技术。3G 服务能够同时传送声音及数据信息，速率一般在几百 kb/s 以上。3G 是指将无线通信与国际互联网等多媒体通信结合的新一代移动通信系统，

3G 与 2G 的主要区别是在传输声音和数据的速度上的提升，它能够在全球范围内更好地实现无线漫游，并处理图像、音乐、视频流等多种媒体形式，提供包括网页浏览、电话会议、电子商务等多种信息服务，同时也要考虑与已有第二代系统的良好兼容性。为了提供这种服务，无线网络必须能够支持不同的数据传输速度，也就是说在室内、室外和车载的环境中能够分别支持至少 2 Mb/s、384 kb/s 以及 144 kb/s 的传输速度(此数值根据网络环境会发生变化)。

3G 标准有三种：美国 CDMA2000、欧洲 WCDMA、中国 TD-SCDMA。国内支持国际电联确定的三个无线接口标准，分别是中国电信的 CDMA2000、中国联通的 WCDMA、中国移动的 TD-SCDMA。3G 都采用了直接序列码分多址(DS-CDMA)扩频技术，先进功率和话音激活至少可提供大于 3 倍 GSM 网络容量。与其他两种不同的是 TD-SCDMA 采用了 TDD 双工方式，无需成对频段，适合多运营商环境，并且采用了智能天线、联合检测和接力切换技术等。

与 EDGE 相比，3G 能够为移动和手持无线设备提供更高的数据速率和更加丰富的视频业务。

4. LTE

长期演进(Long Term Evolution，LTE)是由 3GPP 组织制定的 UMTS 技术标准的长期演进。LTE 系统引入了 OFDM 和多天线 MIMO 等关键传输技术，显著增加了频谱效率和数据传输速率(峰值速率能够达到上行 50 Mb/s、下行 100 Mb/s)并支持多种带宽分配(1.4 MHz、3 MHz、5 MHz、10 MHz、15 MHz 和 20 MHz 等)，频谱分配更加灵活，系统容量和覆盖显著提升。LTE 无线网络架构更加扁平化，减小了系统时延，降低了建网成本和维护成本。LTE 系统支持与其他 3GPP 系统互操作。FDD-LTE 已成为当前世界上采用

的国家及地区最多的，终端种类最丰富的一种 4G 标准。

与 3G 相比，LTE 更具技术优势，具体体现在：① 更高的通信速率，下行峰值速率为 100 Mb/s、上行为 50 Mb/s；② 高频谱效率，下行链路 5 (b/s)/Hz，(3～4 倍于 R6 版本的 HSDPA)；上行链路 2.5 (b/s)/Hz，是 R6 版本 HSU-PA 的 2～3 倍；③ QoS 保证，通过系统设计和严格的 QoS 机制，保证实时业务(如 VoIP)的服务质量；④ 支持 1.25～20 MHz 间的多种系统带宽，并支持 "paired" 和 "unpaired" 的频谱分配，保证了将来在系统部署上的灵活性；⑤ 降低了无线网络时延：子帧长度 0.5 ms 和 0.675 ms，解决了向下兼容的问题并降低了网络时延；⑥ 向下兼容，支持已有的 3G 系统和非 3GPP 规范系统的协同运作。

1.3　无线传感网关键技术

无线传感网作为当今信息领域新的研究热点，涉及多学科交叉的研究领域，需要研究的内容包括通信、组网、管理、分布式信息处理等诸多方面，主要分为四部分：网络通信协议、核心支撑技术、自组织管理、开发与应用，其中每部分又有许多需要研究解决的关键技术，下面仅列出部分关键技术。

1. 网络拓扑控制技术

对于无线传感网而言，网络拓扑控制具有特别重要的意义。通过拓扑控制自动生成良好的网络拓扑结构，能够提高路由协议和 MAC 协议的效率，可为数据融合、时间同步和目标定位等方面奠定基础，有利于节省节点的能量来延长网络的生存期。所以，拓扑控制是无线传感网研究的核心技术之一。

目前，无线传感网拓扑控制主要的研究问题，是在满足网络覆盖度和连通度的前提下，通过功率控制和骨干网节点选择，剔除节点之间不必要的无线通信链路，生成一个高效的数据转发的网络拓扑结构。拓扑控制可以分为节点功率控制和层次型拓扑控制两个方面。功率控制机制调节网络中每个节点的发射功率，在满足网络连通度的前提下，减少节点的发送功率，均衡节点单跳可达的邻居数目；层次型拓扑控制利用分簇机制，让一些节点作为簇头节点，由簇头节点形成一个处理并转发数据的骨干网，其他非骨干网节点可以暂时关闭通信模块，进入休眠状态以节省能量。

除了传统的功率控制和层次型拓扑控制，人们也提出了启发式的节点唤醒和休眠机制。该机制能够使节点在没有事件发生时设置通信模块为睡眠状态，而在有事件发生时及时自动醒来并唤醒邻居节点，形成数据转发的拓扑结构。这种机制重点在于解决节点在睡眠状态和活动状态之间的转换问题，不能够独立作为一种拓扑结构控制机制，需要与其他拓扑控制算法结合使用。

2. 网络通信协议

由于传感器节点的计算能力、存储能力、通信能力以及携带的能量都十分有限，故每个节点只能获取局部网络的拓扑信息，其上运行的网络协议也不能太复杂。同时，传感器拓扑结构动态变化，网络资源也在不断变化，这些都对网络协议提出了更高的要求。无线传感网协议负责使各个独立的节点形成一个多跳的数据传输网络，目前研究的重点是网络层协议和数据链路层协议。网络层的路由协议决定监测信息的传输路径；数据链路层的介质访问控制用来构建底层的基础结构，控制传感器节点的通信过程和工作模式。

在无线传感网中，路由协议不仅关心单个节点的能量消耗，更关心整个网络能量的均衡消耗，这样才能延长整个网络的生存期。同时，无线传感网是以数据为中心的，这在路由协议中表现得最为突出，每个节点没有必要采用全网统一的编址，选择路径可以不用根据节点的编址，更多的是根据感兴趣的数据建立数据源到汇聚节点之间的转发路径。

无线传感网的 MAC 协议首先要考虑节省能源和可扩展性，其次才考虑公平性、利用率和实时性等。在 MAC 层的能量浪费主要表现在空闲侦听、接收不必要数据和碰撞重传等。为了减少能量的消耗，MAC 协议通常采用"侦听/睡眠"交替的无线信道侦听机制，传感器节点在需要收发数据时才侦听无线信道，没有数据需要收发时就尽量进入睡眠状态。由于无线传感网是应用相关的网络，因此当应用需求不同时，网络协议往往需要根据应用类型或应用目标环境特征定制，没有任何一个协议能够高效适应所有不同的应用。

3. 网络安全技术

无线传感网作为任务型的网络，不仅要进行数据的传输，而且要进行数据采集和融合以及任务的协同控制等。如何保证任务执行的机密性、数据采集的可靠性、数据融合的高效性以及数据传输的安全性，就成为无线传感网安全问题需要全面考虑的内容。

为了保证任务的机密布置和任务执行结果的安全传递和融合，无线传感网需要实现一些最基本的安全机制：机密性、点到点的消息认证、完整性鉴别、新鲜性、认证广播和安全管理。除此之外，为了确保数据融合后数据源信息的保留，水印技术也成为无线传感网安全的研究内容。虽然在安全研究方面，无线传感网没有引入太多的内容，但无线传感网的特点决定了它的安全与传统网络安全在研究方法和计算手段上有很大的不同。首先，无线传感网的单元节点的各方面能力都不能与目前 Internet 的任何一种网络终端相比，所以必然存在算法计算强度和安全强度之间的权衡问题，如何通过更简单的算法实现尽量坚固的安全外壳是无线传感网安全的主要挑战；其次，有限的计算资源和能量资源往往需要系统的各种技术综合考虑，以减少系统代码的数量，如安全路由技术等；再次，无线传感网任务的协作特性和路由的局部特性使节点之间存在安全耦合，单个节点的安全泄漏必然威胁网络的安全，所以在考虑安全算法的时候要尽量减小这种耦合性。

4. 时间同步技术

时间同步是需要协同工作的无线传感网系统的一个关键机制。例如，测量移动车辆速度需要计算不同传感器检测事件的时间差，通过波束阵列确定声源位置节点间的时间同步。NTP 协议是 Internet 上广泛使用的网络时间协议，但只适用于结构相对稳定、链路很少失效的有线网络系统；GPS 系统能够以纳秒级精度与世界标准时间 UTC 保持同步，但需要配置固定的高成本接收机，同时在室内、森林或水下等有掩体的环境中无法使用 GPS 系统。因此，它们都不适合应用在无线传感网中。

目前已提出了多个时间同步机制，其中 RBS、TINY/MINI-SYNC 和 TPSN 被认为是三个基本的同步机制。RBS 机制是基于接收者—接收者的时钟同步：一个节点广播时钟参考分组，广播域内的两个节点分别采用本地时钟记录参考分组的到达时间，通过交换记录时间来实现它们之间的时钟同步。TINY/MINI-SYNC 是简单的轻量级的同步机制：假设节点的时钟漂移遵循线性变化，那么两个节点之间的时间偏移也是线性的，可通过交换时标分组来估计两个节点间的最优匹配偏移量。TPSN 采用层次结构实现整个网络节点的时间同步：所有节点按照层次结构进行逻辑分级，通过基于发送者—接收者的节点对方式，每个节点能够与上一级的某个节点进行同步，从而实现所有节点都与根节点的时间同步。

5. 节点定位技术

位置信息是传感器节点采集数据中不可缺少的部分，没有位置信息的监测消息通常毫无意义。确定事件发生的位置或采集数据的节点位置是无线传感网最基本的功能之一。为了提供有效的位置信息，随机部署的传感器节点必须能够在布置后确定自身位置。

由于传感器节点存在资源有限、随机部署、通信易受环境干扰甚至节点失效等特点，因此定位机制必须满足自组织性、健壮性、能量高效、分布式计算等要求。根据节点位置是否确定，传感器节点分为信标节点和位置未知节点。信标节点的位置是已知的，位置未知节点需要根据少数信标节点，按照某种定位机制确定自身的位置。

在无线传感网定位过程中，通常会使用三边测量法、三角测量法或极大似然估计法确定节点位置。根据定位过程中是否实际测量节点间的距离或角度，把无线传感网中的定位分类为基于距离的定位和距离无关的定位。

6. 数据融合技术

传感器节点数据收集过程中，可利用节点的本地计算和存储能力、数据处理融合能力，去除冗余信息，从而达到节省能量的目的。由于传感器节点的易失效性，使得无线传感网也需要数据融合技术对多份数据进行综合，提高信息的准确度。

数据融合技术可以与无线传感网的多个协议层次进行结合。在应用层设计中，可以利用分布式数据库技术，对采集到的数据进行逐步筛选，达到融合的效果；在网络层中，很多路由协议均结合了数据融合机制，以期减少数据传输量。数据融合技术已经在目标跟踪、目标自动识别等领域得到了广泛的应用。

数据融合技术在节省能量、提高信息准确度的同时，要以牺牲其他方面的性能为代价。首先是延迟的代价，在数据传送过程中寻找易于进行数据融合的路由、进行数据融合操作、为融合而等待其他数据的到来，这三个方面都可能增加网络的平均延迟。其次是鲁棒性的代价，无线传感网相对于传统网络有更高的节点失效率以及数据丢失率，数据融合可以大幅度降低数据的冗余性，但丢失相同的数据量可能损失更多的信息，因此相对而言也降低了网络的鲁棒性。

7. 数据管理技术

从数据存储的角度来看，无线传感网可被视为一种分布式数据库。以数据库的方法在无线传感网中进行数据管理，可以将存储在网络中的数据的逻辑视图与网络中的实现进行分离，使得无线传感网的用户只需要关心数据查询的逻辑结构，无需关心实现细节。虽然对网络所存储的数据进行抽象会在一定程度上影响执行效率，但可以显著增强无线传感网的易用性。美国加州大学伯克利分校的 Tiny DB 系统和康奈尔大学的 Cougar 系统是目前具有代表性的无线传感网数据管理系统。

无线传感网的数据管理与传统的分布式数据库有很大的差别。由于传感器节点能量受限且容易失效，因此数据管理系统必须在尽量减少能量消耗的同时提供有效的数据服务。同时，无线传感网中节点数量庞大，且传感器节点产生的是无限的数据流，因此无法通过传统的分布式数据库的数据管理技术进行分析处理。此外，对无线传感网数据的查询经常是连续的查询或随机抽样的查询，这也使得传统分布式数据库的数据管理技术不适用于无线传感网。

无线传感网的数据管理系统主要有集中式、半分布式、分布式以及层次式结构，目前大多数研究工作均集中在半分布式结构方面。无线传感网中数据的存储采用网络外部存储、本地存储和以数据为中心的存储三种方式。相对于其他两种方式，以数据为中心的存储方式可以在通信效率和能量消耗两方面获得很好的折中。基于地理散列表的方法便是一种常用的以数据为中心的数据存储方式。在无线传感网中，既可以为数据建立一维索引，也可以建立多维索引。DIFS 系统中采用的是一维索引的方法，而 DIM 是一种适用于无线传感网的多维索引方法。无线传感网的数据查询语言目前多采用类 SQL 的语言。查询操作可以按照集中式、分布式或流水线式查询进行设计。集中式查询由于传送了冗余数据而消耗额外的能量；分布式查询利用聚集技术可以显著降低通信开销；流水线式聚集技术可以提高分布式查询的聚集正确性。在无线传感网中，对连续查询的处理也是需要考虑的方面，CACQ 技术可以处理无线传感网节点上的单连续查询和多连续查询请求。

8. 无线通信技术

无线传感网需要低功耗短距离的无线通信技术。IEEE 802.15.4 标准是针对低速无线个人域网络的无线通信标准，把低功耗、低成本作为设计的主要目标，旨在为个人或者家庭范围内的不同设备之间低速联网提供统一标准。由于 IEEE 802.15.4 标准的网络特征与无线传感网存在很多相似之处，故很多研究机构把它作为无线传感网的无线通信平台。

超宽带技术(UWB)是一种极具潜力的无线通信技术。超宽带技术具有对信道衰落不敏感、发射信号功率谱密度低、截获能力低、系统复杂度低、能提供数厘米的定位精度等优点，非常适合应用在无线传感网中。迄今为止关于 UWB 有两种技术方案：一种是以 Freescale 公司为代表的 DS-CDMA 单频带方式；另一种是由英特尔、德州仪器等公司共同提出的多频带 OFDM 方案，但还没有一种方案成为正式的国际标准。

9. 嵌入式操作系统

传感器节点是一个微型的嵌入式系统，携带非常有限的硬件资源，需要操作系统能够节能高效地使用其有限的内存、处理器和通信模块，且能够对各种特定应用提供最大的支持。在面向无线传感网的操作系统支持下，多个应用可以并发地使用系统的有限资源。

传感器节点有两个突出的特点：一个特点是并发性密集，即可能存在多个需要同时执行的逻辑控制，这需要操作系统能够有效地满足这种发生频繁、并发程度高、执行过程比较短的逻辑控制流程；另一个特点是传感器节点模块化程度很高，要求操作系统能够让应用程序方便地对硬件进行控制，且保证在不影响整体开销的情况下，应用程序中的各个部分能够比较方便地进行重新组合。上述这些特点对设计面向无线传感网的操作系统提出了新的挑战。美国加州大学伯克利分校针对无线传感网研发了 TinyOS 操作系统，在科研机构的研究中得到比较广泛的使用，但仍然存在不足之处。

10. 应用层技术

无线传感网应用层由各种面向应用的软件系统构成，部署的无线传感网往往执行多种任务。因此，应用层的研究主要是各种无线传感网应用系统的开发和多任务之间的协调，如作战环境侦查与监控系统、军事侦查系统、情报获取系统、战场监测与指挥系统、环境监测系统、交通管理系统、灾难预防系统、危险区域监测系统、有灭绝危险的动物或珍贵动物的跟踪监护系统、民用和工程设施的安全性监测系统、生物医学监测、治疗系统和智能维护等。

无线传感网应用开发环境的研究，旨在为应用系统的开发提供有效的软件开发环境和软件工具，需要解决的问题包括无线传感网程序设计语言、无线传感网程序设计方法学、无线传感网软件开发环境和工具、无线传感网软件测试工具的研究，面向应用的系统服务(如位置管理和服务发现等)，以及基于感知数据的理解、决策和举动的理论与技术(如感知数据的决策理论、反馈理论、新的统计算法、模式识别和状态估计技术等)。

1.4　无线传感网的应用

由于无线传感网具有无需预先铺设网络设施、快速自动组网、传感器节点体积小的特点，使得无线传感网在军事、环境、工业、医疗等方面有着广阔的应用前景。

1. 军事应用

无线传感网可用来建立一个集命令、控制、通信、计算、智能、监视、侦察和定位于一体的战场指挥系统。无线传感网是由密集型、低成本、随机分布的节点组成的，自组织性和容错能力使其不会因为某些节点在恶意攻击中损坏而导致整个系统的崩溃，这一点是传统传感技术所无法比拟的，也正是这一点，使无线传感网非常适合应用于恶劣的战场环境中。使用声音、压力等传感器可以侦探敌方阵地的动静以及人员、车辆的行动情况，实现战场实时监督、战场损失评估等。

2. 环境监测

无线传感网可以布置在野外环境中来获取环境信息。例如，可以应用于森林火险监测，传感器节点被随机分布在森林之中，当发生火灾时，这些传感器会通过协同合作在很短的时间内将火源的具体地点、火势的大小等信息传给终端用户。另外，无线传感网在监视农作物灌溉情况，土壤空气情况，牲畜、家禽的环境状况，大面积的地表监测，气象和地理研究，洪水监测以及跟踪鸟类、小型动物和昆虫对种群复杂度的研究等方面都有较大的应用空间。

3. 工业应用

在工业安全方面，无线传感网可以应用于有毒、放射性的场合，其自组织算法和多跳路由传输可以保证数据有更高的可靠性。在设备管理方面，无线传感网可用于监测材料的疲劳状况、机械的故障诊断、实现设备的智能维护等。无线传感网采用的分布式算法和引入的近距离定位技术，对于机器人的控制和引导将发挥重要的作用。

4. 智能家居

在家具和家电中嵌入传感器节点，通过无线传感网与 Internet 连接在一起，将会为人们提供更加舒适、方便和人性化的智能家居环境，包括家庭自动化(例如智能吸尘器、智能微波炉、电冰箱等)，实现遥控、自动操作和基于 Internet 与手机网络等的远程监控，以及智能家居环境(如根据亮度需求自动调节灯光，根据家具脏的程度自动进行除尘等)。

5. 智能医疗

通过在病人身上安装特殊用途的传感器节点，医生可以利用无线传感网随时了解被监护病人的病情，能够及时发现病人的异常并进行处理，如实时掌握血压、血糖、脉搏等情况，一旦发生危急情况可在第一时间实施救助。医学研究者亦可以在不妨碍被监测对象正常生活的基础上，利用无线传感网长时间地收集人的生理数据。这些数据对于研制新药品和进行人体活动机理的研究都是非常有用的。总之，无线传感网为未来的远程医疗提供了更加方便、快捷的技术实现手段。

6. 建筑物和大型设备安全状态的监控

通过对建筑物安全状态的监控，无线传感网可以检查出建筑物(如房屋、桥梁等)中存在的安全隐患或建筑缺陷，从而避免建筑物倒塌等事故的发生。通过对一些大型设备(如工厂自动化生产线、货物列车等)运行状态的监控，无线传感网可以及时监控设备的运行情况，从而避免设备故障导致的意外。

7. 应急援救

在发生了地震、水灾、火灾、爆炸或恐怖袭击后，固定的通信网络设施(如有线通信网络、蜂窝移动通信网络的基站、卫星通信地球站以及微波接力站等)可能被全部摧毁或无法正常工作。无线传感网这种不依赖任何固定网络设施就能快速布设的自组织网络技术，是在这些场合进行通信的最佳选择。

8. 其他方面的应用

无线传感网在商业、交通等其他方面也具有广泛的应用。在商业应用方面，可用在货物的供应链管理中，帮助定位货品的存放位置，有助于了解货品的状态、销售状况等。每个集装箱内的大量传感器节点可以自组织成一个无线网络，集装箱内的每个节点可以和集装箱上的节点相联系。通过装载在节点上的温湿度、加速度传感器等记录了解到集装箱是否被打开过，是否过热、受潮或者受到撞击等。

在交通运输应用中，可以对车辆、集装箱等多个运动的个体进行有效的状态监控和位置定位。传感器节点还可以用于车辆的跟踪，将各节点收集到有关车辆的信息传给基站，经过基站处理获得车辆的具体位置。

综上所述，无线传感网的研究和最终成果必将对我国的国防、工业、社会生活及其他领域产生非常重要的影响，具有广泛的应用前景和巨大的应用价值。

1.5 无线传感网发展与现状

1.5.1 无线传感网发展的三个阶段

无线传感网的发展也是符合计算设备的演化规律的。根据研究和分析，无线传感网的发展历史可分为三个阶段。

第一阶段：传统的传感器系统。

无线传感网的历史最早可以追溯 20 世纪 70 年代，越战时期使用的传统的传感器系统。当年美越双方在密林覆盖的"胡志明小道"进行了一场血腥的较量。这条道路是北越部队向南方游击队源源不断输送物资的秘密通道，美军曾经绞尽脑汁动用航空兵狂轰滥炸，但效果不大。后来，美军投放了 2 万多个"热带树"传感器。

所谓"热带树"，实际上是由震动和声响传感器组成的系统。它由飞机投放，落地后插入泥土中，只露出伪装成树枝的无线电天线，因而被称为"热带树"。只要对方车队经过，传感器就能探测出目标产生的震动和声响信息，自动发送到指挥中心，美国立即展开追杀，总共炸毁或炸坏 4.6 万辆卡车。

这种早期使用的传感器系统的特征在于，传感器节点只产生探测数据流，没有计算能力，并且相互之间不能通信。

传统的原始传感器系统通常只能捕获单一信号，传感器节点之间只能进行简单的点对点通信，网络一般采用分级处理结构。

第二阶段：传感网节点集成化。

第二阶段是 20 世纪 80 年代至 20 世纪 90 年代之间。1980 年美国国防部高级研究计划局(Defense Advanced Research Project s Agency，DARPA)的分布式传感网项目(Distributed sensor Network，DSN)开启了现代传感网研究的先河。该项目由 TCP/IP 协议的发明人之一，时任 DARPA 信息处理技术办公室主任的 Robert Kahn 主持，他起初设想建立低功耗传感器节点构成的网络。这些节点之间相互协作，但自主运行，将信息发送到需要它们的处理节点。就当时的技术水平来说，这绝对是一个雄心勃勃的计划。通过多所大学研究人员的努力，该项目还在操作系统、信号处理、目标跟踪、节点实验平台等方面取得了较好的基础性成果。

在这个阶段，无线传感网的研究仍然主要在军事领域展开，并成为了网络中心战体系中的关键技术。比较著名的系统包括美国海军研制的协同交战能力系统(Cooperative Engagement Capability，CEC)、用于反潜作战的固定式分布系统(Fixed Distributed System，FDS)、高级配置系统(Advanced Deployment System，ADS)、远程战场传感器网络系统(Remote Battlefield Sensor System，REMBASS)、战术远程传感器系统(Tactical Remote Sensor System，TRSS)等无人值守的地面传感器网络系统。

这个阶段的技术特征包括，采用了现代微型化的传感器节点，这些节点可以同时具备感知能力、计算能力和通信能力。因此在 1999 年，商业周刊将无线传感网列为 21 世纪最具影响的 21 项技术之一。

第三阶段：多跳自组网。

第三阶段是从 21 世纪开始至今。美国在 2001 年发生了震惊世界的"9.11"事件，如何找到恐怖分子头目本·拉登成了和平世界的一道难题。因为本·拉登身藏在阿富汗山区，神出鬼没，极难发现他的踪迹。人们设想可以在本·拉登经常活动的地区大量投放各种微型探测传感器，采用无线多跳自组网的方式，将发现的信息以类似接力赛的方式，传送给远在波斯湾的美国军舰。但是这种低功率的无线多跳自组网技术，在当时是不成熟的，因而向科技界提出了应用需求，由此引发了无线自组织传感网的研究热潮。

　　这个阶段的无线传感网，其技术特点是网络传输自组织、节点设计低功耗，它除了应用于情报部门进行反恐活动以外，在其他领域更是获得了很好的应用。所以，2002 年美国国家重点实验室——橡树岭实验室提出了"网络就是传感器"的论断。

　　由于无线传感网在国际上被认为是继互联网之后的第二大网络，因此 2003 年美国《技术评论》杂志评出对人类未来生活产生深远影响的十大新兴技术，无线传感网被列为第一。

　　在现代意义上的无线传感网研究及应用方面，我国与发达国家几乎同步启动，它已经成为我国信息领域位居世界前列的少数方向之一。在 2006 年我国发布的《国家中长期科学与技术发展规划纲要》中为信息技术确定了三个前沿方向，其中有两项就与传感网直接相关，分别是智能感知和自组网技术。

　　综观计算机网络技术的发展史，应用需求始终是推动和左右全球网络技术进步的动力。无线传感网可以为人类增加"耳、鼻、眼、舌"等感知能力，是扩展人类感知能力的一场革命。无线传感网是近几年来国内外在研究和应用上都非常热门的领域，在国民经济建设和国防军事上具有十分重要的应用价值。目前无线传感网的发展几乎呈爆炸式的趋势。

1.5.2　无线传感网发展现状

　　由于无线传感网巨大的科学意义和商业军事应用价值，使得它已经引起许多国家学术界、军事部门和工业界的极大关注。无线传感网的研究发展起源可以追溯到 1978 年由美国国防部高级计划署(DARPA)资助的在卡耐基-梅隆大学(Carnegie-Mellon University)举行的"分布式无线传感网论坛"，但对其的研究还是在 20 世纪 90 年代才真正进入热潮。

　　无线传感网最早应用于军事领域，1994 年美国加州大学洛杉矶分校(UCLA)的 William J.Kaiser 教授向 DARPA 提交了"Low Power wireless Integrated Micro sensors(LWIM)"研究计划书。该计划书不但给出了基于微机电系统(MEMs)的微小节点的概念设计模型，还描绘出了无线传感网的广泛、诱人而极具想象力的应用背景，因此无线传感网在美国的军事项目中得到了大量的应用。

　　1999 年，《商业周刊》将传感器网络列为 21 世纪最具影响的 21 项技术之一。美国国家科学基金会也开始支持该领域的相关技术研究。美国国防部以及各军事部门都高度重视 WSN 研究，把 WSN 作为一个重要研究领域，并设立了一系列用于军事用途的 WSN 研究项目。2002 年，英特尔公司发布了"基于微型传感器网络的新型计算发展规划"，该规划主要致力于微型传感器网络在环境监测、医学、海底板块、森林灭火和行星探测等领域的应用。同年，欧盟提出了 EYES(自组织和协作有效能量的传感器网络)计划，该项目的研究期限为 3 年，主要致力于无线传感网的架构、网络协议、节点的协作以及整个网络安全等方面的研究。2003 年美国 MIT《技术评论》杂志评出对人类未来生活深远影响的十大新兴技术，传感器网络被列为第一。之后，美国交通部、能源部、国家航空航天局等都纷纷支持开展无线传感网的相关研究，自此相关研究在各大高校迅速展开。比较著名的实验室和研究项目主要有美国加州大学洛杉矶分校(UCLA)的 CENS(Center for Embedded Network Sensors)实验室，UCLA 大学电子工程系的 WINS(Wireless Integrated Network sensors)项目，加州大学伯克利分校(Berkeley)的 BWRC(Berkeley Wireless Research Center)研究中心和 WEBS(Wireless Embedded System)等研究项目，俄亥俄州立大学(The Ohio State University)

的 ESWSN(Extreme Scale Wireless Sensor Networking)项目，Stony Brook 大学的 WNS 实验室(Wireless Networking and Simulation Laboratory)，哈佛大学(Harvard University)的 Code Blue 项目，耶鲁大学(Yale University)的 ENALAB 实验室(Embedded Networks and Allocations Lab)，美国麻省理工大学(MIT)的 NMS(Network and Mobile systems)项目等。

国内在无线传感网技术方面的起步稍晚，在无线传感网领域的研究水平相对国外落后，缺少对整个系统的创新性研究，具有的关键性自主知识产权较少，但是国家和研究机构投入的力度很大。中科院微系统所主导的团队积极开展基于 WSN 的电子围栏技术的边境防御系统的研发和试点，已取得了阶段性的成果。在环境监控和精细农业方面，WSN 系统应用最为广泛。2002 年，英特尔公司率先在俄勒冈建立了世界上第一个无线葡萄园，这是一个典型的精准农业、智能耕种的实例。杭州齐格科技有限公司与浙江农科院合作研发了远程农作管理决策服务平台，该平台利用了无线传感器技术实现对农田温室大棚温度、湿度、露点、光照等环境信息的监测。在民用安全监控方面，英国的一家博物馆利用无线传感器网络设计了一个报警系统，他们将节点放在珍贵文物或艺术品的底部或背面，通过侦测灯光的亮度改变和振动情况来判断展览品的安全状态。中科院计算所在故宫博物院实施的文物安全监控系统也是 WSN 技术在民用安防领域中的典型应用。现代建筑的发展不仅要求为人们提供更加舒适、安全的房屋和桥梁，而且希望建筑本身能够对自身的健康状况进行评估。WSN 技术在建筑结构健康监控方面将发挥重要作用。2004 年，哈工大在深圳地王大厦实施部署了监测环境噪声和震动加速度响应测试的 WSN 网络系统。在医疗监控方面，美国英特尔公司目前正在研制家庭护理的无线传感器网络系统，作为美国"应对老龄化社会技术项目"的一项重要内容。另外，在对特殊医院(精神类或残障类)中病人的位置监控方面，WSN 也有巨大应用潜力。在工业监控方面，美国英特尔公司为俄勒冈的一家芯片制造厂安装了 200 台无线传感器，用来监控部分工厂设备的振动情况，并在测量结果超出规定时提供监测报告。西安成峰公司与陕西天和集团合作开发了矿井环境监测系统和矿工井下区段定位系统。在智能交通方面，美国交通部提出了"国家智能交通系统项目规划"，预计到 2025 年全面投入使用。该系统综合运用大量传感器网络，配合 GPS 系统、区域网络系统等资源，实现对交通车辆的优化调度，并为个体交通推荐实时的、最佳的行车路线服务。目前在美国的宾夕法尼亚州的匹兹堡市已经建有这样的智能交通信息系统。中科院上海微系统所为首的研究团队正在积极开展 WSN 在城市交通的应用。中科院软件所在地下停车场基于 WSN 网络技术实现了细粒度的智能车位管理系统，使得停车信息能够迅速通过发布系统推送给附近的车辆，从而大大提高了停车效率。物流领域是 WSN 网络技术发展最快最成熟的应用领域。尽管在仓储物流领域，RFID 技术还没有被普遍采纳，但基于 RFID 和传感器节点的大粒度商品物流管理系统已经得到了广泛的应用。宁波中科万通公司与宁波港合作，实现了基于 RFID 网络的集装箱和集装卡车的智能化管理。另外，还使用 WSN 技术实现了封闭仓库中托盘粒度的货物定位。WSN 网络自由部署、自组织工作模式使其在自然科学探索方面有巨大的应用潜力。2002 年，由英特尔的研究小组和加州大学伯克利分校以及巴港大西洋大学的科学家，把 WSN 技术应用于监视大鸭岛海鸟的栖息情况。2005 年，澳洲的科学家利用 WSN 技术来探测北澳大利亚蟾蜍的分布情况。佛罗里达宇航中心计划借助于航天器布撒的传感器节点实现对星球表面大范围、长时期、近距离的监测和探索。智能家居领域是 WSN 技术能够大展拳脚的地方。浙江大学计算机系的研究人员开发了一种基于 WSN 网络的无线水表系统，能够实现水表的自动抄录。复旦大学等单位研制了基于 WSN 网络的智能楼宇系统，其典型结构包括了照明控制、警报门禁，以及家电控制的 PC 系统。各部件自治组网，最终由 PC 将信息发布在互联网上。人们可以通过互联网终端对家庭状况实施监测。

　　WSN 在应用领域的发展可谓方兴未艾，要想进一步推进该技术的发展，让其更好地为社会和人们的生活服务，不仅需要研究人员开展广泛的应用系统研究，更需要国家、地区以及优质企业在各个层面上的大力推动和支持。

1.5.3　无线传感网的发展趋势

1. 无线多媒体传感网

　　无线传感网通过由传感器节点感知、收集和处理物理世界的信息来完成人类对物理世界的理解和监控，为人类与物理世界实现"无处不在"的通信和沟通搭建起一座桥梁。然而，目前无线传感网的大部分应用集中在简单、低复杂度的信息获取和通信上面，只能获取标量信息，如温度、湿度等。这些标量信息无法刻画丰富多彩的物理世界，难以实现真正意义上的人与自然的沟通。为了克服这一缺陷，一种既能获取标量信息，又能获取视频、音频和图像等矢量信息的无线多媒体传感网(Wireless Multimedia sensor Networks，WMSN)应运而生。这种特殊的无线传感网有望实现真正意义上的人与物理世界的完全沟通。相对于传统无线传感网仅对低比特流、较小信息量的数据进行简单处理而言，作为一种全新的信息获取和处理的技术，无线多媒体传感网更多地关注各种各样的信息，包括音频、视频和图像等大数据量、大信息量的信息，以及它们的采集和处理，利用压缩、识别、融合和重建等多种方法来处理收集到的各种信息，以满足无线多媒体传感网多样化应用的需求。

2. 泛在传感网

　　随着信息技术的日新月异，无线通信技术发生了重大变化并取得了迅猛的发展。未来无线通信技术将朝着宽带化、移动化、异构化及个性化等方面发展，以达到通信的"无所不在"，即"泛在化"。

　　由于传感器节点在硬件上(如大小、功耗、通信能力等方面)的特点，传感器节点能够在任何时候放置于任何地方，因而，传感网是实现未来"泛在化"通信的一种有效手段或者补充。泛在传感网(Ubiquitous Sensor Network)指的是能够在任何时间、地点收集和处理实时信息的传感器网络。泛在传感网改变了人类信息收集和处理的历史，使得原来只能由人来完成的信息收集和处理任务，现在也能由传感器节点完成。泛在传感网跟一般传统意义上的无线传感网的区别在于，泛在传感网将会是有线和无线通信技术的综合体，而传统的无线传感网主要是基于无线通信技术的。

3. 基于认知功能的传感网

　　认知无线电(Cognitive Radio，CR)被认为是一种提高无线电频谱利用率的新方法，同时也是一种智能的无线通信技术。它建立在软件无线电(Software Defined Radio，SDR)的基础上，能感知周围环境，并使用已建立的理解方法从外部环境学习并通过对特定系统参数(如功率、载波和调制方案等)的实时改变而调整它的内部状态，以适应系统环境的变化。

认知无线电技术的核心是采用软件无线电技术，最大限度地利用时域、频域、空域等信息，动态调节和适应无线通信频谱的分配和使用。

目前，无线传感网节点主要感知的是物理世界的环境信息，没有涉及对节点本身通信资源的感知。具有认知功能的传感网不仅能感知和处理物理世界的环境信息，还能利用认知无线电技术对通信环境进行认知。此时的传感器节点变成一个智能体，因此它实现了智能化的传感器网络，可望大大改善传感网的资源利用率和服务质量。

4. 基于超宽带技术的无线传感网

无线传感网由于其广泛的应用前景而受到了工业界和学术界的关注。无线传感网要真正付诸应用，离不开传感器节点的设计与实现。无线传感器节点的特征是体积小、功耗低和成本低，传统的正弦载波无线传输技术由于存在中频、射频等电路和一些固有组件的限制难以达到这些要求。

超宽带(Ultra Wide Band，UWB)通信技术是一种非传统的、新颖的无线传输技术，它通常采用极窄脉冲或极宽的频谱来传达信息。相对于传统的正弦载波通信系统而言，超宽带无线通信系统具有高传输速率、高频谱效率、高测距精度、抗多径干扰、低功耗、低成本等诸多优点。这些优点使超宽带无线传输技术和无线传感网自然而然地被联系在了一起，使对基于超宽带技术的无线传感网的研究和开发得到越来越多的关注。

基于超宽带技术的无线传感网具备一些传统无线传感网无法比拟的优势，将成为无线传感网极其重要的一个发展方向，并具备广阔的应用前景。

5. 基于协作通信技术的无线传感网

无线传感网依靠节点间的相互协作完成信息的感知、收集和处理任务，它与协作通信技术有着天然的联系。从另一个角度来看，传感器节点的大小有限，能量受限于供电电池，且处理能力和工作带宽都很有限，这些限制为无线传感网带来了一系列问题。仅仅依靠单个传感器节点解决这些问题是不现实的，需借助节点之间的协作来解决。协作通信技术为有效解决这些问题提供了很好的解决思路。通过共享节点间的资源，有望大大提高整个网络的资源利用率和性能。

近年来，研究人员已将协作通信的思想应用于无线传感网的研究中，并取得了初步研究成果。

第 2 章　WSN 关键技术

WSN 网络技术是典型的具有交叉学科性质的军民两用的高科技技术，它是由多个功能相同和不同的无线传感器节点组成的。随着微机电系统技术的发展，传统的传感器正逐步实现微型化、智能化、信息化、网络化，正经历着一个从传统传感器到智能传感器再到嵌入式 Web 传感器的发展过程。

前面章节里对 WSN 关键技术进行了简单的介绍，这里对几个重要的技术再进行详细的解读。

2.1　WSN 定位技术

定位技术是 WSN 的关键技术之一。对于大多数应用来说，不知道传感器位置而感知的数据是毫无意义的。传感器节点必须明确自身位置才能详细说明"在什么位置区域发生了什么事件"，从而实现对外部目标的定位和追踪；另一方面，了解传感器节点的位置信息还可以提高路由效率，为网络提供命名空间，向部署者报告网络的覆盖质量，实现网络的负载均衡以及网络拓扑的自配置。

2.1.1　定位技术概述

WSN 的定位问题一般指对于一组未知位置坐标的网络节点，依靠有限的位置已知的锚节点，通过测量未知节点至其余节点的距离或跳数，或者通过估计节点可能处于的区域范围，结合节点间交换的信息和锚节点的已知位置，来确定每个节点的位置。在 WSN 节点定位技术中，根据节点是否已知自身的位置，把传感器节点分为信标节点(Beacon Node)和未知节点(Unknown Node)，信标节点又称锚点(Anchor)。信标节点在网络节点中所占的比例很小，可以通过携带 GPS 定位设备等手段获得自身的精确位置。信标节点是未知节点定位的参考点。除了信标节点外，其他传感器节点就是未知节点，他们通过信标节点的位置信息来确定自身位置。

在无线传感网中，传感器节点自身的正确定位正是提供监测事件位置信息的前提。定位信息除用来报告事件发生的时间外，还具有下列用途：目标跟踪，实时监视目标的行动路线，预测目标的前进轨迹；协助路由，避免信息在整个网络中扩散，并可以实现定向的信息查询；进行网络管理，利用传感器节点传回的位置信息构建网络拓扑图，并实时统计网络的覆盖情况，对节点密度低的区域采取必要的措施等。因此，在无线传感网中，传感器节点的精确定位对各种应用有着重要的作用。

全球定位系统 GPS(Global Position System)是目前应用得最广泛、最成熟的定位系统，通过卫星的授时和测距对用户节点进行定位，具有定位精度高、实时性好、抗干扰能力强等优点。但是 GPS 定位适用于无遮挡的室外环境，用户节点通常能耗高、体积大，成本也比较高，需要固定的基础设施等，这使得它不适用于低成本自组织的无线传感器网络。在机器人领域中，机器人节点的移动性和自组织等特性，使其定位技术与传感器网络的定位技术具有一定的相似性，但是机器人节点通常携带充足的能量供应和精确的测距设备，系统中机器人节点的数量很少，所以这些机器人定位算法也不适用于传感器网络。

1. WSN 定位算法特点

在传感器网络中，传感器节点能量有限、可靠性差、节点数量规模大且随机布放、无线模块的通信距离有限，对定位算法和定位技术提出了很高的要求。传感器网络的定位算法通常要求具备以下特点：

(1) 自组织性。传感器网络的节点随机分布，不能依靠全局的基础设施协助定位。

(2) 健壮性。传感器节点的硬件配置低、能量少、可靠性差，测量距离时会产生误差，算法必须具有良好的容错性。

(3) 能量高效。尽可能地减少算法中计算的复杂性，减少节点间的通信开销，以尽量延长网络的生存周期。通信开销是传感器网络的主要能量开销。

(4) 分布式计算。每个节点尽量计算自身位置，不能将所有信息传送到某个节点进行集中计算。

2. 定位技术的基本术语

(1) 邻居节点(Neighbor Nodes)：传感器节点通信半径内的所有其他节点，也就是在一个节点通信半径内可以直接通信的所有其他点。

(2) 跳数(Hop Count)：两个节点之间间隔的跳段总数。

(3) 跳段距离(Hop Distance)：两个节点间隔的各跳段距离之和。

(4) 接收信号强度指示(Received Signal Strength Indicator，RSSI)：节点接收到无线信号的强度大小。

(5) 到达时间(Time Of Arrival，TOA)：信号从一个节点传播到另一个节点所需要的时间。

(6) 到达时间差(Time Difference of Arrival，TDOA)：两种不同传播速度的信号从一个节点传播到另一个节点所需要的时间之差。

(7) 到达角度(Angle Of Arrival，AOA)：节点接收到的信号相对于自身轴线的角度。

(8) 视线关系(Line Of Sight，LOS)：两个节点间没有障碍物间隔，能够直接通信。

(9) 非视线关系(Non Line Of Sight，NLOS)：两个节点之间存在障碍物。

(10) 基础设施(Infrastructure)：协助传感器节点定位的已知自身位置的固定设备(如卫星、基站等)。

3. 定位性能的评价指标

无线传感器网络定位算法的性能直接影响其可用性，如何对其评价是一个需要研究的问题。衡量定位性能有多个指标，下面定性地讨论几个常用的评价标准。

(1) 定位精度。定位精度指提供位置信息的精确程度，它分为相对精度和绝对精度。绝对精度指以长度为单位度量的精度。例如，GPS 的精度为 1～10 m，现在使用 GPS 导航系统的精度约为 5 m。一些商业的室内定位系统提供 30 cm 的精度，可以用于工业环境、物流仓储等场合。相对精度通常以节点之间距离的百分比来定义。例如，若两个节点之间距离是 20 m，定位精度为 2 m，则相对定位精度为 10%。由于有些定位方法的绝对精度会随着距离的变化而变化，因而使用相对精度可以很好地表示精度指标。

(2) 覆盖范围。覆盖范围和定位精度是一对矛盾性的指标。例如超声波可以达到分米级精度，但是它的覆盖范围只有 10 多米；Wi-Fi 和蓝牙的定位精度为 3 m 左右，而覆盖范围可以达到 100 m 左右；GSM 系统能覆盖千米级的范围，但是精度只能达到 100 m。由此可见，覆盖范围越大，提供的精度就越低。提供大范围内的高精度通常是难以实现的。

(3) 刷新速度。刷新速度是指提供位置信息的频率。例如，如果 GPS 每秒刷新 1 次，则这种频率对于车辆导航已经足够了，能让人体验到实时服务的感觉。对于移动的物体，如果位置信息刷新较慢，就会出现严重的位置信息滞后，直观上感觉已经前进了很长距离，而提供的位置还是以前的位置。因此，刷新速度会影响定位系统实际工作提供的精度，它还会影响位置控制者的现场操作。如果刷新速度太低，可能会使得操作者无法实施实时控制。

(4) 功耗。功耗作为传感网设计的一项重要指标，是对 WSN 的设计和实现影响最大的因素之一。对于定位这项服务功能，需要计算为此所消耗的能量。采用的定位方法不同，功耗的差别会很大，主要原因是定位算法的复杂度不同，需要为定位提供的计算和通信开销方面存在数量上的差别，导致完成定位服务的功耗有所不同。

(5) 代价。定位系统或算法的代价可从几个不同方面来评价。时间代价包括一个系统的安装时间、配置时间、定位所需时间。空间代价包括一个定位系统或算法所需的基础设施和网络节点的数量、硬件尺寸等。资金代价则包括实现一种定位系统或算法的基础设施、节点设备的总费用。

(6) 节点密度。在 WSN 中，增大节点密度不仅意味着网络部署费用会增加，而且会因为节点间的通信冲突问题造成有限带宽的阻塞。节点密度通常以网络的平均连通度来表示。许多定位算法的精度受节点密度的影响，如 DV-Hop 算法仅可在节点密度部署合理的情况下估算节点位置。

(7) 容错性和自适应性。通常，定位系统和算法都需要比较理想的无线通信环境和可靠的网络节点设备。但在真实应用场合中常会有诸如以下的问题：外界环境中存在严重的多径传播、衰减、非视线(Non-Line-Of-Sight，NLOS)、通信盲点等问题；网络节点由于受周围环境影响或自身原因(如电池耗尽、物理损伤)而出现失效的问题；外界影响和节点硬件精度限制造成节点间点到点的距离或角度测量误差增大的问题。由于环境、能耗和其他原因，从物理上维护/替换传感器节点或使用其他高精度的测量手段常常是十分困难或不可行的。因此，定位系统和算法的软、硬件必须具有很强的容错性和自适应性，能够通过自动调整或重构纠正错误、适应环境、减少各种误差的影响，以提高定位精度。

上述七个性能指标不仅是评价 WSN 自身定位系统和算法的标准，也是其设计和实现的优化目标。为了实现这些目标的优化，有大量的研究工作需要完成。同时，这些性能指标是相互关联的，必须根据应用的具体需求做出权衡，以选择和设计合适的定位技术。

2.1.2　定位算法的分类

一直以来，研究者们致力于定位算法的研究，目前已有许多系统和算法能够解决 WSN 自身定位问题。但是，每种系统和算法都用来解决不同的问题或支持不同的应用，它们在用于定位的物理现象、网络组成、能量需求、基础设施和时空的复杂性等许多方面有所不同。依据不同的分类标准，可将定位算法进行多种分类。

1. 基于测距技术的定位和无需测距技术的定位

根据定位算法是否需要通过物理测量来获得节点之间的距离(角度)信息，可以把定位算法分为基于测距的定位算法和无需测距的定位算法两类。前者是利用测量得到的距离或角度信息来进行位置计算的，而后者一般是利用节点的连通性和多跳路由信息交换等方法来估计节点间的距离或角度，并完成位置估计的。基于测距的定位算法总体上能取得较好的定位精度，但在硬件成本和功耗上受到一些限制。基于测距的定位机制使用各种算法来减小测距误差对定位的影响，包括多次测量、循环定位求精，这些都要产生大量计算和通信开销。所以，基于测距的定位机制虽然在定位精度上有可取之处，但并不适用于低功耗、低成本的应用领域。因功耗和成本因素以及粗精度定位对大多数应用已经足够(当定性误差小于传感器节点无线通信半径的 40%时，定位误差对路由性能和目标追踪精确度的影响不会很大)，无需测距的定位方案备受关注。室内定位系统 Cricket、AHLos(Ad Hoc Localization System)算法、基于 AOA 的 APS 算法(Ad Hoc Positioning System)、RADAR 算法、LCB 算法(Localizable Collaborative Body)和 DPE(Directed Position Estimation)算法等都是基于测距的定位算法；而质心算法(Centroid Algorithm)、DV-Hop(Distance Vector-Hop)算法、移动导标节点(Mobile Anchor Points，MAP)定位算法、HiRLoc 算法、凸规划(Convex Optimization)算法和 MDS-MAP 算法等就是典型非基于测距的定位算法。

2. 基于锚节点的定位算法和非基于锚节点的定位算法

根据定性算法是否假设网络中存在一定比例的锚节点，可以将定位算法分为基于锚节点的定位算法和非基于锚节点的定位算法两类。对于前者，各节点在定位过程结束后可以获得相对于某个全局坐标系的坐标，对于后者则只能产生相对的坐标，在需要和某全局坐标系保持一致的时候可以通过引入少数几个锚节点和进行坐标系变换的方式来完成。基于锚节点的定位算法很多，例如质心算法、DV-Hop、AHLos、LCB 和 APIT(Approximate Point-In-Triangulation Test)等；而 ABC(Assumption Based Coordinates)和 AFL(Anchor-Free Localization)是典型的非基于锚节点的定位算法。

3. 物理定位与符号定位

定位系统可提供两种类型的定位结果：物理位置和符号位置。例如，某个节点位于的经纬度 47°39′17″N，122°15′45″W 就是物理位置；而某个节点在建筑物的 423 号房间就是符号位置。一定条件下，物理定位和符号定位可以相互转换。与物理定位相比，符号定位更适合某些特定的应用场合，例如，在安装有无线烟火传感器网络的智能建筑物中，管理者更关心某个房间或区域是否有火警信号，而不是火警发生地的经纬度。大多数定位系统和算法都提供物理定位服务，符号定位的典型系统和算法有 Active Badge、微软的 Easy Living 等，MIT 的 Cricket 定位系统则可根据配置实现两种不同形式的定位。

4. 递增式定位算法和并发式定位算法

根据计算节点位置的先后顺序可以将定位算法分为递增式定位算法和并发式定位算法两类。递增式定位算法通常是从 3～4 个节点开始，然后根据未知节点与已经完成定位的节点之间的距离或角度等信息采用简单的三角法或局部最优策略逐步对未知节点进行位置估计。该类算法的主要不足是具有较大的误差累积。并发式定性算法则是节点以并行的方式同时开始计算位置。有些并发式算法采用迭代优化的方式来减小误差。并发式定位算法能更好地避免陷入局部最小和减少误差累积。大多数算法属于并发式的，像 ABC 算法则是递增式的。

5. 紧密耦合与松散耦合

紧密耦合(Tightly Coupled)定位系统是指信标节点不仅被仔细地部署在固定的位置，并且通过有线介质连接到中心控制器；而松散型定位(Loosely Coupled)系统的节点采用无中心控制器的分布式无线协调方式。

紧密耦合定位系统适用于室内环境，具有较高的精确性和实时性，容易解决时间同步和信标节点间的协调问题。典型的紧密耦合定位系统包括 AT&T 的 Active Bat 系统和 Active Badge、Hiball Tracker 等。但这种部署策略限制了系统的可扩展性，代价较大，无法应用于布线工作不可行的室外环境。

近年来提出的许多定位系统和算法，如 Cricket、AHLos 等不属于松散耦合型解决方案。它们以选择牺牲紧密耦合系统的精确度为代价而获得了部署的灵活性，依赖节点间的协调和信息交换实现定位。在松散耦合系统中，因为网络以 Ad Hoc 方式部署，没有对节点间进行直接协调，所以节点会竞争信道并相互干扰。针对这个问题，剑桥的 Mike Hazas 等人提出使用宽带扩频技术以解决多路访问和带内噪声干扰问题。

6. 集中式计算与分布式计算

集中式计算(Centralized Computation)是指把所需信息传送到某个中心节点(例如一台服务器)，并在那里进行节点定位计算。分布式计算(Distributed Computation)是指依赖节点间的信息交换和协调，由节点自行进行定位计算。

集中式计算的优点在于从全局角度统筹规划，对计算量和存储量几乎没有限制，可以获得相对精确的位置估算。它的缺点是离中心节点位置较近的节点会因为通信开销大而过早地消耗完电能，导致整个网络与中心节点信息交流的中断，无法实时定位等。集中式定位算法包括凸规划(Convex Optionization)、MDS-MAP 等。N-hop multilateration primitive 定位算法可以根据应用需求采用两种不同的计算模式。

相对于集中式算法，分布式算法有更为广泛的应用。分布式算法也称并发式算法，即定位过程只需与邻居节点进行通信，计算在本节点处完成。除上述集中式以外的其他算法均为分布式定位算法。Yi Shang 在其原先的集中式算法 MDS-MAP 基础上进行了改进，提出了改进型多维标度定位算法，在不同的通信跳数内先计算相对较小的局部图块，最后拼成一幅全局位置图。实验表明如果在两跳路由的无线范围内计算各局部图，则定位系统的整体性能会相对较好。

无线传感器网线的分布式定位算法与计算机科学中其他已有的分布式体系结构有所不同，其分布式计算具有如下特点：

(1) 无线传感器网络本质上与地理位置有关，具有特殊的物理几何特性；

(2) 有关的通信代价所占比重较高；

(3) 物理测量的精度受限，因此追求具有高精确性的计算方法不现实；

(4) 节点功耗可能是限制计算能力的最大障碍；

(5) 最关键的是数据采集本身是分布式的，且不可预测，因此需要设计新型的感知、通信和计算模型。

7. 粗粒度与细粒度

依据定位所需信息的粒度可将定位算法和系统分为两类：根据信号强度或时间等来度量与信标节点距离的称为细粒度定位技术；根据与信标节点的接近度来度量的称为粗粒度定位技术。其中细粒度又可细分为基于距离和基于方向性测量两类。另外，应用在 Radio-Camera 定位系统中的信号模式匹配专利技术也属于细粒度定位。粗粒度定位的原理是利用某种物理现象来感应是否有目标接近一个已知的位置，如 Active Badge、Convex Optionization、Xeror 的 Pare TAB 系统、佐治亚理工学院的 Smart Floor 等。Cricker、AHLos、RADAR、LCB 等都属于细粒度定位算法。

8. 绝对定位与相对定位

绝对定位与物理定位类似，定位结果是一个标准的坐标位置，如经纬度。而相对定位通常是以网络中部分节点为参考，建立整个网络的相对坐标系统。绝对定位可为网络提供唯一的命名空间，受节点移动性影响较小，有更广泛的应用领域。但研究发现，在相对定位的基础上也能够实现部分路由协议，尤其是基于地理位置的路由，而且相对定位不需要信标节点。大多数定位系统和算法都可以实现绝对定位服务，典型的相对定位算法和系统有 SPA(Self Positioning Algorithm)、LPS(Local Positioning System)、SpotON，而 MDS-MAP 定位算法可以根据网络配置的不同分别实现两种定位。

9. 三角测量、场景分析和接近度定位

定位技术也可分为三角测量、场景分析和接近度三类。其中，三角测量和接近度定位与粗、细粒度定位相似；而场景分析定位是根据场景特点来推断目标位置的，通常被观测的场景都有易于获得、表示和对比的特点，如信号强度和图像。场景分析的优点在于无需定位目标参与，有利于节能并具有一定的保密性；它的缺点在于需要事先预制所需的场景数据集，而且当场景发生变化时必须重建该数据集。RADAR 系统(基于信号强度分析)和 MIT 的 Sinart Rooms(基于视频图像)就是典型的场景分析定位系统。

2.1.3　测距方法

定位算法通常需要预先拥有节点与邻居节点之间的距离或角度信息，因此测距是定位算法运行的前提。目前常用的节点间距离或角度测量技术有 RSSI、TOA、TDOA 和 AOA。

1. 接收信号强度指示法

接收信号强度(Received Signal Strength Indicator，RSSI)指示法是接收机通过测量射

频信号的能量来确定与发送机的距离的。由于 RSSI 指示已经是现有传感器节点的标准功能，实现简单，并且对节点的成本和功耗没有影响，因此 RSSI 方法已被广泛采用，不足之处是遮盖或折射会引起接收端产生严重的测量误差，因此精度较低，有时测距误差可达到 50%。一般将 RSSI 和其他测量方法综合运用来进行定位。

无线信号的发射功率和接收功率之间的关系为

$$P_r = P_t / r^n \tag{2-1}$$

式中，P_r 是无线信号的接收功率；P_t 是无线信号的发射功率；r 是收发节点之间的距离；n 是传播因子，其数值取决于无线信号传播的环境。如果将功率转换为分贝(dBm)的表达形式，则可以直接写为

$$P_r(dBm) = P_t(dBm) - 10n\,\lg r \tag{2-2}$$

式(2-2)表明，在一定的发射功率下，接收信号强度和无线信号传输距离之间存在理论关系，因而可以直接通过信号强度估算节点间的距离值。

2. 到达时间法

到达时间法(Time Of Arrival，TOA)通过测量信号传输时间来估算两节点之间的距离，精度较好。其缺点是无线信号的传输速度快，时间测量上的很小误差可导致很大的距离误差值，另外要求传感器节点的计算能力较强。

到达时间测距：已知信号的传播速度，根据信号的传播时间来计算节点间的距离。图 2-1 给出了 TOA 测距的一个简单实现，采用伪噪声序列信号作为声波信号，根据声波的传播时间来测量节点间的距离。节点的定位部分主要由扬声器模块、麦克风模块、无线电模块和 MCU 模块组成。假设两个节点间时间同步，发送节点的扬声器模块在发送伪噪声序列信号的同时，无线电模块通过无线电同步信息通知接收节点伪噪声序列信号发送的时间，接收节点的麦克风模块在检测到伪噪声序列信号后，根据声波信号传播时间、速度计算发送节点和接收节点之间的距离。与无线射频信号相比，声波频率低、速度慢、对节点硬件的成本和复杂度的要求都低，但是声波的缺点是传播速度容易受到大气条件的影响。基于 TOA 的定位精度高，但要求节点间保持精确的时间同步，因此对传感器节点的硬件和功耗提出了较高的要求。

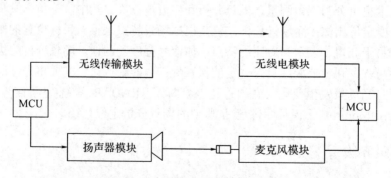

图 2-1　TOA 测距的简单实现过程示例

一种用来测量信号传输所用时间的方法是测量信号单向传播时间。这种方法测量发送和到达接收方的绝对时间差，发送方和接收方的本地时间需精确同步。例如通过测量射频信号到达时间来测距，精度要求分米级时，需要双方时间同步的误差在 1 ns 内。

另外一种方法是测量信号往返时间差，接收节点在收到信号后直接发回，发送节点测量收发的时间差，由于仅使用发送节点的时钟，因此避免节点间时间同步的要求。这种方法的误差来源于第二个节点的处理延时，可以通过预先校准等方法来获得比较准确的估计。

最近精确测量 TOA 时间的一个趋势是使用超宽带(UWB)。UWB 信号有着大于 500 MHz 的带宽和非常短的脉冲，这种特点使得 UWB 信号容易从多径信号中区分出来，有着良好的时间精度。

3. 到达时间差法

到达时间差法(Time Difference of Arrival，TDOA)是测量不同的接收节点接收到同一个发射信号的时间差。TDOA 与 TOA 不同，无需发送方和接收方时钟同步，而是转为对接收节点之间的时间同步要求。

如图 2-2 所示，发射节点同时发射无线射频信号和超声波信号，接收节点记录下这两种信号的到达时间 T_1、T_2，已知无线射频信号和超声波的传播速度为 c_1、c_2，那么两点之间的距离为 $(T_2 - T_1)S$，其中 $S = c_1c_2/(c_2 - c_1)$。

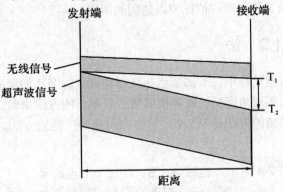

图 2-2　TDOA 测距原理示例

由于无线射频信号的传播速度要远大于超声波的传播速度，因而未知节点在收到无线射频信号时，会同时打开超声波信号接收机。根据两种信号的到达时间间隔和各自的传播速度，未知节点算出和该信标节点之间的距离，然后通过比较到各个邻近信标节点的距离，选择出离自身最近的信标节点，从该信标节点广播的信息中取得自身的位置。

TDOA 技术对节点硬件的要求高，其对成本和功耗的要求使得该技术对低成本、低功耗的传感网设计提出了挑战。当然 TDOA 技术的测距误差小，具有较高精度。

4. 到达角法

到达角法(Angle of Arrival，AOA)通过配备天线阵列或多个接收器来估测其他节点发射的无线信号的到达角度。它的硬件要求较高，每个节点要安装昂贵的天线阵列和超声波接收器。

在基于 AOA 的定位机制中，接收节点通过天线阵列或多个超声波接收机来感知发射节点信号的到达方向，计算接收节点和发射节点之间的相对方位和角度，再通过三角测量法计算节点的位置。

如图 2-3 所示，接收节点通过麦克风阵列，探测发射节点信号的到达方向。AOA 定位不仅能够确定节点的坐标，还能够确定节点的方位信息。但是 AOA 测距技术易受外界环境影响，且需要额外硬件，因此它的硬件尺寸和功耗指标并不适用于大规模的传感网。

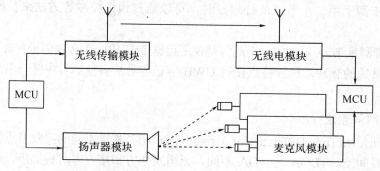

图 2-3　AOA 测角原理的过程示例

以上测距方法考虑的是如何得到相邻节点之间的观测物理量，有些算法还需要通过间接计算，获得信标节点与其他相连节点之间的距离。所谓相连，是指无线通信可达，即互为邻居节点。通常，此类算法从信标节点开始有节制地发起洪泛，节点间共享距离信息，以较小的计算代价确定各节点与信标节点之间的距离。

2.1.4　节点定位计算方法

在传感器节点定位过程中，未知节点在获得邻近信标节点的距离，或获得邻近信标节点与未知节点之间的相对角度后，通常使用测边或测角的方法来确定未知节点大概的位置范围，因此测边或测角的方法是 WSN 定位中应用最为广泛的方法。

1. 三边定位法

三边定位法如图 2-4 所示，已知 A、B、C 三个节点的坐标分别为 (x_a, y_a)、(x_b, y_b)、(x_c, y_c)，以及它们到未知节点 D 的距离分别为 d_a、d_b、d_c，假设节点 D 的坐标为 (x, y)。那么存在下列式子：

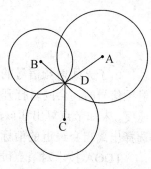

$$\begin{cases} \sqrt{(x-x_a)^2+(y-y_a)^2}=d_a \\ \sqrt{(x-x_b)^2+(y-y_b)^2}=d_b \\ \sqrt{(x-x_c)^2+(y-y_c)^2}=d_c \end{cases} \quad (2\text{-}3)$$

图 2-4　三边定位法求解图

从式(2-3)的最后一个方程开始分别减去第一、二个方程得：

$$\begin{cases} 2(x_a-x_c)x+2(y_a-y_c)y+x_c^2-x_a^2+y_c^2-y_a^2=d_c^2-d_a^2 \\ 2(x_b-x_c)x+2(y_b-y_c)y+x_c^2-x_b^2+y_c^2-y_b^2=d_c^2-d_a^2 \end{cases} \quad (2\text{-}4)$$

由式(2-4)可得到节点 D 的坐标为

$$\begin{bmatrix} x \\ y \end{bmatrix} = \begin{bmatrix} 2(x_a-x_c) & 2(y_a-y_c) \\ 2(x_b-x_c) & 2(y_b-y_c) \end{bmatrix}^{-1} \begin{bmatrix} x_a^2-x_c^2+y_a^2-y_c^2+d_c^2-d_a^2 \\ x_a^2-x_c^2+y_b^2-y_c^2+d_c^2-d_b^2 \end{bmatrix} \quad (2\text{-}5)$$

2. 三角定位法

三角定位法原理如图 2-5 所示，已知 A、B、C 三个节点的坐标分别为(x_a, y_a)、(x_b, y_b)、(x_c, y_c)，节点 D 相对于节点 A、B、C 的角度分别为$\angle ADB$、$\angle ADC$、$\angle BDC$，假设节点 D 的坐标为(x, y)。

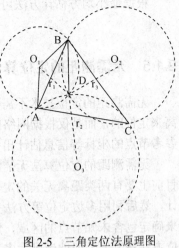

对于节点 A、C 和角$\angle ADC$，如果弧段 AC 在$\triangle ABC$内，那么能够唯一确定一个圆，设圆心为 $O_1(x_{o1}, y_{o1})$，半径为 r_1，那么角 $\alpha = \angle AO_1C = 2\pi - 2\angle ADC$，并存在下列式子：

$$\begin{cases} \sqrt{(x_{o1} - x_a)^2 + (y_{o1} - y_a)^2} = r_1 \\ \sqrt{(x_{o1} - x_b)^2 + (y_{o1} - y_b)^2} = r_1 \\ (x_a - x_b)^2 + (y_a - y_b)^2 = 2r_1^2 - 2r_1^2\cos\alpha \end{cases} \quad (2\text{-}6)$$

图 2-5　三角定位法原理图

由式(2-6)能够确定圆心点 O_1 的坐标和半径。同理对 A、B、$\angle ADB$ 和 B、C、$\angle BDC$ 分别确定相应的圆心 $O_2(x_{o2}, y_{o2})$ 和半径为 r_2 与 $O_3(x_{o3}, y_{o3})$ 和半径为 r_3。最后利用三边测量法，由三个圆心点及其半径确定 D 点坐标。

3. 极大似然估计法

极大似然估计法(Maximum Likelihood Estimation，MLE)如图 2-6 所示，已知 1、2、3、…等 n 个节点的坐标分别为(x_1, y_1)、(x_2, y_2)、$(x_3, , y_3)$、…、(x_n, y_n)，它们到未知节点的距离分别为 d_1、d_2、d_3、…、d_n，假设未知节点的坐标为(x, y)，那么存在下列式子：

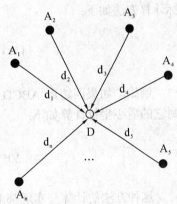

$$\begin{cases} (x_1 - x)^2 + (y_1 - y)^2 = d_1^2 \\ (x_2 - x)^2 + (y_2 - y)^2 = d_2^2 \\ \vdots \\ (x_n - x)^2 + (y_n - y)^2 = d_n^2 \end{cases} \quad (2\text{-}7)$$

从式(2-8)中的第一个方程开始分别减去最后一个方程，得：

图 2-6　极大似然估计法原理图

$$\begin{cases} x_1^2 - x_n^2 - 2(x_1 - x_n)x + y_1^2 - y_n^2 - 2(y_1 - y_n)y = d_1^2 - d_n^2 \\ \cdots \\ x_{n-1}^2 - x_n^2 - 2(x_{n-1} - x_n)x + y_{n-1}^2 - y_n^2 - 2(y_{n-1} - y_n)y = d_{n-1}^2 - d_n^2 \end{cases} \quad (2\text{-}8)$$

式(2-8)的线性方程表示方式为 $AX = b$，其中：

$$A = \begin{bmatrix} 2(x_1 - x_n) & 2(y_1 - y_n) \\ \cdots & \cdots \\ 2(x_{n-1} - x_n) & 2(y_{n-1} - y_n) \end{bmatrix}, \quad b = \begin{bmatrix} x_1^2 - x_n^2 + y_1^2 - y_n^2 + d_n^2 - d_1^2 \\ x_{n-1}^2 - x_n^2 + y_{n-1}^2 - y_n^2 + d_n^2 - d_{n-1}^2 \end{bmatrix}, \quad X = \begin{bmatrix} x \\ y \end{bmatrix}$$

根据最小均方估计方法可求得节点 D 的坐标为

$$\hat{X} = (A^TA)^{-1}A^Tb \tag{2-9}$$

2.1.5　无需测距的定位算法

无需测距的定位技术不需要直接测量距离和角度信息。它不是通过测量节点之间的距离来定位的，而是仅根据网络的连通性确定网络中节点之间的跳数，同时根据已知位置的参考节点的坐标等信息估计出每一跳的大致距离，然后估计出节点在网络中的位置。

无需测距的定位算法无需测量节点间的绝对距离或方位，降低了对节点硬件的要求。目前主要有两类距离无关的定位方法：一类是先对未知节点和信标节点之间的距离进行估计，然后利用多边定位等方法完成对其他节点的定位；另一类是通过邻居节点和信标节点来确定包含未知节点的区域，然后将这个区域的质心作为未知节点的坐标。无需测距的定位方法精度低，但能满足大多数应用的要求。

无需测距的定位算法主要有质心算法、DV-Hop 算法、DV-Distance 算法、APIT 算法等。下面分别加以介绍。

1. 质心算法

在算术几何学里，多边形的几何中心被称为质心，多边形顶点坐标的平均值就是质心节点的坐标。假设多边形顶点位置的坐标向量表示为 $\mathbf{P}_i = (x_i, y_i)^T$，则这个多边形的质心坐标计算方法如下：

$$(\bar{x}, \bar{y}) = \left(\frac{1}{n}\sum_{i=1}^{n} x_i, \frac{1}{n}\sum_{i=1}^{n} y_i \right) \tag{2-10}$$

例如，如果四边形 ABCD 的顶点坐标分别为(x_1, y_1)，(x_2, y_2)，(x_3, y_3)，(x_4, y_4)，则它的质心坐标计算如下：

$$(x, y) = \left[\frac{x_1 + x_2 + x_3 + x_4}{n}, \frac{y_1 + y_2 + y_3 + y_4}{n} \right]$$

这种方法的计算与实现都非常简单，可以根据网络的连通性确定信标节点周围的信标参考节点，直接求解信标参考节点构成的多边形的质心。

在传感网的质心定位系统的实现中，信标节点周期性地向邻近节点广播分组信息，该信息包含了信标节点的标识和位置。在未知节点接收到来自不同信标节点的分组信息数量超过某一门限或在接收了一定时间之后，就可以计算这些信标节点所组成的多边形的质心，并以此确定自身位置。

由于质心算法完全基于网络连通性，不需要信标节点和未知节点之间的协作和交互式通信协调，因而易于实现。质心定位算法虽然实现简单、通信开销小，但仅能实现粗精度定位，并且需要信标节点具有较高的密度，各信标节点部署的位置也对定位效果有影响。

2. DV-Hop 算法

距离向量—跳数(Distance Vector-Hop，DV-Hop)算法定位机制非常类似于传统网络中的距离向量路由机制。在距离向量定位机制中，未知节点首先计算与信标节点的最小跳数，然后估算平均跳数的距离，利用最小跳数乘以平均每跳距离，得到未知节点与信标节点之间的估计距离，再利用三边定位法或极大似然估计法计算未知节点的坐标。DV-Hop 算法的定位过程分为以下三个阶段：

(1) 计算未知节点与信标节点的最小跳数。

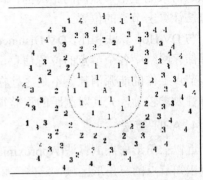

信标节点向邻居节点广播自身的位置信息的分组，其中包括跳数字段，初始化为 0。接收节点先记录到每个信标节点的最小跳数，忽略来自同一个信标节点的最大跳数的分组；然后将跳数值加 1，并转发给邻居节点。通过这种方法，网络中的所有节点能够记录下到每个信标节点的最小跳数。如图 2-7 所示，信标节点 A 广播的分组以近似于同心圆的方式在网络中逐次传播，图中的数字代表距离信标节点 A 的跳数。

图 2-7　信标节点广播分组传播过程图示

(2) 计算未知节点与信标节点的实际跳数距离。

每个信标节点根据第一个阶段记录的其他信标节点的位置信息和相距跳数，利用式(2-11)估算平均跳数的实际平均距离值：

$$\text{HopSize} = \frac{\sum\limits_{j=1} \sqrt{(x_i - x_j)^2 + (y_i - y_j)^2}}{\sum\limits_{j=i} h_j} \tag{2-11}$$

式中(x_i, y_i)，(x_j, y_j)分别是信标节点 i 和 j 的坐标，h_j 是信标节点 i 和 j 之间的跳数。

然后，信标节点将计算的每跳平均距离用带有生存期字段的分组广播到网络中，未知节点仅记录接收到的每一跳平均距离，并转发给邻居节点。这个策略确保了绝大多数节点从最近的信标节点接收每跳平均距离值。未知节点接收到每跳距离平均值后，根据记录的跳数(hops)，计算到每个信标节点的跳段距离：

$$D_i = \text{hops} \times \text{HopSize}_i \tag{2-12}$$

(3) 利用三边定位法或极大似然估计法计算自身位置。

未知节点利用第二阶段中记录的每个信标节点的跳段距离，利用三边定位法或极大似然估计法计算自身坐标。

如图 2-8 所示给出了 DV-Hop 算法示例。经过第一阶段和第二阶段，能够计算出信标节点 L_1、L_2、L_3 间的实际距离和跳数，那么信标节点 L_2 计算的每跳平均距离为 d = (40+75)/(2+5) = 16.42 m。假设未知节点 A 从 L_2 获得每跳平均距离，则节点与三个信标节点之间的距离分别为：$L_1 = 3d$、$L_2 = 2d$、$L_3 = 3d$，最后利用三边定位法计算出节点 A 的坐标。

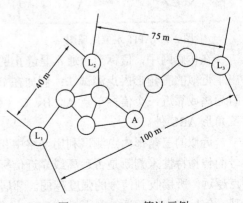

图 2-8　DV-Hop 算法示例

3. DV-Distance 算法

DV-Distance 算法类似于 DV-Hop 算法，它们之间的区别就在于：DV-Hop 算法是通过节点的平均每跳距离和跳数算出节点间的距离的，而 DV-Distance 算法是通过节点间使用射频通信来测量出节点间的距离的，即利用 RSSI 来测量节点间的距离，然后再应用三角定位法计算出节点的位置。

与 DV-Hop 算法相比，DV-Distance 算法对传感器节点的功能要求比较低，不要求节点能够储存网络中各个节点的位置信息，同时还较大幅度地减少了节点间的通信量，也就降低了节点工作的能源消耗。不足之处在于，因为它直接测量节点间的距离，这样对距离的敏感性要求较高，尤其对测距的误差很敏感，因此算法的误差较大。

4. APIT 算法

近似三角形内点测试法(Approximate Point-in Triangulation Test，APIT)，首先确定多个包含未知节点的三角形区域，这些三角形区域的交集是一个多边形，它确定了更小的包含未知节点的区域；然后计算这个多边形区域的质心，并将质心作为未知节点的位置。

未知节点首先收集其邻近信标节点的信息，然后从这些信标节点组成的集合中任意选取三个信标节点。假设集合中有 n 个元素，那么共有 C_n^3 种不同的选取方法，确定 C_n^3 个不同的三角形，逐一测试未知节点是否位于每个三角形内部，直到穷尽所有种组合或达到定位所需精度。最后，计算包含目标节点所有三角形的重叠区域，将重叠区域的质心作为未知节点的位置。APIT 定位原理如图 2-9 所示，阴影部分区域是包含未知节点的所有三角形的重叠区域，黑点指示的质心位置作为未知节点的位置。

APIT 算法的理论基础是最佳三角形内点测试法(Perfect Point-in Triangulation Test，PIT)。PIT 测试原理如图 2-10 所示，假如存在一个方向：节点 M 沿着这个方向移动会同时远离或接近顶点 A、B、C，那么节点 M 位于三角形 ABC 外；否则，节点 M 位三角形 ABC 内。

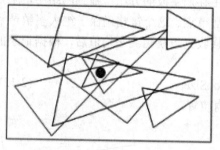
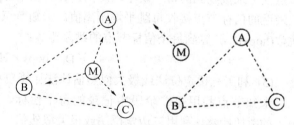

图 2-9　APIT 定位原理图　　　　　　　　图 2-10　PIT 测试原理图

在传感网中，信标节点通常是静止的。为了在静态的环境中观察三角形内点测试，提出了近似的三角形内点测试法：假如在节点 M 的所有邻居节点里，相对于节点 M 没有同时远离或靠近三个信标节点 A、B、C，那么节点 M 在三角形 ABC 内；否则，节点 M 在三角形 ABC 外。

近似的三角形内点测试利用网络中相对较高的节点密度来模拟节点移动，利用无线信号的传播特性来判断是否远离或靠近信标节点。通常在给定方向上，一个节点离另一个节点越远，所接收到信号的强度越弱。邻居节点通过交换各自接收到信号的强度，判断距离某一信标节点的远近，从而模仿 PIT 中的节点移动。

APIT 定位具体的步骤如下：

(1) 收集信息：未知节点收集邻近信标节点的信息，如位置、标识号、接收到的信号强度等，邻居节点之间交换各自接收到的信标节点的信息。

(2) APIT 测试：测试未知节点是否在不同的信标节点组合成的三角形内部。

(3) 计算重叠区域：统计包含未知节点的三角形，计算所有三角形的重叠区域。

(4) 计算未知节点位置：计算重叠区域的质心位置，作为未知节点的位置。

在无线信号传播模式不规则和传感器节点随机部署的情况下，APIT 算法的定位精度高，性能稳定，但 APIT 测试对网络的连通性提出了较高的要求。相对于计算简单的质心定位算法，APIT 算法精度高，对信标节点的分布要求低。

2.2　时间同步技术

同步技术是无线传感网的主要支撑技术之一。对于分布式无线传感网应用，不同的节点都有自己的本地时钟，由于不同节点的晶体振荡器频率存在偏差，以及受温度变化和电磁波干扰等影响，即使在某个时刻所有的节点都达到时间同步，它们的工作时间也会逐渐出现偏差，因此为了让 WSN 能协调工作，以完成复杂的任务，必须进行节点间的时间同步。时间同步技术是保证网络正常运行的必要条件，并且同步精度直接影响所提供服务的质量。

人们已经提出了很多关于 WSN 的时间同步算法，例如 RBS、TPSN 等，本节就现存的用于 WSN 的各种时间同步协议进行了综述和总结。

2.2.1　时间同步概述

无线传感网的同步管理主要是指时间上的同步管理。在分布式系统中，时间同步涉及"物理时间"和"逻辑时间"两个不同的概念。"物理时间"表示人类社会使用的绝对时间，而"逻辑时间"体现了事件发生的顺序关系，是一个相对概念。分布式系统通常需要一个表示整个系统时间的全局时间。全局时间根据需要可以是物理时间也可以是逻辑时间。

时间同步机制在传统网络中已经得到了广泛应用。例如，网络时间协议(Network Time Protocl，NTP)是因特网采用的时间同步协议，GPS 和无线测距等技术也可以用来提供网络的全局时间同步。

在传感网的很多应用中，同样需要时间同步机制。例如，在节点时间同步的基础上，可以远程观察卫星和导弹发射的轨道变化情况等。另外，时间同步能够用来形成分布式波束系统，构成 TDMA 调度机制，实现多传感器节点的数据融合，以及用时间序列的目标位置来估计目标的运行速度和方向，或者通过测量声音的传播时间确定节点到声源的距离或声源的位置。

概括起来说，无线传感网时间同步机制的意义和作用主要体现在如下两方面：

首先，传感器节点通常需要彼此协作，去完成复杂的监测和感知任务。数据融合是协作操作的典型例子，不同的节点采集的数据最终融合并形成一个有意义的结果。例如，在车辆跟踪系统中，传感器节点记录车辆的位置和时间，并传送给网关汇聚节点，然后结合这些信息来估计车辆的位置和速度。如果传感器节点缺乏统一的时间同步，则对车辆的位置估计将是不准确的。

其次，传感网的一些节能方案是利用时间同步来实现的。例如，传感器可以在适当的时候休眠，在需要的时候再被唤醒。在应用这种节能模式的时候，网络节点应该在相同的时间休眠或被唤醒，也就是说在数据到来时，节点的接收器并没有关闭。

将消息在 WSN 节点间传递的过程分解成不同的阶段是对时间同步问题研究的关键，一条消息在 WSN 节点间的传递过程可分解成以下六个部分。

(1) Send Time：发送节点构造一条消息所需要的时间，包括内核协议处理和缓冲时间等，它取决于系统调用开销和处理器当前负载。

(2) Access Time：消息等待传输信道空闲所需的时间，即从等待信道空闲到消息发送开始时的延迟，它取决于网络当前负载状况。

(3) Transmission Time：发送节点按位(bit)发射消息所需的时间，该时间取决于消息长度和发射速率。

(4) Propagation Time：消息在两个节点之间传输介质中的传播时间，该时间主要取决于节点间的距离(电磁波在空气中的传播速率是一定的)。

(5) Reception Time：接收节点按位(bit)接收消息并传递给 MAC 层的时间，这个过程和(3)相对应。

(6) Receive Time：接收节点重新组装消息并传递给上层应用所需的时间。

WSN 时间同步方案设计的目的是为网络中节点的本地时钟提供共同的时间戳。评价一个 WSN 时间同步算法的性能，一般包含网络能量效率、可扩展性、精确度、健壮性、寿命、有效范围、成本和尺寸、直接性等指标。

(1) 能量效率。无线传感器网络的主要特点就是节点的能量受限问题，设计的时间同步算法需以考虑传感器节点有效的能量资源作为前提。

(2) 扩展性。WSN 需要部署大量的传感器节点，时间同步方案应该有效扩展网络中节点的数目或者密度。

(3) 精确度。精确度的需求依赖于特殊的应用和时间同步的目的而有所不同，对于某些应用，知道时间和消息的先后顺序就够了，然而某些其他的，则要求同步精确到微秒。

(4) 健壮性。WSN 可能在敌对区域长时间无人管理，一旦某些节点失效，在余下的网络中，时间同步方案应该继续保持有效并且功能健全。

(5) 寿命。时间同步算法提供的同步时间可以是瞬时的，也可以和网络的寿命一样长。

(6) 有效范围。时间同步方案可以给网络内所有的节点提供时间，也可以给局部区域内的部分节点提供时间。由于可扩展性的原因，全面的时间同步是有难度的，对于大面积的传感器网络，考虑到能量和带宽的利用，也是非常昂贵的。另一方面，大量节点达到共同时间需要收集来自遥远节点的用于全面同步的数据，对于大规模的无线传感器网络是很难实现的，而且直接影响了同步的精确度。

(7) 成本和尺寸。WSN 节点非常小而且廉价。因此，在传感器网络节点上安装相对较大或者昂贵的硬件(例如 GPS 接收器)是不合逻辑的。WSN 的时间同步方案必须考虑有限的成本和尺寸。

(8) 直接性。某些 WSN 的应用，比如紧急情况探测(例如气体泄漏检测，入侵检测等)

需要将发生的事件直接发送到网关。在这种应用中，网络不容许任何的延迟，但是某些协议是在依赖事件发生后的额外处理而设计的，这些协议需要节点在任何时间达到预先同步，这样看来，似乎和前面提到的直接性有些矛盾。

传感网节点的能量受限，以及低价格和小体积都成为了传感网时间同步的主要限制因素。现有的网络时间同步机制往往关注最小化同步误差来达到最大的同步精度方面，而很少考虑计算和通信的开销，以及能耗问题。无法套用传统的时间同步机制协议。例如，网络时间协议(NTP)在因特网得到了广泛使用，具有精度高、鲁棒性好和易扩展等优点，但是它依赖的条件在传感网中难以得到满足，因而不能直接移植运行；GPS 系统虽然能够以纳秒级的精度与世界标准时间 UTC 保持同步，但需要配置高成本的接收机，同时无法在室内、森林或水下等有障碍的环境中使用。

基于传感网的特点，以及其在能量、价格和体积等方面的约束，使得 NTP、GPS 等现有时间同步机制并不适用于通常的传感网，需要专门的时间同步协议才能使其正常工作。目前几种成熟的传感网时间同步协议是：RBS(Reference Broadcast Synchronization，RBS)、Tiny-sync/Mini-Sync 和 TPSN(Timing sync Protocol for Sensor Networks，TPSN)。

RBS 同步协议的基本思想是：多个节点接收同一个同步信号，然后在多个收到同步信号的节点之间进行同步。这种同步算法消除了同步信号发送方的时间不确定性。RBS 同步协议的优点是时间同步与 MAC 层协议分离，它的实现不受限于应用层是否可以获得 MAC 层时间戳，协议的互操作性较好。但这种同步协议的缺点是协议开销较大。

Tiny-sync/Mini-sync 是两种简单的轻量级时间同步机制。这两种算法假设节点的时钟漂移遵循线性变化，因此两个节点之间的时间偏移也是线性的，通过交换时标分组来估计两个节点间的最优匹配偏移量。为了降低算法的复杂度，通过约束条件丢弃冗余分组。

TPSN 时间同步协议采用层次结构，能够实现整个网络节点的时间同步。所有节点按照层次结构进行逻辑分级，表示节点到根节点的距离，通过基于发送者—接收者的节点对方式，每个节点与上一级的一个节点进行同步，最终所有节点都与根节点实现时间同步。

2.2.2　RBS 同步协议

RBS(Reference Broadcast Synchronization)算法，是 Jeremy Elson 等人以"第三节点"实现同步的思想而提出的。该算法是一个典型的接受者—接受者模式的同步算法。它是利用无线链路层广播信道特点，一个节点发送广播消息，在同一广播域的其他节点同时接收广播消息，并记录该节点的时间戳，之后接收节点通过消息交换它们的时间戳，通过比较和计算达到时间同步。该算法中，节点发送参考消息给它的相邻节点，这个参考消息并不包含时间戳。相反的，它的到达时间被接收节点用作参考来对比本地时钟。此算法并不是同步发送者和接收者，而是使接收者彼此同步。其基本原理如图 2-11 所示，发送节点广播一个参考

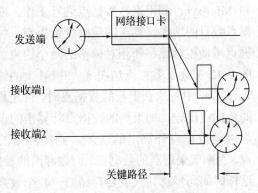

图 2-11　RBS 时间同步机制基本原理图

(reference)分组，广播域中两个节点都能够接收到这个分组，每个接收节点分别根据自己的本地时钟记录接收到 reference 分组的时刻，然后交换它们记录的 reference 分组的接收时间。两个接收时间的差值相当于两个接收节点间的时间差值，其中一个节点根据这个时间差值更改它的本地时间，从而达到两个接收节点的时间同步。

影响 RBS 机制性能的主要因素包括接收节点间的时钟偏差、接收节点的非确定性因素、接收节点的个数等。为了提高时间同步的精度，RBS 机制采用了统计技术，通过多次发送参考消息，获得接收节点之间时间差异的平均值。对于时钟偏差问题，采用了最小平方的线性回归方法进行线性拟合，直线的斜率就是两个节点的时钟偏差，直线上的点就表示节点间的时间差。

2.2.3　Tiny-sync/Mini-sync 算法

Tiny-Sync 算法和 Mini-Sync 算法是由 Sichitiu 和 Veerarittiphan 提出的两种用于 WSN 的时间同步算法。该算法假设每个时钟能够与固定频率的振荡器近似。

在通常情况下，节点的硬件时钟是时间的单调非递减函数。用来产生实时时间的晶体频率依赖于周围环境条件，在相当长一段时间内可以认为保持不变。由于节点之间时钟频偏和时钟相偏往往存在差异，但是它们时钟频偏或相偏之间的差值在一段时间内保持不变，根据节点之间的线性相关性，可以得出：

$$t_1(t) = a_{12}t_2(t) + b_{12} \qquad (2\text{-}13)$$

式中，a_{12} 和 b_{12} 分别表示两个时钟之间的相对时钟频偏和相对时钟相偏。

Tiny-sync 算法和 Mini-sync 算法采用传统的双向消息设计来估计节点时钟间的相对漂移和相对偏移。节点 1 给节点 2 发送探测消息，时间戳是 t_0，节点 2 在接收到消息后产生时间戳 t_b。并且立刻发送应答消息。最后节点 1 在收到应答消息时产生时间戳 t_r，利用这些时间戳的绝对顺序和上面的等式可以得到下面的不等式：

$$\begin{cases} t_0(t) < a_{12}t_b(t) + b_{12} \\ t_r(t) < a_{12}t_b(t) + b_{12} \end{cases} \qquad (2\text{-}14)$$

三个时间戳(t_0、t_b、t_r)叫做数据点，Tiny-sync 和 Mini-sync 利用这些数据点进行工作。随着数据点数目的增多，算法的精确度也提高。每个数据点遵循相对漂移和相对偏移的两个约束条件。图 2-12 描述了数据点加在 a_{12} 和 b_{12} 上的约束。Tiny-sync 中每次获得新的数据点时，首先和以前的数据点比较，如果新的数据点计算出的误差大于以前数据点计算出的误差，则抛弃新的数据点，否则就采用新的数据点，而抛弃旧的数据点。这样时间同步总共只需要存储 3~4 个数据点，就可以实现一定精度的时间同步。

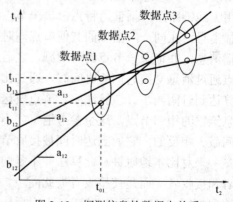

图 2-12　探测信息的数据点关系

如图 2-13 所示，在收到$(A_1，B_1)$和$(A_2，B_2)$后，计算出频偏和相偏的估计值，在收到数据点$(A_3，B_3)$之后，约束 A_1、B_1、A_3、B_3 被储存，A_2、B_2 被丢弃，但是后来接收到的数据点$(A_4，B_4)$可以和$(A_2，B_2)$联合而构成更好的估计，但是此时$(A_2，B_2)$已经丢弃，只能获得次优估计。

Mini-sync 算法是为了克服 Tiny-sync 算法中丢失有用数据点的缺点而提出的，该算法建立约束条件来确保仅丢掉将来不会有用的数据点，并且每次获取新的数据点后都更新约束条件：因为只要 A_j 满足 $m(A_i，A_j) > m(A_i，A_k)(1 \leq i < j < k)$这个条件，才表示这个数据点是以后有用的数据点，这里 $m(A，B)$表示通过点 A 和 B 的直线斜率。

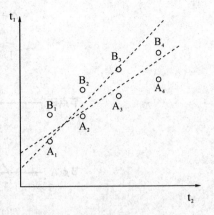

图 2-13　忽略某些数据点的情况

2.2.4　TPSN 时间同步协议

TPSN(Timing-Sync Protocol for Sensor Networks)算法是 Ganeriwal 等人提出的适用于 WSN 整个网络范围内的时间同步算法。该算法分两步：分级和同步。第一步的目的是建立分级的拓扑网络，每个节点有个级别。只有一个节点定为零级，叫做根节点。在第二步，i 级节点与 i–1 级节点同步，最后所有的节点都与根节点同步，从而达到整个网络的时间同步。

1. 分级

这个步骤在构建网络拓扑的时候运行一次。首先根节点被确认，并作为传感器网络的网关节点，在根节点上可以安装 GPS 接收器，网络中所有的节点就可以与外部时间(物理时间)同步。如果网关节点不存在，传感器节点可以周期性地作为根节点，现在存在一种选择算法可以实现这个目的。

根节点被定为零级，通过发送包含发送者本身级别的广播分级数据包进行分级。根节点的相邻节点收到这个包后，把自己定为一级。然后每个一级节点继续广播分级数据包。一旦节点被定级，它将拒收分级数据包。这个广播链延伸到整个网络，直到所有的节点都被定级。

2. 同步

同步阶段最基本的一部分就是两个节点间双向的消息交换。假设在单个消息交换的很小一段时间内，两个节点的时钟漂移是不变的。如图 2-14 所示的节点 A 和节点 B 之间的双向消息交换，节点 A 在 T_1(根据本地时钟)时刻发送同步消息包，这个消息包包含节点 A 的等级和时间 T_1，节点 B 在 $T_2 = T_1 + \Delta + d$ 的时刻收到这个包，其中△是节点间的相对时钟漂移，d 是脉冲的传输延迟，节点 B 在 T_3 返回确认信息包，信息包包含节点 B 的等级和时间 T_1、T_2、T_3，节点 A 在 T_4 时间收到应答，$T_4 = T_3 + d - \Delta$。然后，节点 A 能够计算出时钟漂移和传输延迟，并与节点 B 同步。

$$\Delta = \frac{(T_2 - T_1) - (T_4 - T_3)}{2} \qquad\qquad (2\text{-}15)$$

$$D = \frac{(T_2 - T_1) - (T_4 - T_3)}{2} \qquad\qquad (2\text{-}16)$$

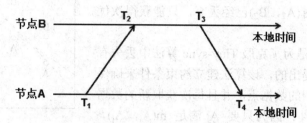

图 2-14　节点间的双向消息交换

　　同步是由根节点的 time-Sync 信息包引起的，一级节点收到这个包后进行信息交换，每个节点等待随机时间后继续发送信息，从而把信道阻塞的可能性降到最低。一旦它们获得根节点的回应，它们就调整本地时钟与根节点同步。二级节点监听一级节点和根节点的通信，与一级节点产生双向消息交换，然后再一次等待随机时间以保证一级节点完全同步。这个过程最终使得所有节点与根节点同步。

　　TPSN 算法不仅应用在了 Berkeley 的 Mica 上，而且利用了在 MAC 层给包打时间戳，这样可以降低发送者的不确定性。Ganeriwal 等人声称 TPSN 算法获得的精确度两倍于 RBS 算法，而且声明 RBS 算法的能够达到 6.5 μs 的精确度是由于使用了高级操作系统(Linux)和更加稳定的晶体，因此，RBS 算法应用在 Mica 中获得了和 TPSN 算法一样优良的精确度。在早些时候，RBS 算法确实在 Berkeley Motes 上测试过，获得的精确度是 11 μs。但是，Ganeriwal 等人证明说 RBS 算法在 Mica 上的实验结果是 29.13 μs，而 TPSN 算法在相同的平台上是 16.9 μs。本质上来说，通过在底层加时间戳使得发送端的不确定性其实对整个同步的误差影响很小，因此，在 WSN 中，经典的"发送—接收同步"比"接收—接收同步"更加有效。

2.2.5　LTS 算法

　　LTS(Lightweight Tree-Based Synchronization)算法是 Greunen 和 Rabaey 提出的，与其他算法最大的区别是该算法的目的并不是提高精确度，而是减小时间同步的复杂度。该算法在具体应用所需要的时间同步精确度范围内，以最小的复杂度来满足需要的精确度。WSN 的最大时间精确度相对较低(在几分之一秒内)，所以能够利用这种相对简单的算法来进行时间同步。

　　Greunen 和 Rabaey 提出了两种用于多跳网络同步的 LTS 算法，它们都是基于 Pair-Wise 同步方案的，两个算法都需要节点与一些参考节点同步，例如 WSN 中的网关节点。

　　第一种算法是集中式算法，首先要构造树状图，然后沿着树的 n－1 个叶子边缘进行成对同步。希望通过构造树状图使同步精度最大化，因此，最小深度的树是最优的。如果考虑时钟漂移，同步的精确度将受到同步时间的影响，为了最小化同步时间，同步应该沿着树的枝干并行进行，这样所有的叶子节点基本可以同时完成同步。在集中式同步算法中，参考节点就是树的根节点，如果需要，可以进行"再同步"。通过假设时钟漂移被限定和给出需要的精确度，参考节点可以计算单个同步步骤有效的时间周期。因此，树的深度会影响整个网络的同步时间和叶子节点的精确度误差，为了利用这个信息来决定再同步时间，需要把树的深度传给根节点。

第二种多跳 LTS 算法通过分布式方法实现全网范围内的同步。每个节点决定自己同步的时间，算法中没有利用树结构。当节点 i 决定需要同步(利用期望的精确度、参考节点的距离和时钟漂移)，它发送一个同步请求给最近的参考节点(利用现有的路由机制)。然后，所有沿着从参考节点到节点 i 的路径上的节点必须在节点 i 同步以前就已经同步。这个方案的优点就是节点可以决定自己的同步，节省了不需要的同步，可以减少能量消耗。另一方面，让每个节点决定再同步可以推进成对同步的数量，因为对于每个同步请求，沿着参考节点到再同步发起者的路径上的所有节点都需要同步。随着同步需求数量的增加，沿着这个路径的整个同步将是极大的资源浪费，因此，聚合算法应运而生：当任何节点需要同步的时候需要询问相邻节点是否存在未决的请求存在，如果存在，这个节点的同步请求将和未决的请求聚合，减少由于两个独立的同步沿着相同路径引起的无效结果。

2.3　安　全　技　术

无线传感器网络(WSN)是通过无线通信方式组成的一种多跳自组织网络，是集信息采集、信息传输、信息处理于一体的智能化信息系统。由于其本身资源方面存在的局限性和脆弱性，使其安全问题成为一大挑战。随着无线传感器网络向大范围配置的方向发展，其安全问题越来越重要，许多研究者把精力集中在发展无线传感器网络的网络结构和路由算法上，但对安全问题关注较少，本节将简要分析无线传感网安全所面临的主要问题，并介绍一些简单的安全防护技术。

2.3.1　安全技术概述

实现传感器网络安全的限制因素包括两个方面：一是传感器节点本身的限制，包括电池能量的限制，节点 CPU、内存、存储容量方面的限制，以及缺乏足够的篡改保护等；另一个方面是无线网络本身的限制，包括通信带宽、延时、数据包的大小等方面的限制。具体的限制总结如下：

(1) 信道的脆弱性。不需要物理基础网络部件，恶意攻击者可以轻易地进行网络监听和发送伪造的数据报文。

(2) 节点的脆弱性。传感器节点一般布置在敌对或者无人看管的区域，传感器节点的物理安全没有多大保证，攻击者很容易攻占节点，且节点没有防篡改的安全部件，易被攻击者利用。

(3) 弱安全假设。一般情况下，传感器节点很可能被攻击者获取，而且传感器网络的防护机制很弱，可能会泄露存放在节点上的密钥。因此，在传感器网络的安全设计中，需要考虑到这个方面，不同的密钥，安全级别不同，传送数据的级别也不同。而且，密钥需要经常更新。

(4) 无固定结构。从安全角度来看，没有固定的结构使得一些传统的安全技术难以应用。

(5) 拓扑结构动态变化。网络拓扑的频繁的动态变化，需要比较复杂的路由协议。

(6) 局限于对称密钥技术。由于节点功能的局限性，只能使用对称密钥技术，而不能采用公钥技术。

(7) 性能因素。无线传感器网络，在考虑安全的同时，必须考虑一些其他的限制因素，性能是一个重要方面。例如，为了可以进行数据汇聚，可能对数据不进行加密，或者使用组密钥，这两种方法都减弱了安全性。

(8) 节点的电源能量有限。一种最简单的攻击方法，可能是向网络中发送大量的伪造数据包，耗尽中间路由节点的电源能量，导致网络中大量节点不可用。可用性在传统密钥学中不是非常重要，但在无线传感器网络中，却是安全的重要部分。设计安全协议时候，应该充分考虑能量的消耗情况。

WSN 安全要求是基于传感器节点和网络本身条件的限制要求提出的。其中传感器节点的限制是 WSN 特有的，包括电池能量、充电能力、睡眠模式、内储存器、传输范围、干预保护及时间同步等。网络限制与普通的 Ad Hoc 网络一样，包括有限的网络预配置、数据传输速率和信息包大小、通道误差率、间歇连通性、反应时间和孤立的子网络。这些限制对于网络的安全路由协议设计、保密性和认证性算法设计、密钥设计、操作平台和操作系统设计以及网络基站设计等方面都有极大的挑战。

在普通网络中，安全目标往往包括数据的保密性、完整性以及认证性三个方面，但是由于 WSN 节点的特殊性以及其应用环境的特殊性，其安全目标以及重要程度略有不同，基于 WSN 的特殊要求，在该领域形成了 WSN 的安全特性，并能直接应用到实际的网络中。

WSN 安全可归纳为以下几个方面：

(1) 数据保密性。保密性是无线传感器网络军事应用中的重要目标。在民用中，除了部分隐私信息，比如屋内是否有人居住，人员居住在哪些房间等信息需要保密外，很多探测(温度探测)或警报信息(火警警报)并不需要保密。一个 WSN 不能把该网络传感器的感应数据泄漏给临近的节点。保持敏感数据机密性的标准方法是用密钥对数据进行加密，并且这些密钥只被特定的使用者所有。

(2) 数据认证。信息认证对 WSN 的许多应用都非常重要。在网络建立的同时，实现网络管理任务的数据认证也是必须的。同时，由于对手能够很容易地侵入信息，所以接收方需要确定数据的正确来源。数据认证可以分为两种情况，即两部分单一通信和广播通信。两部分单一通信是指一个发送者和一个接收者通信，其数据认证使用的是完全对称机制，即发送者和接收者共用一个密钥来计算所有通信数据的消息认证码(MAC)；对于广播通信，完全对称机理并不安全，因为网络中的所有接收者都可以模仿发送者来伪造发送信息。

(3) 数据完整性。完整性是无线传感器网络安全最基本的需求和目标。虽然很多信息不需要保密，但是这些信息必须保证没有被篡改。完整性目标是杜绝虚假警报的发生。在网络通信中，数据的完整性确保数据在传输过程中不被对手改变，可以检查接收数据是否被窜改。根据数据种类的不同，数据完整性可分为三种类型：连接完整性、无连接完整性和选域完整性业务。

(4) 数据实时性。所有的传感器网络测量的数据都是与时间有关的，并不能足以保证具有保密性和认证功能，但是一定要确保每个消息是实时的(fresh)。数据实时暗含了数据是近期的，并且确保没有重放以前的信息。有两种类型的实时性：弱实时性，提供部分信息顺序，但是不携带任何延时信息；强实时性，提供请求/响应对的完全顺序，并且允许延时预测。感知测量需要弱的实时性，而网络内的时间同步需要强的实时性。

(5) 密钥管理。为了实现、满足上面的安全需求，需要对加密密钥进行管理。WSN 由于能源和计算能力的限制，需要在安全级别和这些限制之间维持平衡。密钥管理应该包括密钥分配、初始化阶段、节点增加、密钥撤销、密钥更新等内容。

(6) 真实性。节点身份认证或数据源认证在传感器网络的许多应用中是非常重要的。在传感器网络中，攻击者极易向网络注入信息，接收者只有通过数据源认证才能确信消息是从正确的节点处发送过来的。同时，对于共享密钥的访问控制权应当控制在最小限度，即共享密钥只对那些已认证过身份的用户开放。在传统的有线网络中，通常使用数字签名或数字证书来进行身份认证，但这种公钥算法不适用于通信能力、计算速度和存储空间都相当有限的传感器节点。针对这种情况，传感器网络通常使用共享唯一的对称密钥来进行数据源的认证。

(7) 扩展性。WSN 中传感器节点数量大，分布范围广，环境条件差、恶意攻击多或任务的变化可能会影响传感器网络的配置。同时，节点的经常加入或失效也会使得网络的拓扑结构不断发生变化。传感器网络的可扩展性表现在传感器数据、网络覆盖区域、生命周期、时间延迟、感知精度等方面的可扩展极限。因此，给定传感器网络的可扩展性级别，安全解决方案必须提供支持该可扩展性级别的安全机制和算法，来使传感器网络保持良好的工作状态。

(8) 可用性。可用性也是无线传感器网络安全的基本需求和目标。可用性是指安全协议高效可靠，不会给节点带来过多的负载而导致节点过早消耗完有限的电量。要使传感器网络的安全解决方案所提供的各种服务能够被授权用户使用，并能够有效防止非法攻击者企图中断传感器网络服务的恶意攻击。一个合理的安全方案应当具有节能的特点，各种安全协议和算法的设计不应当太复杂，并尽可能地避开公钥运算，计算开销、存储容量和通信能力，也应当充分考虑传感器网络资源有限的特点，从而使得能量消耗最小化，在最终延长网络的生命周期同时，安全性设计方案不应当限制网络的可用性，并能够有效防止攻击者对传感器节点资源的恶意消耗。

(9) 自组织性。由于传感器网络是以自组织的方式进行组网的，这就决定了相应的安全解决方案也应当是自组织的，即在传感器网络配置之前，无法确定节点的任何位置信息和网络的拓扑结构，也无法确定某个节点的邻近节点集。

(10) 鲁棒性。传感器网络一般配置在恶劣环境、无人区域或敌方阵地中，环境条件、现实威胁和当前任务具有很大的不确定性。这要求传感器节点能够灵活地加入或去除，传感器网络之间能够进行合并或拆分，因而安全解决方案应当具有鲁棒性和自适应性，能够随着应用背景的变化而灵活拓展，来为所有可能的应用环境和条件提供安全解决方案。此外，当某个或某些节点被攻击者控制后，安全解决方案应当限制其影响范围，保证整个网络不会因此而瘫痪或失效。

总之，根据不同的应用背景，无线传感器网络的安全目标也有不同的侧重。例如，在大型运动会这样的应用背景下，无线传感器网络主要用于监视一些火警、人员流动、突发性问题等，因此保密性要求不太高，而实时性要求比较高。

2.3.2　WSN 安全问题分析

WSN 协议栈由物理层、数据链路层、网络层、传输层和应用层组成。物理层主要处理信号的调制，发射和接收；数据链路层主要负责数据流的多路传输、数据帧检测、媒介访问控制和错误控制；网络层主要考虑数据的路由；传输层用于维持给定的数据流；根据不同的应用，应用层上可使用不同的应用软件。在各层协议中，都面临着一些安全问题，具体分析如下。

1. 物理层的攻击与防御

物理层中安全的主要问题由无线通信的干扰和节点的沦陷引起的。无线通信的干扰所引起的安全问题是：首先，一个攻击者可以用 K 个节点去干扰并阻塞 N 个节点的服务(K < N)；其次，节点沦陷是另一种类型的物理攻击，攻击者取得节点的秘密信息，从而可以代替这个节点进行通信。物理层的攻击与防御的具体情况如下。

(1) 拥塞攻击：拥塞攻击是指攻击者在知道目标网络通信频段的中心频率后，通过在这个频点附近发射无线电波进行干扰。攻击节点通过在传感器网络工作频段上不断发送无用信号，可以使攻击节点通信半径内的传感器节点都不能正常工作，这样对单频点无线通信网络非常不利。抵御单频点的拥塞攻击，可使用宽频和跳频方法；对于全频段持续拥塞攻击，转换通信模式是唯一能够使用的方法，光通信和红外线通信都是有效的备选方法。鉴于全频拥塞攻击实施起来比较困难，攻击者一般不采用，传感器网络还可以采用不断降低自身工作的占空比来抵御使用能量有限持续的拥塞攻击；或者采用高优先级的数据包通知基站目前正遭受局部拥塞攻击，由基站映射出受攻击地点的外部轮廓，并将拥塞区域通知整个网络。在进行数据通信时，节点将拥塞区视为路由，从而绕过拥塞区将数据传到目的节点。

(2) 物理破坏：由于节点多部署在工作人员无法监控到的地方，敌方可以捕获节点，获取加密密钥等敏感信息，从而可以不受限制地访问上层的信息。

针对无法避免的物理破坏，可以采用的防御措施有：增加物理损害感知机制，节点在感知到被破坏后，可以销毁敏感数据、脱离网络、修改安全处理程序等，从而保护网络其他部分免受安全威胁；对敏感信息进行加密存储，通信加密密钥、认证密钥和各种安全启动密钥需要严密的保护，在实现的时候，敏感信息尽量放在易失存储器上，若不能，则采用轻量级的对称加密算法进行加密处理。

2. 链路层的攻击与防御

数据链路层或者介质访问控制层为邻居节点提供了可靠的通信通道。在介质访问控制协议中，节点通过监测邻居节点是否发送数据来确定自身是否能访问通信信道，这种载波监听方式特别容易遭到拒绝式服务攻击(DoS)。在某些介质访问控制协议中使用载波监听的方法来与相邻节点协调使用信道，当发生信道冲突时，节点使用二进制指数倒退算法来确定重新发送数据的时机。攻击者只需要产生一个字节的冲突就可以破坏整个数据包的发送。因为只要部分数据的冲突就会导致接收者对数据包的校验不匹配。导致接收者会发送数据冲突的应答控制信息，使发送节点根据二进制指数倒退算法重新选择发送时机。这样经过反复冲突，可以使节点不断倒退，从而导致信道阻塞。而且相对于节点载波监听的开销，攻击者所消耗的能量非常小，而能量有限的接收节点却会很快耗尽有限的能量。

某些介质访问控制协议采用时分多路复用算法为每个节点分配了传输时间片，这样就不需要在传输每一帧之前进行协商了。这个方法避免了倒退算法中由于冲突而导致信道阻塞的问题，但也容易受到 DoS 攻击。一个恶意节点会利用介质访问控制协议的交互特性来实施攻击，不过可以通过对 MAC 的准入控制进行限速，网络自动忽略过多的请求，从而不必对于每个请求都应答，节省了通信的开销。但是由于时分多路复用算法依赖于节点间的时间同步，攻击者依然可以通过攻击时间同步服务来干扰时分多路复用协议。链路层的攻击与防御具体情况如下：

(1) 碰撞攻击：由于无线网络的通信环境是开放的，当两个设备同时进行发送时，它们的输出信号会因为相互叠加而不能被分离出来。任何数据包只要有一个字节的数据在传输过程中发生了冲突，则整个数据包都会被丢弃。这种冲突在链路层协议中称为碰撞。针对碰撞攻击，可以采用纠错编码、信道监听和重传机制来对抗碰撞攻击。

(2) 耗尽攻击：耗尽攻击指利用协议漏洞，通过持续通信的方式使节点能量资源耗尽。如利用链路层的错包重传机制，使节点不断重发上一个数据包，耗尽节点资源。应对耗尽攻击的一种方法是限制网络节点发送速度，让节点自动忽略过多的请求不必应答每个请求；另一种方法是对同一数据包的重传次数进行限制。

(3) 非公平竞争：如果网络数据包在通信机制中存在优先级控制，恶意节点或者被俘节点可能被用来不断在网络上发送高优先级的数据包占据信道，从而导致其他节点在通信过程中处于劣势。这是一种弱 DoS 攻击方式，一种缓解的方案是采用短包策略，即在 MAC 层中不允许使用过长的数据包，以缩短每包占用信道的时间；另外一种应对非公平竞争的方法是可以采用弱优先级之间的差异或不采用优先级策略，而采用竞争或时分复用的方式实现数据传输。

3. 网络层的攻击与防御

无线传感网中的每个节点既是终端节点，也是路由节点，更易受到攻击。关于路由层的攻击也更加复杂，首先看一下攻击模型，根据攻击能力的不同，可以将攻击者分为两类：尘埃级(Mote-Class)的攻击和便携电脑级(Laptop-Class)的攻击。尘埃级的攻击者，其能力与传感器节点类似，而便携电脑级的攻击者通常具有更强的电池能量、CPU 计算能力、精良的无线信号发送设备和天线。根据攻击者的位置，可以将攻击者分为外部攻击者和内部攻击者。外部攻击者位于无线传感网的外部，而内部攻击者是已经成为授权加入无线传感网络中，但是妥协了的节点，妥协原因可能是运行了恶意代码，或者被告敌手捕获等。由于内部攻击者是由网络内部的节点发起的一种攻击，因此是最棘手的攻击者。

传感器网络网络层遭受的攻击可以归为以下几类：

(1) 虚假路由信息。这是对路由协议的最直接的攻击方式，通过哄骗、修改或者重放路由信息，攻击者能够使传感器网络产生路由环、吸引或抑制网络流量、延伸或缩短源路由，产生虚假错误消息、分割网络、增加端到端的延迟等。

这种攻击方式与网络层协议相关。对于层次式路由协议，可以使用输出过滤的方法，即对源路由进行认证，确认一个数据包是否是从它的合法子节点发送过来的，直接丢弃不能认证的数据包。

(2) 选择转发(selective forwarding)。无线传感器网络中每一个传感器节点既是终端节点又是路由中继点，要求每个传感器忠实地转发收到的消息，但攻击者节点在转发信息包的过程中，会有意丢弃部分或全部信息包，使得信息包不能到达目的节点。该种攻击的一个简单做法是，恶意节点拒绝转发经由它的任何数据包，即所谓"黑洞攻击"，但这种做法会使得邻居节点认为该恶意节点已失效，从而不再经由它转发信息包。一种比较具有迷惑性的做法是选择性地丢弃某些数据包。

只要妥协节点存在，就可能引发选择转发攻击。解决办法就是使用多径路由，这样即使攻击者丢弃数据包，数据包仍然可以从其他路径到达目标节点；而且节点通过多径路由收到数据包和数据包的几个副本，通过对比可以发现某些中间数据包的丢失，从而推测选择转发攻击点。

(3) 女巫(Sybil)攻击。女巫攻击的目标是破坏依赖多节点合作和多路径路由的分布式解决方案。在女巫攻击中，恶意节点通过扮演其他节点，或者通过声明虚假身份，从而对网络中其他节点表现出多重身份。在其他节点看来，存在女巫节点伪造出来的一系列节点，但事实上那些节点都不存在，所有发往那些节点的数据，将被女巫节点获得。Sybil 攻击能够明显降低路由方案对于诸如分布式存储、分散和多路径路由、拓扑结构保持的容错能力，对于基于位置信息的路由协议也构成很大的威胁。

对于 Sybil 攻击可以采用基于密钥分配、加密和身份认证等方法来抵御。使用全局共享密钥使得一个内部攻击者可以化装成任何存在或不存在的节点，因此必须确认节点身份。一个解决办法是每个节点都与可信任的基站共享一个唯一的对称密钥，两个需要通信的节点可以使用类似 Needham-Schroeder 的协议确认对方身份和建立共享密钥。然后相邻节点可通过协商的密钥实现认证和加密链路。为防止一个内部攻击者试图与网络中的所有节点建立共享密钥，基站可以给每个节点允许拥有的邻居数目设一个阈值，当节点的邻居数目超出该阈值时，基站发送出错误消息。

(4) 槽洞(Sinkhole)攻击。槽洞攻击的目标是通过一个妥协节点吸引一个特定区域的几乎所有流量，创建一个以敌手为中心的槽洞。攻击者利用收发能力强的特点可以在基站和攻击者之间形成单跳高质量路由，从而吸引附近大范围的流量。

(5) 虫洞(Wormholes)攻击：虫洞攻击又可称为隧道攻击，两个或者多个节点合谋通过封装技术，压缩它们之间的路由，减少它们之间的路径长度，使之似乎是相邻节点。常见的虫洞攻击行为是：恶意节点将在某一区域网络中收到的信息包通过低延迟链路传到另一区域的恶意节点，并在该区域重放该信息包。虫洞攻击易转化为槽洞攻击，两个恶意节点之间有一条低延迟的高效隧道，其中一个位于基站附近，这样另一个较远的恶意节点可以使其周围的节点认为自己有一条到达基站的高质量路由，从而吸引其周围的流量。

这两种攻击很难防御，尤其是两者联合攻击的时候。虫洞攻击难以觉察是因为攻击者使用一个私有的、对传感器网络不可见的、超出频率范围的信道；槽洞攻击对于那些需要厂告某些信息(如剩余能量信息或估计端到端的可靠度以构造路由拓扑的信息)的协议很难防御，因为这些信息难以确认。地理路由协议可以解决虫洞和槽洞攻击。该协议中每个节点都保持自己绝对或是彼此相对的位置信息，节点之间按需形成地理位置拓扑结构，当虫洞攻击者妄图跨越物理拓扑时，局部节点可以通过彼此之间的拓扑信息来识破这种破坏，因为"邻居"节点将会注意到两者之间的距离远远超出正常的通信范围。另外，由于流量自然地流向基站的物理位置，别的位置很难吸引流量因而不能创建槽洞。

(6) Hello flood 攻击。很多协议要求节点广播 Hello 信息包来确定邻居节点，认为接收到该 Hello 信息包的节点在发送者正常的无线通信范围内。然而一个膝上电脑级的攻击者能够以足够大的发射功率发送 Hello 信息包，使得网络中所有节点认为该恶意节点是其邻居节点。事实上，由于该节点离恶意节点距离较远，以普通的发射功率传输的信息包根本到不了目的地。

对于该攻击的一个可能的解决办法是通过信任基站，使用身份确认协议认证每一个邻居的身份，基站限制节点的邻居个数，当攻击者试图发起 Hello flood 攻击时，必须被大量邻居认证，否则将引起基站的注意。

(7) 告知收到欺骗。该攻击方式充分利用无线通信的特性，其目标是使发送者认为弱链路很强或者"死"节点是"活"的。比如，源节点向某一邻居节点发送信息包，当攻击者侦听到该邻居处于"死"或"将死"状态时，便冒充该邻居向源节点回复一个消息，告知收到信息包，源节点误以为该节点处于"活"状态，这样发往该邻居的数据相当于进入了"黑洞"。

4. 传输层的攻击与防御

传输层主要负责无线传感器网络与 Internet 或外部网络端到端的连接。由于无线传感器网络节点的限制，节点无法保存维持端到端连接的大量信息，而且节点发送应答消息会消耗大量能量，因此，目前还没有关于传感器节点上的传输层协议的研究。基站节点作为传感器网络与外部网络的接口，传输层协议一般采用传统网络协议，其安全问题和传统网络中的安全问题完全一样。

(1) 洪泛攻击与防御：洪泛攻击是指攻击者不断地要求与邻居节点建立新的连接，从而耗尽邻居节点用来建立连接的资源，使得其他合法的对邻居节点的请求不得不被忽略。解决这个问题可以采用客户端谜题技术。思路是：在建立新的连接前，服务节点要求客户节点解决一个谜题，而合法节点解决谜题的代价远远小于恶意节点的解题代价。

(2) 可靠性攻击与防御：攻击者不断发送伪造信息给进行通信的节点，这些信息是标有序号和控制标记的，通信节点收到伪造信息后要求重传丢失的信息，如果攻击者可以维持较低的时序，就可以阻止通信两端交换有用信息，使得它们在无止境地回复同步协议中消耗能量，从而造成网络的不可用。对于这种攻击的应对方法就是对所有的包交换进行认证，包括传输协议头中的控制字段，假设攻击者不能伪造认证机制，那么节点就能监测到并丢弃恶意的数据包。

5. 应用层的攻击与防御

应用层提供了 WSN 的各种实际应用，因此也面临各种安全问题。密钥管理和安全组播为整个 WSN 的安全机制提供了安全支撑。WSN 中采用对称加密算法、低能耗的认证机制和 Hash 函数。目前普遍认为可行的密钥分配方案是预分配，即在节点部署之前，将密钥预先配置在节点中。实现方法有基于密钥池的预配置方案、基于多项式的预配置方案以及利用节点部署信息的预配置方案等。

2.3.3　WSN 安全防护技术

无线传感网安全实质上就是要防止各种类型的攻击，实现无线传感网的安全目标。对于无线传感网安全体系来说，就是将传感网中的各项安全防范单元按照一定的规则关系有机组合起来，以实现一定的安全目标。随着 WSN 应用领域不断扩大，其安全问题也变得越来越重要。WSN 技术是一项新兴的前沿技术，通过对近几年 WSN 安全领域的研究，WSN 的安全技术大体可分为密码技术、密钥管理、路由安全、位置意识安全和数据融合安全。

1. 密码技术

WSN 也是无线通信网络的一种，有着基本相同的密码技术。密码技术是 WSN 安全的基础，也是所有网络安全实现的前提。

(1) 加密技术。加密是一种基本的安全机制，它把传感器节点间的通信消息转换为密文，形成加密密钥，这些密文只有知道解密密钥的人才能识别。加密密钥和解密密钥相同的密码算法称为对称密钥密码算法；而加密密钥和解密密钥不同的密码算法称为非对称密钥密码算法。对称密钥密码系统要求保密通信双方必须事先共享一个密钥，因而也叫单匙密码系统。这种算法又分为分流密码算法和分组密码算法两种。而非对称密钥密码系统中，每个用户拥有两种密钥，即公开密钥和秘密密钥。公开密钥对所有人公开，而只有用户自己知道秘密密钥。

(2) 完整性检测技术。完整性检测技术用来进行消息的认证，是为了检测因恶意攻击者窜改而引起的信息错误。为了抵御恶意攻击，完整性检测技术加入了秘密信息，不知道秘密信息的攻击者将不能产生有效的消息完整性码。

消息认证码是一种典型的完整性检测技术。① 将消息通过一个带密钥的哈希函数来产生一个消息完整性码，并将它附着在消息后一起传送给接收方。② 接收方在收到消息后可以重新计算消息完整性码，并将其与接收到的消息完整性码进行比较：如果相等，接收方可以认为消息没有被窜改；如果不相等，接收方就知道消息在传输过程中被窜改了。该技术实现简单，易于无线传感器网络的实现。

(3) 身份认证技术。身份认证技术通过检测通信双方拥有什么或者知道什么来确定通信双方的身份是否合法。这种技术是通信双方中的一方通过密码技术验证另一方是否知道他们之间共享的秘密密钥，或者其中一方自有的私有密钥。这是建立在运算简单的单钥密码算法和哈希函数基础上的，适合所有无线网络通信。

(4) 数字签名。数字签名是用于提供服务安全机制的常用方法之一。数字签名大多基于公钥密码技术，用户利用其秘密密钥将一个消息进行签名，然后将消息和签名一起传给验证方，验证方利用签名者公开的密钥来认证签名的真伪。

2. 密钥确立和管理

密码技术是网络安全构架十分重要的部分，而密钥是密码技术的核心内容。密钥确立需要在参与实体和加密钥计算之间建立信任关系，信任建立可以通过公开密钥或者秘密密钥技术来实现。WSN 的通信不能依靠一个固定的基础组织或者一个中心管理员来实现，而要用分散的密钥管理技术。密钥管理协议分为预先配置密钥协议、仲裁密钥协议和自动加强的自治密钥协议。

1) 预先配置密钥

(1) 整个网络范围的预先配置密钥。WSN 所有节点在配置前都要装载同样的密钥。

(2) 明确节点的预先配置密钥。在这种方法中，网络中的每个节点需要知道与其通信的所有节点的 ID 号，每两个节点间共享一个独立的密钥。

(3) 安全预先配置节点。在网络范围的预先配置节点密钥方法中，任何一个危险节点都会危及整个网络的安全。而在明确节点预先配置中，尽管有少数危险节点互相串接，但整个网络不会受到影响。

2) 仲裁密钥协议

仲裁密钥协议包含用于确立密钥的第三个信任部分。根据密钥确立的类型，协议被分为秘密密钥和公开密钥。标准的秘密密钥协议发展成密钥分配中心(KDC)或者密钥转换中心。

成对密钥确立协议可以支持小组节点的密钥建立。有一种分等级的密钥确立协议叫做分层逻辑密钥(LKH)。在这种分层逻辑密钥协议中，一个第三信任方(TTP)在网络的底层用一组密钥创建一个分层逻辑密钥，然后利用加密密钥(KEK)形成网络的内部节点。

3) 自动加强的自治密钥协议

(1) 成对的不对称密钥。该种协议基于公共密钥密码技术。每个节点在配置之前，在其内部嵌入由任务权威授予的公共密钥认证。

(2) 组密钥协议。在 WSN 节点组中确立一个普通密钥，而不依赖信任第三方。这种协议也是基于公共密钥密码技术的，包括以下几种：

① 简单的密钥分配中心。支持使用复合消息的小组节点。由于它不提供迅速的保密措施，所以它适合路由方面的应用。

② Diffie-Hellman 组协议。该协议确保一组节点中的每个节点都对组密钥的值做出贡献。

③ 特征密钥。此协议规定只有满足发送消息要求特征的节点才能计算共享密钥，从而解密给定的消息。特征包括位置、传感器能力等。

4) 使用配置理论的密钥管理

由于资源的限制，WSN 中的密钥管理显得尤为重要。使用配置理论的密钥管理方案是任意密钥预先分配方案的一种改进，它加入了配置理论，避免了不必要的密钥分配。配置理论的加入充分改进了网络的连通性、存储器的实用性以及抵御节点捕获的能力，与前面提到的密钥管理方案相比更适合于大型无线传感器网络。配置理论假设传感器节点在配置后都是静态的。配置点是节点配置时的位置，但它并不是节点的最终位置，而只是在节点最终位置的概率密度之内，驻点才是传感器节点的最终位置。

3. 路由安全

在 WSN 中提出了许多路由协议，使得有限的传感器节点和网络特殊应用的结合达到最优化，但是这些协议都忽视了路由安全。由于缺少必要的路由安全措施，敌手会使用具有高能量和长范围通信的强力膝上电脑来攻击网络。因此设计安全路由协议对保护路由安全，保护 WSN 安全显得非常重要。WSN 路由协议设计完成以后，不可能在其中加入安全机制。所以在设计路由协议时，就要把安全因素加入到路由协议中去，这是保证网络路由安全唯一的有效方法。

WSN 路由协议有多种，它们受到的攻击种类也不同。了解这些攻击种类，才能在协议中加入相应的安全机制，保护路由协议的安全。针对不同的协议攻击，WSN 提出了一系列的反措施，包括链路层加密和认证、多路径路由行程、身份确认、双向连接确认和广播认证。但这些措施只有在路由协议设计完成以前加入协议中，对攻击的抵御才有作用，这是实现路由安全的重要前提。

4. 数据融合安全

WSN 中有大量的节点，会产生大量的数据。如何把这些数据进行分类，集合出在网络中传输的有效数据并进行数据身份认证是数据融合安全所要解决的问题。

1) 数据集合

数据集合通过最小化多余数据的传输来增加带宽使用和能量利用。现今一种流行的安全数据集合协议——SRDA，通过传输微分数据代替原始的感应数据来减少传输量。SRDA利用配置估算且不实施任何在线密钥分配，从而建立传感器节点间的安全连通。它把数据集合和安全概念融入 WSN，可以实施对目标的持续监控，实现传感器与基站之间的数据漂流。

2) 数据认证

数据认证是 WSN 安全的基本要求之一。网络中的消息在传输之前都要强制认证，否则敌手能够轻松地将伪造的消息包注入网络，从而耗尽传感器能量，使整个网络瘫痪。数据认证可以分为以下三类：

(1) 单点传送认证，用于两个节点间数据包的认证。使用的是对称密钥协议，数据包中包含节点间共享的密钥作为双方身份的认证。

(2) 全局广播认证，用于基站与网络中所有节点间数据包的认证。μ TESLA 是一种特殊的全局广播认证，适合于有严格资源限制的环境。

(3) 局部广播认证，支持局部广播消息和消极参与。局部广播消息是由时间或事件驱动的。

除了以上几个安全项目大类外，WSN 安全设计还包括能量有效的密钥管理、分层次的网络串算法、网络的分布式合作等项目，均还有待将来进一步的开发探索。

2.4　数据融合技术

数据融合是一种多源信息的综合技术，通过对来自不同传感器的数据进行综合分析，可以获得被测对象及其性质的最佳一致估计。无线传感网节点能量和计算资源受限，数据融合技术是减少网络能耗、降低数据冲突和减少数据传输延迟的重要方法。

2.4.1　数据融合技术概述

数据融合的目的是收集各类传感器采集的信息，这些信息是以信号、波形、图像、数据、文字、声音等形式提供的。数据融合技术的工作原理、工作方式、给出的信号形式和测量数据的精度，都是研究、分析和设计传感网信息系统，甚至研究各种信息处理方法都是非常重要的。

数据融合也被称作信息融合，是一种多源信息处理技术。它通过对来自同一目标的多源数据进行优化合成，获得比单一信息源更精确、完整的估计或判断。多传感器数据融合是一种多层次、多方面的处理过程，这个过程是对多源数据进行检测、互联、相关、估计和组合，并以更高的精度、较高的置信度得到目标的状态估计和身份识别，以及完整的势态估计和威胁评估，为用户提供有用的决策信息。这个定义实际上包含了以下三个含义：

(1) 数据融合是多信源、多层次的处理过程，每个层次代表了信息的不同抽象程度。

(2) 数据融合过程包括数据的检测、关联、估计与合并。

(3) 数据融合的输出包括低层次上的状态身份估计和高层次上的总战术态势的评估。

传感器数据融合技术在军事领域的应用，包括海上监视系统、地面防空系统、战略防御与监视系统等。其中最典型的就是 C^4ISR 系统，即军事指挥自动化系统。在非军事领域的应用则包括了机器人系统、生物医学工程系统和工业控制自动监视系统等。

具体地说，数据融合的内容主要包括：多传感器的目标探测、数据关联、跟踪与识别、情况评估和预测。数据融合的基本目的是通过融合，得到比各个单独的输入数据更多的信息。这是协同作用的结果，即由于多传感器的共同作用，系统的有效性得以增强。

实质上，数据融合是一种多源信息的综合技术，通过对来自不同传感器的数据进行分析和综合，可以获得被测对象及其性质的最佳一致估计。将经过集成处理的多种传感器信息进行集成，可以形成对外部环境某一特征的一种表达方式。

众所周知，无线传感网是以数据为中心的网络，数据采集和处理是用户部署传感网的最终目的。从数据采集和信号探测的角度来看，采用传感网数据融合技术的数据采集功能相比传统方法具有如下优势：

(1) 增加了测量维数，增加了置信度和容错功能，并改进了系统的可靠性和可维护性。当一个甚至几个传感器出现故障时，系统仍可利用其他传感器获取环境信息，以维持系统的正常运行。

(2) 提高了精度。在传感器的测量中，不可避免地存在着各种噪声，而同时使用描述同一特征的多个不同信息，可以减少这种由测量不精确所引起的不确定性，显著提高系统的精度。

(3) 扩展了空间和时间的覆盖度，提高了空间分辨率和适应环境的能力。多种传感器可以描述环境中的多个不同特征，这些互补的特征信息，可以减小对环境模型理解的歧义，提高了系统正确决策的能力。

(4) 改进了探测性能，增加了响应的有效性，降低了对单个传感器的性能要求，提高了信息处理的速度。在同等数量传感器的条件下，各传感器分别单独处理与多传感器数据融合处理相比，由于多传感器信息融合中使用了并行结构，采用了分布式系统并行算法，因此可显著提高信息处理的速度。

(5) 降低了信息获取的成本。信息融合提高了信息的利用效率，可以用多个较廉价的传感器获得与昂贵的单一高精度传感器同样甚至更好的效果，因此可大大降低系统的成本。

在无线传感网中，数据融合起着十分重要的作用，从总体上来看，其主要作用在于节省整个网络的能量，增强所收集数据的准确性，以及提高收集数据的效率三个方面。

(1) 节省能量。无线传感网是由大量的传感器节点覆盖在监测区域形成的体系架构。通常在部署网络时，需要使传感器节点达到一定的密度，以增强整个网络的鲁棒性和监测信息的准确性，有时甚至需要使多个节点的监测范围互相交叠。这种监测区域的相互重叠导致邻近节点报告的信息存在一定程度的冗余。在冗余程度很高的情况下，把这些节点报告的数据全部发送给汇聚节点与仅发送一份数据相比，除了使网络消耗更多的能量外，并未使汇聚节点获得更多的有意义的信息。

数据融合就是要针对上述情况对冗余数据进行网内处理，即中间节点在转发传感器数据之前，首先要对数据进行综合，去掉冗余信息，在满足应用需求的前提下将需要传输的数据量最小化。网内处理利用的是节点的计算资源和存储资源，其能量消耗与传送数据相比要少很多。在理想的融合情况下，中间节点可以把 n 个长度相等的输入数据分组合并成 1 个等长的输出分组，只需要消耗不进行融合时所消耗能量的 $1/n$ 即可完成数据传输。在最差的情况下，融合操作并未减少数据量，但通过减少分组个数，可以减少信道的协商或竞争过程而造成的能量开销。

(2) 获得更准确的信息。

无线传感网是由大量廉价的传感器节点组成的，部署在各种各样的应用环境中。人们从传感器节点获得的信息存在着较高的不可靠性，这些不可靠因素主要来源于以下方面：

① 受到成本和体积的限制，节点装配的传感器元器件的精度一般较低。

② 无线通信的机制使得传送的数据更容易受到干扰而遭到破坏。

③ 恶劣的工作环境除了影响数据传送以外，还会破坏节点的功能部件，令其工作异常，可能报告出错误的数据。

由此看来，仅收集少数几个分散的传感器节点的数据，是难以保证所采集信息的正确性的。因此需要通过对监测同一对象的多个传感器所采集的数据进行综合，从而有效地提高所获得信息的精度和可信度。另外，由于邻近的传感器节点也在监测同一区域，因此它们所获得信息之间的差异性很小。如果个别节点报告了错误的或误差较大的信息，则很容易在本地处理中通过简单的比较算法进行排除。

需要指出的是，虽然可以在数据全部单独传送到汇聚节点后再进行集中融合，但这种方法得到的结果往往不如在网内预先进行融合处理的结果精确，有时甚至会产生融合错误。数据融合一般需要数据源所在地局部信息的参与，如数据产生的地点，产生数据的节点所在的组或簇等。

(3) 提高数据的收集效率。

在无线传感网内部进行数据融合，可以在一定程度上提高网络收集数据的整体效率。数据融合减少了需要传输的数据量，可以减轻网络的传输拥塞，降低数据的传输延迟。即使有效数据量并未减少，但通过对多个分组进行合并，减少分组个数，能减少网络数据传输的冲突碰撞现象，也可以提高无线信道的利用率。

2.4.2　数据融合模型

对于无线传感网的数据融合技术而言，通信的能耗带宽、传输的可靠性，数据收集的效率等是主要考虑的因素。依据多传感器数据融合模型定义方法，结合无线传感网以数据为中心的特点，数据融合模型可以分为数据包级融合结构模型和跟踪级融合结构模型。

1. 数据包级融合模型

根据数据进行融合操作前后的信息含量，可以将数据融合分为无损融合(Lossless

Aggregation)和有损融合(Lossy Aggregation)两类。

1) 无损融合

在无损融合中，所有的细节信息均被保留，只去除冗余的部分信息。此类融合的常见做法是去除信息中的冗余部分。如果将多个数据分组打包成一个数据分组，而不改变各个分组所携带的数据内容，那么这种融合方式就属于无损失融合。它只是缩减了分组头部的数据和为传输多个分组而需要的传输控制开销，但却保留了全部数据信息。

时间戳融合是无损融合的一个例子。在远程监控应用中，传感器节点汇报的内容可能在时间属性上具有一定的联系，可以使用一种更有效的表示手段来融合多次汇报的结果。例如一个节点以一个短时间间隔进行了多次汇报，每次汇报中除时间戳不同外，其他内容均相同。于是，收到这些汇报的中间节点可以只传送时间戳最新的一次汇报，以表示在此时刻之前，被监测的事物都具有相同的属性，从而大大地节省网络数据的传输量。

2) 有损融合

有损融合通常会省略一些细节信息或降低数据的质量，从而减少需要存储或传输的数据量，以达到节省存储资源或能量资源的目的。在有损失融合中，信息损失的上限是融合后的数据要保留应用所必需的全部信息量。

很多有损融合都是针对数据收集的需求来进行网内处理的。例如，在温度监测应用中。当需要查询某一区域范围内的平均温度或者最低、最高温度时，网内处理将对各个传感器节点所报告的数据进行运算，并只将结果数据报告给查询者。从信息含量的角度来看，这份结果数据相对于传感器节点所报告的原始数据来说，损失了绝大部分的信息，但是它完全能满足数据收集者的要求。

2. 跟踪级融合模型

在无线传感网络中大量的感知数据从多个源节点向汇聚节点传送，从信息流通形式和网络节点处理的层次看，跟踪级融合模型可以分为集中式结构模型和分布式结构模型。

1) 集中式机构模型

集中式结构模型的特点是汇聚节点发送有关数据的兴趣或查询，具有相关数据的多个源节点直接将数据发送给汇聚节点，最后汇聚节点进行数据的处理，其结构如图 2-15 所示。这种结构优点是信息损失小。但由于无线传感器网络中传感器节点分布较为密集，多个源节点对同一事件的数据表征存在近似的冗余信息，因此对冗余信息的传输将会造成网络消耗更多的能量。

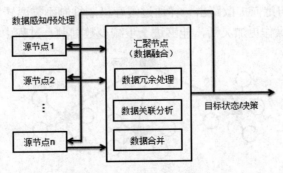

图 2-15　集中式结构模型

2) 分布式结构模型

分布式结构模型也就是所说的网内数据融合，如图 2-16 所示，源节点发送的数据经中间节点转发时，中间节点查看数据包的内容，进行相应的数据融合后再传送到汇聚节点，由汇聚节点实现数据的综合。该结构在一定程度上提高了网络数据收集的整体效率，减少了传输的数据量，从而降低能耗，提高信道的利用率，延长网络的生存时间。

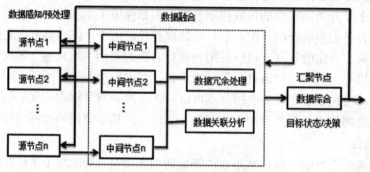

图 2-16　分布式结构模型

2.4.3　基于路由的数据融合

无线传感网具有以数据为中心的特点，要求数据在从源节点转发到汇聚节点的过程中，中间节点要根据数据的内容，对来自多个数据源的数据进行融合操作，以降低信息冗余，减少传输的数据量，达到节能的目的。为此，需要将路由技术和数据融合技术结合起来，通过在数据转发的过程中，适当进行数据融合操作，减轻数据汇集过程中的网络拥塞，协助路由协议延长网络的生存时间。

1. 基于查询路由的数据融合

以定向扩散(Directed Diffusion，DD)为代表的查询路由，其中的数据融合主要是在其数据传播阶段进行，所采用的是抑制副本的方法，即对转发过来的数据进行缓存，若发现重复的数据将不予转发，这样不仅简单易行，还能有效地减轻网络的数据流量。

2. 基于分层路由的数据融合

以 LEACH 为代表的分层路由，使用分簇的方法使得数据融合的操作过程更为便利。每个簇头在收到本簇成员的数据后进行数据融合处理，并将结果发送给汇聚节点，如图 2-17 所示。LEACH 算法仅强调数据融合的重要性，并未给出具体的融合方法。TEEN 是 LEACH 的改进，它与定向扩散路由一样通过缓存机制抑制不需要转发的数据，但它利用阈值的设置使得抑制操作更加灵活，能够进一步减少数据融合过程中的数据量。

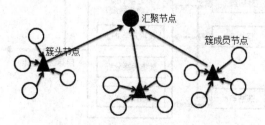

图 2-17　分层路由的数据融合

3. 基于链式路由的数据融合

链式路由 PEGASIS 对 LEACH 中的数据融合进行了改进。它建立在两个假设基础之上：一是所有节点距离汇聚节点都很远；二是每个节点都能接收到数据分组与自己的数据，融合成一个大小不变的数据分组。PEGASIS 在收集数据之前，首先利用贪心算法(又称贪婪算法)将网络中所有节点连成一个单链，然后随机选取一个节点作为首领。首领向链的两端发出收集数据的请求，数据从单链的两个端点向首领流动。位于端点和首领之间的节点在传递数据的同时要执行融合操作，最终由首领节点将结果数据传送给汇聚节点，其过程如图 2-18 所示。

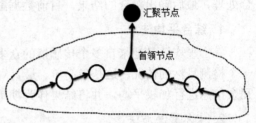

图 2-18　链式路由中的数据融合

PEGASIS 的链式结构使得每个节点发送数据的距离几乎是最短的，并且最终只有一个节点与汇聚节点通信，因此比 LEACH 更节能。但链式结构增大了数据传送的平均延迟，这是因为数据收集的延迟取决于首领节点与单链节点的距离，即与节点数成正比。此外，由于节点的易失特性，故单链结构的传输路径也增加了数据收集过程的失败率。

2.4.4　基于反向组播树的数据融合

通常，无线传感网的数据融合是多个源节点向一个汇聚节点发送数据的过程，可以认为是一个反向组播树的构造过程。汇聚节点在收集数据时通过反向组播树的形式从分散的传感器节点逐步汇集监测数据，如图 2-19 所示。反向组播树上的每个中间节点都对收到的数据进行数据融合，于是网内数据就得到了及时且最大限度的融合。

有研究证明，对于任意部署的无线传感网，数据传输次数最少的路由可以转化为最小 Steiner 组播树。构造这样的路由是一个问题，其中涉及以下三种实用的次优方案。

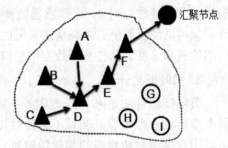

图 2-19　基于反向组播树的数据融合

(1) 近源汇集(Center at Nearest Source，CNS)：距离汇聚节点最近的源节点充当数据的融合节点，所有其他的数据源都将数据发送给这个节点，由这个节点将融合后的数据发送给汇聚节点。

(2) 最短路径树(Shortest Paths Tree，SPT)：每个数据源都各自沿着到达汇聚节点的最短路径传送数据，这些最短路径的交叠形成融合树。

(3) 贪婪增量树(Greedy Incremental Tree，GIT)：这种方案中融合树是逐步建立的，最初只有汇聚节点与距离它最近的源节点之间的一条最短路径，然后每一步都从剩下的源节点中选出距离这条最短路径树最近的节点连接到树上，直到所有的节点都连接到树上。

这三种方案较适合应用于反应网络，因为这样的网络环境具备源节点数目少、位置相对集中以及数据相似性大的特点，可以在进行远距离传输前尽早地进行数据融合处理。在数据可融合程度一定的情况下，它们之间的节能效果关系为 GIT > SPT > CNS。

2.4.5　数据融合技术的主要算法

通常，数据融合的大致过程：首先将被测对象的输出结果转换为电信号，并经过 A/D 转换形成数字量；然后对数字化后的电信号经过预处理，滤除数据采集过程中的干扰和噪声；接着对经过处理后的有用信号进行特征抽取，实现数据融合，或者直接对信号进行融合处理，最后输出融合的结果。目前数据融合的方法主要有如下几种。

1. 综合平均法

综合平均法是把来自多个传感器的众多数据进行综合平均。适用于同类传感器检测同一个检测目标的情况。这是最简单、最直观的数据融合方法。该方法将一组传感器提供的冗余信息进行加权平均，并将结果作为期望值。

2. 卡尔曼滤波法

卡尔曼滤波法用于融合低层的实时动态多传感器的冗余数据。该方法利用测量模型的统计特性，递推地确定融合数据的估计，该估计在统计意义下是最优的。如果系统可以用一个线性模型描述，且系统与传感器的误差均符合高斯白噪声模型，则卡尔曼滤波法为数据融合提供唯一统计意义上的最优估计。

卡尔曼滤波器的递推特性使得它特别适合在那些不具备大量数据存储能力的系统中使用。它的应用领域包括目标识别、机器人导航、多目标跟踪、惯性导航和遥感等。例如，应用卡尔曼滤波器对 N 个传感器的测量数据进行融合后，既可以获得系统的当前状态估计，又可以预报系统的未来状态。所估计的系统状态可以表示移动机器人的当前位置、目标的位置和速度、从传感器数据中抽取的特征或实际测量值本身。

3. 贝叶斯估计法

贝叶斯估计法是融合静态环境中多传感器底层信息的常用方法。它将传感器信息依据概率原则进行组合，测量不确定性以条件概率表示。在传感器组的观测坐标一致时，可以用直接法对传感器的测量数据进行融合。在大多数情况下，传感器是从不同的坐标系对同一环境物体进行描述的，这时传感器的测量数据要以间接方式采用贝叶斯估计进行数据融合。

贝叶斯估计法把每个传感器都作为一个贝叶斯估计，将各单独物体的关联概率分布组合成一个联合后验概率分布函数，通过使用联合分布函数的似然函数为最小，可以得到多传感器信息的最终融合值。

4. D-S 证据推理法

D-S(Dempster-Shafer)证据推理法是目前数据融合技术中比较常用的一种方法，是由 Dempster 首先提出，由 Shafer 发展的一种不精确推理理论。这种方法是贝叶斯估计法的扩展，因为贝叶斯估计法必须给出先验概率，而 D-S 证据理论则能够处理由不知道引起的不确定性，通常用来对目标的位置、存在与否进行推断。

在多传感器数据融合系统中，每个信息源都提供了一组证据和命题，并且建立了一个相应的质量分布函数。因此，每一个信息源就相当于一个证据体。D-S 证据推理法的实质是在同一个鉴别框架下，将不同的证据体通过 Dempster 合并规则合并成一个新的证据体，并计算证据体的似真度，最后采用某一决策选择规则，获得融合的结果。

5. 统计决策理论

与贝叶斯估计法不同，统计决策理论中的不确定性为可加噪声，因此其不确定性的适应范围更广。不同传感器观测到的数据必须经过一个鲁棒综合测试，以检验它的一致性，经过一致性检验的数据用鲁棒极值决策规则进行融合处理。

6. 模糊逻辑法

模糊逻辑法针对数据融合中所检测的目标特征具有某种模糊性的现象，利用模糊逻辑的方法对检测目标进行识别和分类。建立标准检测目标和待识别检测目标的模糊子集是此方法的基础。

模糊子集的建立需要有各种各样的标准检测目标，同时必须建立合适的隶属函数。

模糊逻辑实质上是一种多值逻辑，在多传感器数据融合中，对每个命题及推理算子赋予 0～1 之间的实数值，以表示其在融合过程中的可信程度，又被称为确定性因子。然后使用多值逻辑推理法，利用各种算子对各种命题(即各传感源提供的信息)进行合并运算，从而实现信息的融合。

7. 产生式规则法

产生式规则法是人工智能中常用的控制方法。一般要通过对具体使用的传感器的特性及环境特性的分析，才能归纳出产生式规则法中的规则。通常，系统改换或增减传感器时，其规则要重新产生。这种方法的特点是系统扩展性较差，但推理过程简单明了，易于系统解释，所以也有广泛的应用范围。

8. 神经网络方法

神经网络方法是模拟人类大脑行为而产生的一种信息处理技术，它采用大量以一定方式相互连接和相互作用的简单处理单元(即神经元)来处理信息。神经网络具有较强的容错性和自组织、自学习及自适应的能力，能够实现复杂的映射。神经网络的优越性和强大的非线性处理能力，能够很好地满足多传感器数据融合技术的要求。

2.5　WSN 数据管理技术

无线传感网数据管理的目的是把传感网上数据的逻辑视图(命名、存取和操作)和网络的物理实现分离开来，使无线传感网用户和应用程序只需关心所要提出的查询的逻辑结构，而无需关心无线传感网的细节。从数据管理的角度来看，无线传感网数据管理系统类似于分布式数据库系统，但不同于传统的分布式数据库系统。无线传感网数据管理系统组织和管理无线传感网监测区域的感知信息，回答来自用户或应用程序的查询。

2.5.1　系统结构

目前用于无线传感网数据管理系统的结构主要有以下四种，即集中式结构、半分布式结构、分布式结构和层次式结构。

1. 集中式结构

在集中式结构中，感知数据的查询和传感网的访问是相对独立的。整个处理过程可以分为两步：第一步，将感知数据按照事先指定的方式从传感网传输到中心服务器；第二步，在中心服务器上进行查询处理。这种方法很简单，但是中心服务器会成为系统性能的瓶颈，而且容错性很差。另外，由于所有传感器的数据都要求传送到中心服务器，所以通信开销很大。

2. 半分布式结构

由于传感器节点具有一定的计算和存储能力，因此可以对原始数据进行一定的处理。目前大多数研究工作都集中在半分布式结构领域。下面介绍两种代表性的半分布式结构。

1) Fjord 系统结构

Fjord 是加州大学伯克利分校 Telegraph 项目的一部分，是一个自适应的数据流系统。Fjord 主要由两部分构成，包括自适应的查询处理引擎(Adaptive Query Processing Engine)和传感器代理(Sense Proxy)。Fjord 是基于流数据计算的查询处理模型。与传统数据库系统不同，在 Fjord 系统中，感知数据流是流向查询处理引擎的(Push 技术)，而不是在被查询时才被提取出来的(Pull 技术)。Fjord 对于非感知数据采取 Pull 技术，因此，Fjord 是同时采用 Push 和 Pull 技术的查询处理引擎。另外，Fjord 根据计算环境的变化动态调整查询执行计划。

Fjord 系统结构如图 2-20 所示，其中，传感器代理是传感器节点和查询处理器之间的接口。传感器节点需要将感知数据传送给传感器代理，传感器代理将数据发送到查询处理器，这样，传感器节点不需要直接将感知数据发送给要求查询的大量用户。另外，传感器代理可以让传感器节点按照事先指定的方式进行一定的本地计算，如对感知数据执行聚集操作等。传感器代理动态监测传感器节点，估计用户的需求以及目前电源的能量状况，并动态调整传感器节点的采样频率和传输速率，以延长传感器节点的寿命，提高处理性能。

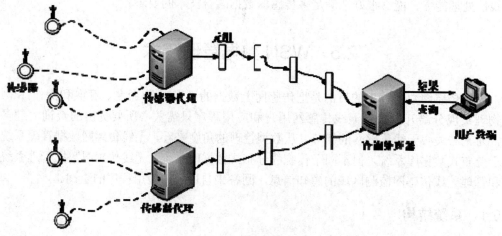

图 2-20　Fjord 系统结构

2) Cougar 系统结构

Cougar 是康奈尔(Cornell)大学开发的传感器数据库系统。Cougar 的基本思想是尽可能地使查询处理在传感网内部进行，以减少通信开销。在查询处理过程中，只有与查询相关的数据才会从无线传感网中提取出来。这种方法灵活而有效。与 Fjord 不同，在 Cougar 中，传感器节点不仅需要处理本地的数据，同时还要与邻近的节点进行通信，协作完成查询处理的某些任务，如图 2-21 所示。

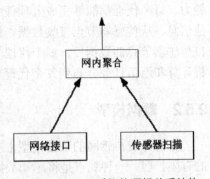

图 2-21　Cougar 系统的逻辑关系结构

3. 分布式结构

分布式结构假设每个传感器都有很高的存储、计算和通信的能力。首先，各个传感器采样、感知和监测事件；然后使用一个 Hash 函数，按照每个事件的关键字，将其存储到离这个 Hash 函数值最近的传感器节点，这种方法被称为分布式 Hash 方法。在处理查询时，使用同样的 Hash 函数，将查询发送到离 Hash 值最近的节点上。这种结构将计算和通信全都放到了传感器节点上。

分布式结构的问题在于它假设了传感器节点有着和普通计算机相同的计算和存储能力。因此，分布式结构只适用于基于事件关键字的查询，系统的通信开销较大。

4. 层次式结构

针对上述系统结构的缺点，有人提出了一种层次式结构，如图 2-22 所示。这种结构包含了传感网的网络层和代理网络层两个层次，并集成了网内数据处理、自适应查询处理和基于内容的查询处理等多项技术。

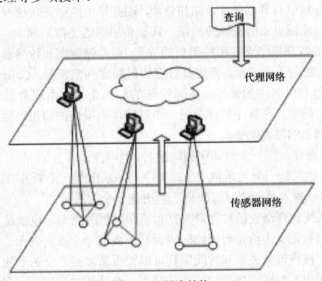

图 2-22　层次结构

在网络层，每个传感器节点都具有一定的计算和存储能力，且每个传感器节点都能够完成三项任务：从代理接收命令、进行本地计算和将数据传送到代理。传感器节点收到的命令包括采样率、传送率和需要执行的操作。代理层的节点具有更高的存储、计算和通信能力。每个代理都能够完成五项任务：从用户接收查询、向传感器节点发送控制命令或其他信息、从传感器节点接收数据、处理查询、将查询结果返回给用户。当代理节点收到来自传感器节点的数据后，多个代理节点分布式地处理查询并将结果返回给用户。这种方法将计算和通信任务分布到各个代理节点上。

2.5.2　数据模型

目前无线传感网的数据模型主要是对传统的关系模型、对象关系模型或时间序列模型的有限扩展。一种观点是将感知数据视为分布在多个节点上的关系，并将传感网看成一个分布式数据库；而另一种观点则将整个网络视为多个分布式数据流组成的分布式数据库系统；还有一些观点是采用时间序列和概率模型表示感知数据的时间特性和不确定性。这里以美国加州大学伯克利分校(UC Berkeley) 的 TinyDB 系统和康奈尔大学的 Cougar 系统为例，简单介绍无线传感网的数据模型。

TinyDB 系统的数据模型是对传统的关系模型的简单扩展。它把传感网数据定义为一个单一的、无限长的虚拟关系表。该表具有两类属性，第一类是感知数据属性，如电压值和温度值；第二类是描述感知数据的属性，如传感器节点的 ID、感知数据获得的时间、数据类型(光、声、电压、温度、湿度等)、度量单位等。网络中每个传感器节点产生的每一个读数都对应关系表中的一行。因此，这个虚拟关系表被看成是一个无限的数据流。对传感网数据的查询就是对这个无限虚拟关系表的查询。无限虚拟关系表上的操作集合是传统的关系代数操作到无限集合的扩展。

康奈尔大学的 Cougar 系统把传感网看成是一个大型的分布式数据库系统，每个传感器都对应于该分布式数据库的一个节点，存储部分数据。Cougar 系统通常不再将每个传感器上的数据都集中到中心节点进行存储和处理，而是尽可能地在传感网内部进行分布式处理，因此能够有效地减少通信资源的消耗，延长传感网的生命周期。

Cougar 系统的数据模型支持两种类型的数据，即存储数据和传感器实时产生的感知数据。存储数据用传统关系来表示，而感知数据用时间序列来表示。Cougar 系统的数据模型包括关系代数操作和时间序列操作。关系操作的输入是基关系或者另一个关系操作的输出，时间序列操作的输入是基序列或者另一个时间序列操作的输出。数据模型中提供定义在关系与时间序列上的三类操作。

(1) 关系投影操作：把一个时间序列转换为一个关系。

(2) 积操作：输入是一个关系和一个时间序列，输出是一个新的时间序列。

(3) 聚集操作：输入是一个时间序列，输出是一个关系。

对 Cougar 系统的查询包括对存储数据和感知数据的查询，也就是对关系和时间序列的查询。连续查询被定义为给定时间间隔内保持不变的一个永久视图。在 Cougar 系统的连续查询过程中，被查询的关系和时间序列可以被更新。对一个关系的更新是插入、删除或修改该关系的元组。对时间序列的更新是插入一个新的时间序列元素。

2.5.3　数据存储与索引技术

以数据为中心是无线传感网的重要特点。人们已提出了很多以数据为中心的无线传感网路由算法和通信协议，但除了以数据为中心的路由算法和通信协议以外，无线传感网还需要提供灵活有效的以数据为中心的数据存储方法。在以数据为中心的存储系统中，每个传感器节点产生的数据按照数据名存储在网络的某个或某些传感器节点上。根据数据项的名字，可以很容易地在无线传感网中找到相应的数据项。以下介绍以数据为中心的传感网存储方法和索引技术。

1. 数据命名方法

以数据为中心的数据存储方法的基础是数据命名。数据命名的方法有很多种，可以根据具体应用采用不同的命名方法。一种简单的命名方法是层次式命名方法，例如，一个摄像传感器产生的数据可以按如下方式命名：

USA/Universities/USC/CS/camera1

这个名字分为 5 个层次，其中名字的前 4 层说明摄像传感器的位置：第 1 层的 USA 说明摄像传感器是在美国；第 2 层说明摄像传感器在大学；第 3 层说明摄像传感器在南加州大学；第 4 层说明摄像传感器在美国 USC 大学的计算机系；最底层的 camera1 指出数据类型为摄像数据。

另一种命名方法是"属性值"命名方法，在这种方法中，上面的摄像传感器产生的数据可以命名如下：

Type = camera

Value = image.jpg

Location = "CS Dept, University of Southern California, USA"

数据的命名方法隐含地定义了数据能够被存取的方式。摄像传感器数据的层次命名方法隐含地定义了很多数据存取方法，包括如下三种：

(1) 存取所有美国大学的摄像传感器数据。

(2) 存取美国某所大学的摄像传感器数据。

(3) 存取美国某所大学计算机系的摄像传感器数据。

2. 数据存储方法

一种数据存储方法是以数据为中心的存储方法，它使用数据名字来存储和查询数据。这类方法通过一个数据名到传感器节点的映射算法实现数据存储。图 2-23 描述了一种以数据为中心的存储方法。假设传感器节点 A 和 B 要插入一个名字为 bird-sighting 的感知数据，数据名 bird-sighting 被映射到传感器节点 C。于是，这些感知数据被路由到传感器节点 C。类似地，查询也可以通过数据名获得感加数据所在的传感器节点，并通过向该传感器节点发送查询请求来得到感知数据。

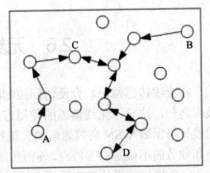

图 2-23　一种以数据为中心的存储方法

除了以数据为中心的无线传感网数据存储方法以外，还有另外两种数据存储方法，即外部存储方法和本地存储方法。若使用外部存储方法，则所有感知数据存储在无线传感网以外的计算机节点上。相反，若使用本地存储方法，则所有的感知数据存储在产生该数据的传感器节点上。

使用外部存储方法时，把感知数据传输到传感网以外的计算机节点需要消耗能量，并且外部计算机节点的邻近传感器节点需要频繁地转发感知数据，成为消耗能量最大的节点。如果感知数据的访问频率远高于产生这些数据的频率，则外部存储方法是可用的。使用本地存储方法时，所有的感知数据存储在产生该数据的传感器节点上，存储感知数据不需要消耗额外的通信能量，但是查询感知数据需要消耗大量能量。本地存储适用于感知数据产生频率高于访问频率的情况。以数据为中心的存储的开销则介于两者之间。

3. 索引技术

当人们预先并不清楚要在传感网的数据中发现什么的时候，往往需要通过查询由粗到细地对传感网数据进行观察，以发现感兴趣的事件或结果值。

1) 一维分布式索引

除了时空聚集和精确匹配查询外，传感器网络用户也经常要进行区域查询，如"预期温度值在 50～60℃之间的所有感知数据"。在这类查询中，还可以加上地理限制，如"列出地区 A 中温度值在 50～60℃之间的所有感知数据"。一维索引具有两个特点：一是层次结构树具有多个根，解决了单一树根所造成的通信瓶颈问题；二是它有效地沿层次结构树向上传播聚集数据，可以在层次树的高层防止不必要的树遍历。

2) 多维分布式索引

一维检索系统支持的区域查询只有一个属性，如温度值。如果要查询在地理区域约束条件下的温度数量范围，则这种查询称为二维区域查询。多维区域查询是在多个属性上具有区域约束条件的区域查询。例如，科学家研究微生物的增长时，可能对温度在 50～60℃之间，且亮度在 10～20 lm 之间的微生物的增长率感兴趣。他们可能提交查询"返回地区 A、温度在 50～60℃之间、亮度在 10～20 lm 之间的所有微生物的增长率"。在这个例子中，科学家感兴趣的是地理区域、温度、亮度三个因素对海洋微生物生长的影响。在传统的数据库系统中，多维区域的查询经常由具有预计算信息的多维索引来支持。这样的索引在处理查询时可以减少计算开销，并获得很高的查询处理效率。

2.6　无线传感网 MAC 协议

在无线传感网中，介质访问控制(Medium Access Control，MAC)协议是 WSN 的关键技术之一，决定了无线信道的使用方式，其性能能直接影响到整个网络的性能。MAC 协议的设计是保障 WSN 高效通信的关键技术之一。WSN 节点资源受限、能量受限以及动态拓扑和业务的不确定性等特点，使得传统的无线网络的 MAC 协议不适合于 WSN，这给 WSN 的 MAC 协议的设计带来了许多挑战性的课题。此外，不同的应用场景对 WSN 有不同的限制，MAC 协议的设计还需要针对不同的应用来解决相应的问题。

本节首先分析了无线传感网 MAC 协议面临的挑战，分析比较了提出的 MAC，然后讨论了 IEEE 802.11 协议，在此基础上分析了具有代表性的无线传感网络基于竞争 MAC 协议和基于时分复用的 MAC 协议，以及混合型 MAC 协议。

2.6.1　无线传感网 MAC 协议概述

在无线传感器网络中，MAC 协议决定无线信道的使用方式。通过在传感器节点之间分配和共享有限的无线信道资源，MAC 协议构建起无线传感器网络通信系统的底层基础结构。由于多个节点共享无线信道，且无线传感器网络通常采用多跳通信方式，因此 MAC 协议要解决隐藏终端和暴露终端的问题，使用分布式控制机制实现信道资源的共享。

1. 无线传感网 MAC 协议设计所面临的问题

资源有限和以数据为中心的特点使得无线传感网在网络规模、硬件特点、流量特征和应用需求等方面与传统无线网络存在显著差异。因此，无线传感网 MAC 协议在设计目标、优化指标和技术手段等方面与传统无线网络 MAC 协议也有所不同。

传统的 MAC 协议，其设计目标是在保证介质访问公平性的同时，提高网络吞吐量和减少网络延时的。而在无线传感网中，节点能量储备有限且难以及时补充，为保证网络长期有效工作，MAC 协议以减少能耗，最大化网络生存时间为首要设计目标；其次，为适应节点分布和网络拓扑变化，MAC 协议需具备良好的可扩展性；此外，无线传感器网络节点一般属于同一利益实体，可以为系统优化做出一定牺牲，因此能量效率以外的公平性一般不作为设计目标，除非多种用途的无线传感网重叠部署在同一区域。

无线传感网中能量消耗主要包括通信能耗、感知能耗和计算能耗。其中通信能耗所占比重远大于计算能耗，通信部件和计算部件的功耗比通常在 1000 倍以上。因此减少 MAC 协议通信中的能量浪费，是延长网络生存时间的有效手段。大量研究表明，通信过程中造成能量损耗主要体现在以下几方面。

(1) 空闲监听(idle listening)：节点在不需要收发数据时仍保持对信道的空闲侦听。因为节点不知道邻居节点的数据何时到来，所以必须始终保持自己的射频部分处于接收模式，形成空闲监听，造成了不必要的能量损耗。

(2) 冲突重传：数据冲突导致的重传和等待重传。如果两个节点同时发送，并相互产生干扰，则它们的传输都将失败，发送包被丢弃。

(3) 控制开销：为了保证可靠传输，协议将使用一些控制分组，如 RTS/CTS，虽然没有数据在其中，但是必须消耗一定的能量来发送它们。

(4) 串扰(overhearing)：节点因接收而处理并非传输给自己的分组所造成的串音。由于无线信道为共享介质，因此节点也可以接收到不是到达自己的数据包，然后再将其丢弃，此时也会造成能量的耗费。

此外，节点因发射/接收不同步导致分组空传等，在发射/接收状态之间切换时的瞬间能量消耗很大，甚至超过发送单位分组所需要的能量。因此，频繁的状态切换也会造成能量迅速消耗。

根据无线传感网所面向的实际应用的特点，MAC 协议在设计时需要解决很多工程应用和研究技术的难题，这些都已经成为无线传感网 MAC 协议研究所面临的热点问题。MAC 协议设计中的主要问题表现为如下几个方面。

(1) 能量效率：由于无线传感器网络应用的特殊性，MAC 协议要尽可能地节约能量，提高能量效率，从而延长整个网络的生存周期，这是无线传感器网络协议设计的核心问题。

(2) 可扩展性：MAC 协议负责搭建无线传感网通信系统的底层基础结构，必须能够适应无线传感器网络规模、网络负载以及网络拓扑的动态变化，所以 MAC 协议要具有良好的可扩展性。

(3) 网络效率：网络效率是网络各种性能的综合，包括网络的可靠性、实时性、吞吐量、公平性、QoS 等。无线传感网应用领域广泛，不同的应用场景对网络的各种性能提出了专门的要求。MAC 协议的设计需要根据特定的应用在各种性能间取得平衡，为应用提供较高的网络效率。

(4) 算法复杂度：MAC 协议要具备上述特点，众多节点协同完成应用任务，必然增加算法的复杂度。由于无线传感网的节点计算能力和存储能力受限，故而 MAC 协议应该根据应用需要，在复杂度和上述性能之间取得折中。

(5) 与其他层协议的协同：无线传感网应用的特殊性对各层协议都提出了一些共同的要求，如能量效率、可扩展性、网络效率等，研究 MAC 协议与其他层协议的协同问题，通过跨层设计而获得系统整体的性能优化，也是 MAC 协议研究的主要方向。

2. 无线传感网 MAC 协议分类

由于无线传感网与应用高度相关，因此研究人员从不同的方面提出了不同的 MAC 协议。但到目前为止，无线传感网 MAC 协议还没有一个统一的分类方式，可根据 MAC 协议的信道分配方式、数据通信类型、性能需求、硬件特点以及应用范围等策略，使用多种分类方法对其进行分类。

(1) 根据信道分配策略的不同可分为基于竞争(contention-based)的 MAC 协议、基于调度(schedule-based)的 MAC 协议和混合 MAC 协议。基于竞争的 MAC 协议不需要全局网络信息，扩展性好，易于实现，但能耗大；基于调度的 MAC 协议没有冲突，因而节省能量，但难于调整帧长度和时隙分配，难以处理拓扑结构变化，扩展性差，时钟同步精度要求高；混合 MAC 协议具有上述两种 MAC 协议的优点，但通常比较复杂，实现难度大。

(2) 根据 MAC 协议使用的信道数目可分为单信道 MAC 协议和多信道 MAC 协议。运行单信道 MAC 协议的节点体积小、成本低，但控制分组与数据分组使用同一信道，降低了信道利用率；多信道 MAC 协议减少了冲突概率和重传次数，因而信道利用率高，传输时延小，缺点是硬件成本高，且存在频谱分配拥挤问题。

(3) 根据协议的部署方式可分为集中式 MAC 协议或分布式 MAC 协议。集中式 MAC 协议将繁重的计算工作交由中心节点(如汇聚节点或簇头)执行，效率高，但通常需要严格的时钟同步，且存在单点失效问题；分布式 MAC 协议没有单点失效的问题，具有良好的可扩展性，但为组织节点间交互和协商，开销较大。

(4) 根据数据通信类型可分为基于单播的 MAC 协议和基于组播/聚播(Convergecast)的 MAC 协议。前者适用于沿特定路径的数据采集，有利于网络优化，但信道利用率低，扩展性差；后者有利于数据融合和兴趣查询，但对时钟同步的要求高，且数据高度冗余、重传代价高。

(5) 根据传感器节点发射器硬件功率是否可变可分为功率固定 MAC 协议和功率控制 MAC 协议。功率固定 MAC 协议硬件成本低，但通信范围相互重叠，易造成冲突；功率控制 MAC 协议可根据接收节点的距离调整发射功率，有利于控制节点的通信能耗速度，但易形成非对称链路，且硬件成本增加。

(6) 根据发射天线的种类可分为基于全向天线 MAC 协议和基于定向天线 MAC 协议。基于全向天线 MAC 协议节点体积小、成本低、易部署，但增加了通信过程中的冲突和串音；基于定向天线 MAC 协议能有效避免冲突，但是增加了节点复杂性、功耗，且需要定位技术的支持。

(7) 根据协议发起方的不同可分为发送方发起的 MAC 协议和接收方发起的 MAC 协议。由于冲突仅对接收方造成影响，因此接收方发起的 MAC 协议能有效避免隐藏终端问题，减少冲突概率，但控制开销大，传输延时长；发送方发起的 MAC 协议简单，兼容性好，易于实现，但缺少接收方状态信息，不利于实现网络的全局优化。

此外，根据是否需要满足一定 QoS 支持和性能要求，无线传感网 MAC 协议还可分为实时 MAC 协议、能量高效 MAC 协议、安全 MAC 协议、位置感知 MAC 协议、移动 MAC 协议等。

目前，无线传感网研究领域内已经涌现出大量关于 MAC 协议的研究成果，对现有的数十种无线传感网 MAC 协议进行严格的分类是非常困难的。

2.6.2　基于竞争的 MAC 协议

对于基于竞争的 MAC 协议，一般情况下所有节点都共享一个普通信道。基于竞争的 MAC 协议的基本思想是：当无线节点需要发送数据时，主动抢占无线信道，当在其通信范围内的其他无线节点需要发送数据时，也会发起对无线信道的抢占。这就需要相应的机制来保证任一时刻在通信区域内只能有一个无线节点获得信道使用权。如果发送的数据产生了碰撞，就按照某种策略重发数据，直到数据发送成功或放弃发送。基于竞争的 MAC 协议有如下优点：

(1) 由于基于竞争的 MAC 协议是根据需要分配信道的，所以这种协议能较好地满足节点数量和网络负载的变化。

(2) 基于竞争的 MAC 协议能较好地适应网络拓扑的变化。

(3) 基于竞争的 MAC 协议不需要复杂的时间同步或集中控制调度算法。

典型的基于竞争的随机访问 MAC 协议是载波侦听多路访问(Carrier Sense Multiple Access，CSMA)。无线局域网 IEEE 802.11 MAC 协议的分布式协调(Distributed Coordination Function，DCF)工作模式采用带冲突避免的载波侦听多路访问(CSMA with Collision Avoidance，CSMA；CA)协议，它可以作为基于竞争 MAC 协议的代表。

1. IEEE 802.11 MAC 协议

IEEE 802.11 MAC 协议有分布式协调(Distributed Coordination Function，DCF)和点协调(Point Coordination Function，PCF)两种访问控制方式，其中 DCF 方式是 IEEE 802.11 协议的基本访问控制方式。在 DCF 工作方式下，节点在侦听到无线信道忙之后，采用 CSMA/CA 机制和随机退避机制，实现无线信道的共享。另外，所有定向通信都采用立即的主动确认(ACK 帧)机制，如果没有收到 ACK 帧，则发送方会重传数据。PCF 工作方式是基于优先级的无竞争访问，是一种可选的控制方式。它通过访问接入点(Access Point，AB)协调节点的数据收发,通过轮询方式查询当前哪些节点有数据发送的请求,并在必要时给予数据发送权。

在 DCF 工作方式下,载波侦听机制通过物理载波侦听和虚拟载波侦听来确定无线信道的状态。物理载波侦听由物理层提供,而虚拟载波侦听由 MAC 层提供。如图 2-24 所示,节点 A 希望向节点 B 发送数据,节点 C 在 A 的无线通信范围内,节点 D 在节点 B 的无线通信范围内,但不在节点 A 的无线通信范围内。节点 A 首先向节点 B 发送一个请求帧(Request-To-Send,RTS),节点 B 返回一个清除帧(Clear-To-Send,CTS)进行应答。在这两个帧中都有一个字段表示这次数据交换需要的时间长度,称为网络分配矢量(Network Allocation Vector,NAV),其他帧的 MAC 头也会捎带这一信息。节点 C 和节点 D 在侦听到这个信息后,就不再发送任何数据,直到这次数据交换完成为止。NAV 可看作一个计数器,以均匀速率递减计数到零。当计数器为零时,虚拟载波侦听指示信道为空闲状态;否则,指示信道为忙状态。

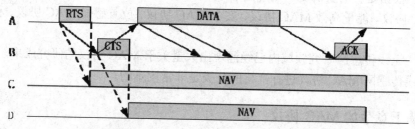

图 2-24　CSMA/CA 中的虚拟载波侦听

IEEE 802.11 MAC 协议规定了三种基本帧间间隔(Inter Frame Spacing,IFS),用来提供访问无线信道的优先级。三种帧间间隔分别介绍如下。

(1) SIFS(Short IFS):最短帧间间隔。使用 SIFS 的帧优先级最高,用于需要立即响应的服务,如 ACK 帧、CTS 帧和控制帧等。

(2) PIFS(PCF IFS):PCF 方式下节点使用的帧间间隔,用以获得在无竞争访问周期启动时访问信道的优先权。

(3) DIFS(DCF IFS):DCF 方式下节点使用的帧间间隔,用以发送数据帧和管理帧。

上述各帧间间隔满足关系:DIFS > PIFS > SIFS。

根据 CSMA/CA 协议,当一个节点要传输一个分组时,它首先侦听信道状态。如果信道空闲,而且经过一个帧间间隔时间 DIFS 后,信道仍然空闲,则站点立即开始发送信息;如果信道忙,则站点一直侦听信道,直到信道的空闲时间超过 DIFS。当信道最终空闲下来时,节点进一步使用二进制退避算法,进入退避状态来避免发生碰撞。如图 2-25 所示描述了 CSMA/CA 的基本访问机制。

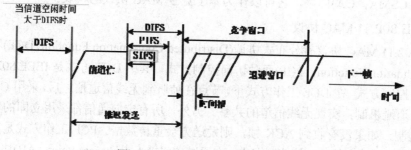

图 2-25　CSMA/CA 的基本访问机制

随机退避时间按下面的式子计算：

$$退避时间 = Random( ) \times aSlotime$$

其中，Random( )是在竞争窗口[0，CW]内均匀分布的伪随机整数，CW 是整数随机数，其值处于标准规定的 aCWmin 和 aCWmax 之间；aSlotime 是一个时间间隙，包括发射启动时间、媒体传播时延、检测信道的响应时间等。

节点在进入退避状态时，启动一个退避计时器，当计时达到退避时间后结束退避状态。在退避状态下，只有当检测到信道空闲时才进行计时。如果信道忙，退避计时器中止计时，直到检测到信号空闲时间大于 DIFS 后才继续计时。当多个节点推迟且进入随机退避时，利用随机函数选择最小退避时间的节点作为竞争优胜者，如图 2-26 所示。

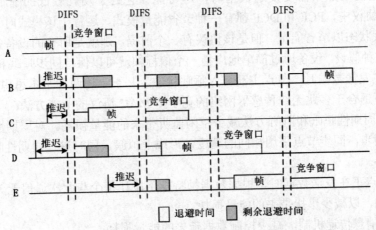

图 2-26　IEEE 802.11 MAC 协议的退避机制

IEEE 802.11 MAC 协议中通过主动确认机制和预留机制来提高性能，如图 2-27 所示。在主动确认机制中，当目的节点收到一个发给它的有效数据帧(DATA)时，必须向源节点发送一个应答帧(ACK)，确认数据已被正确接收到。为了保证目的节点在发送 ACK 过程中不与其他节点发生冲突，目的节点使用 SIFS 帧间隔。主动确认机制只能用于有明确目的地址的帧，不能用于组播报文和广播报文传输。

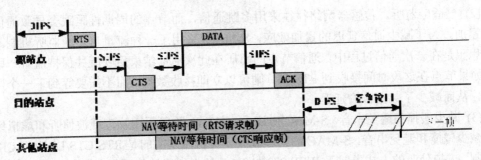

图 2-27　IEEE 802.11 MAC 协议的应答与预留机制

为减少节点间使用共享无线信道的碰撞概率，预留机制要求源节点和目的节点在发送数据帧之前交换简短的控制帧，即发送请求帧 RTS 和清除帧 CTS。从 RTS(或 CTS)帧开始到 ACK 帧结束的这段时间，信道将一直被这次数据交换过程占用。RTS 帧和 CTS 帧中包含有关于这段时间长度的信息。每个站点维护一个定时器，记录网络分配向量 NAV，指示信道被占用的剩余时间。一旦收到 RTS 帧或 CTS 帧,所有节点都必须更新它们的 NAV 值。只有在 NAV 减至零时, 节点才可能发送信息。通过此种方式, RTS 帧和 CTS 帧为节点的数据传输预留了无线信道。

2. S-MAC 协议

S-MAC(Sensor MAC)协议是较早提出的一种基于竞争的无线传感器网络 MAC 协议,该协议继承了 IEEE 802.11 MAC 协议的基本思想,在此基础上加以改进,并以 WSN 的能量效率为主要设计目标, 较好地解决了能量问题,同时兼顾了网络的可扩展性。

对于如何减小能量损耗, 有不少的 MAC 协议都提出了相应的解决办法, 其中最为基本的思想就是当节点不需要发送数据时, 尽可能让它处于功耗较低的睡眠状态。IEEE 802.11 MAC 协议中, PCF 和 DCF 都有一种节省能量模式, 运行于该模式时设备可以周期性地进入睡眠状态以节省能量。但是该协议有一个前提, 那就是所有的设备都只进行单跳通信。基于这种假设, 设备通过简单地广播一个信标帧就可以保持同步睡眠和唤醒。另外,当邻居节点在发送数据时, 节点主动转入睡眠状态。基于上述两种基本思想, S-MAC 协议提出了以下适合于多跳无线传感器网络的竞争型 MAC 协议的节能方法:

(1) 采用周期性睡眠和监听方法减少空闲监听带来的能量损耗。对周期性睡眠和监听的调度进行同步, 同步节点采用相同的调度, 形成虚拟簇, 同时进行周期性睡眠和监听,适合多跳网络。

(2) 当节点正在发送数据时, 根据数据帧特殊字段让每个与此次通信无关的邻居节点进入睡眠状态, 以减少串扰带来的能量损耗。

(3) 采用消息传递机制, 减少控制数据带来的能量损耗。

S-MAC 协议的关键技术体现在以下几个方面:

(1) 周期性监听和睡眠。S-MAC 协议中, 节点协同进行周期性监听和睡眠的状态切换,确保节点能同步进行监听和睡眠调度, 而不是各个节点自发进行随机的睡眠和监听, 周期性监听和睡眠的时间之和为一个调度周期。当每个传感器节点在开始工作时, 需要先选择一种调度方式。调度方式是指节点进行监听和睡眠的时间表, 节点根据此时间表进行周期性监听和睡眠调度。

(2) 自适应监听。传感器网络往往采用多跳通信, 而节点的周期性睡眠会导致通信延迟的累加。为了减少通信延迟的累加效应, S-MAC 采用了一种流量自适应监听机制。其基本思想是在一次通信过程中, 通信节点的邻居在此次通信结束后唤醒并保持监听一段时间, 如果节点在这段时间接收到 RTS 帧, 则可以立即接收数据, 而不需要等到下一个监听周期, 从而减少了数据传输延迟。

(3) 减少碰撞和避免串音。S-MAC 协议中, 在 RTS 阶段采用物理载波侦听和虚拟侦听机制减少碰撞和避免串音。S-MAC 的物理载波侦听机制采用的是 RTS/CTS/DATA/ACK 握手机制。虚拟侦听的方式类似于 IEEE 802.11 DCF 的虚拟载波侦听机制, 在 RTS/CTS 帧中都带有目的地址和本次通信的持续时间信息。当某节点收到不是发送给本节点的帧时, 将该时间记录在网络分配向量 NAV 的变量中, 该变量的值随着监听到的数据包不断刷新,通过时钟倒计时的方式更新 NAV, 直到 NAV 减为零, 表示信道不再被占用。在 NAV 非零期间, 节点保持休眠状态, 当节点需要通信时, 首先检查自己的 NAV 是否为零, 然后进入物理载波侦听过程。

S-MAC 采用物理载波侦听，防止了冲突解决了隐藏节点的问题；采用虚拟侦听，节点收到 NAV 的时候，立刻进入休眠状态，解决了串音问题，减少了能量损耗。

(4) 消息传递(分片传输机制)。如果在发送长信息时由于几个比特错误造成重传，则会造成较大的延时和能量损耗；如果简单地将长包分段，则又会由于 RTS/CTS 的使用形成过多的控制开销。基于此，S-MAC 提出了"消息传递"机制，将长的信息包分成若干个 DATA，并将它们一次传递。相比 IEEE 802.11 MAC 的消息传递机制，S-MAC 协议的不同之处在于 S-MAC 的 RTS/CTS 控制消息和数据消息携带的时间是整个长消息传输的剩余时间。其他节点只要接收到一个消息，就能够知道整个长消息的剩余时间，然后进入睡眠状态直至长消息发送完成。IEEE 802.11 MAC 协议考虑了网络的公平性，RTS/CTS 只预约下一个发送短消息的时间，其他节点在每个短消息发送完成后都无需醒来进入侦听状态。只要发送方没有收到某个短消息的应答，连接就会断开，其他节点便可以开始竞争信道。

3. T-MAC 协议

S-MAC 协议较好地解决了能量损耗问题，但是其较为固定的调度周期不能很好地适应网络流量的变化。T-MAC 协议采用了一种自适应调整占空比的方法，通过动态调整调度周期中的活跃时间长度来改变占空比，可以更加有效的降低能量消耗。

T-MAC 协议中，数据的发送都是以突发方式进行的，T-MAC 协议进行调度的基本方法如图 2-28 所示。每个节点都周期性地唤醒，进入活跃状态，和邻居进行通信，然后进入睡眠状态，直到下一个周期的开始，同时，新的消息在队列中进行缓存。节点之间进行单播通信使用 RTS/CTS/DATA/ACK 的方法，以确保避免冲突和可靠传输。

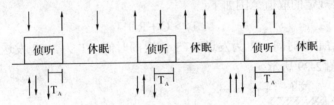

图 2-28　T-MAC 协议基本机制

在活跃状态下，节点可能保持监听，也可能发送数据。当在一个时间段 TA(TA 决定了每个节点在一个调度周期中进行空闲监听的最短时间)内没有发生激活事件时，活跃状态结束，节点进入睡眠状态。激活事件的定义如下：

(1) 定时器触发周期性调度唤醒事件。

(2) 物理层从无线信道接收到数据包。

(3) 物理层指示无线信道忙。

(4) 节点的 DATA 帧或 ACK 帧发送完成。

(5) 通过监听 RTS/CTS 帧，确认邻居的数据交换已经结束。

T-MAC 协议的关键技术体现在以下几个方面：

(1) 周期性侦听的同步。

如同 S-MAC 协议一样，在 T-MAC 协议中，每个节点进行周期性收听也需要进行调度方式的同步。T-MAC 协议采用了与 S-MAC 协议相同的机制，通过周期性发送 SYNC 帧来保持节点之间的同步，具体过程是：节点上电启动后，首先进行一段时间的监听。如果该时间段内节点没有接收到 SYNC 帧，则节点选择一个默认的调度方式，并通过 SYNC 帧广播该调度方式。T-MAC 协议中的 SYNC 帧包含发送节点地址信息和下次进入活跃状态需要等待的时间信息。如果该时间段内节点接收到 SYNC 帧，则节点采用该调度方式，设置下一次进入活跃状态的时间为 SYNC 帧中的时间值减去接收 SYNC 帧需要的时间值。如果节点接收到不同的调度方式，则节点融合两种调度方式，在最短时间内进入监听状态。

此外，为了保证网络的可扩展性，如同 S-MAC 协议一样，节点在进行周期性调度的过程中，必须保证经过一定次数的调度后，节点在一个调度周期内始终保持在监听状态，确保节点可以发现调度方式不同的邻居节点。

(2) RTS 操作和 T_A 的选择。

当节点发送 RTS 帧后，如果没有接收到相应的 CTS 帧，那么有以下三种可能的原因：① 接收节点处发生碰撞，没能正确接收 RTS 帧；② 接收节点在此之前已经接收到串扰数据；③ 接收节点处于睡眠状态。如果发送节点在时间 T_A 之内没有接收到 CTS 帧，则节点会进入睡眠状态。但是，如果是前两种情况导致节点没有接收到 CTS 帧，那么当它进入睡眠时，它的接收节点还处于监听状态，发送节点此时处于睡眠状态会增加传输延迟。因此，节点在第一次发送 RTS 未能建立连接后，应该再重复发送一次 RTS，如果仍然未能接收到 RTS 则转入睡眠状态。

在 T-MAC 协议中，当邻居节点还处于通信状态时，节点不应该进行睡眠。因为节点可能是接下来信息的接收者。节点发现串扰的 RTS 或 CTS 都能够触发一个新的监听间隔 T_A，为了确保节点能够发现邻居的串扰，T_A 的取值必须保证节点能够发现串扰的 CTS，所以 T-MAC 协议规定的取值范围如下：

$$T_A > C + R + T$$

式中，C 为竞争信道的时间，R 为发送 RTS 需要的时间，T 为 RTS 发送结束到开始发送 CTS 的时间，如图 2-29 所示。

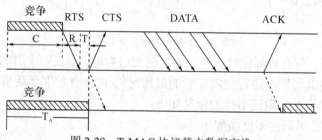

图 2-29　T-MAC 协议基本数据交换

(3) 避免串扰。

在 T-MAC 协议中，串扰避免机制是可选的。协议中采用的串扰避免机制能够显著减少串扰带来的能量损耗。但是实验表明，这样会导致冲突的增加：节点在睡眠过程中可能无法发现邻居的 RTS 或 CTS 帧，当它唤醒并发起通信时就可能对邻居的通信造成干扰，这会导致碰撞，而碰撞引起的重传同样会浪费能量，在数据量较大时碰撞概率增加，所以协议不宜采用串扰避免机制。T-MAC 协议中可以根据网络中的数据量大小选择是否使用与 S-MAC 相同的串扰避免机制。

(4) 早睡问题。

在采用周期性调度的 MAC 协议中，如果一个节点在邻居准备向其发送数据时进入了睡眠状态，这种现象称为早睡。通常无线传感网中的数据都是从源节点向汇聚节点汇聚的，是一种典型的非对称通信。例如，A、B 之间，B、C 之间，C、D 之间可以相互通信，且假设数据传输方向是 A→B→C→D。如果节点 A 通过竞争获得了与节点 B 通信的机会，则节点 A 发送 RTS 给 B，B 回复 CTS 给 A。那么当 C 收到 B 发出的 CTS 时，会触发一个新的监听时间段 T_A，使 C 保持监听状态。而 D 没有发现 A、B 之间正在进行的通信，由于无法触发新的 T_A，D 会进入睡眠状态。但 A、B 之间通信结束时，C 竞争获得信道，但由于 D 此时已经睡眠，所以必须等到 D 在下一次调度唤醒时才能进行 RTS/CTS 交互。

为了解决早睡问题，T-MAC 协议提出了以下两种方法：

第一种方法是预请求发送(Future Request-To-Send，FRTS)机制。如图 2-30 所示，当节点 C 收到 B 发给 A 的 CTS 后，立即向 D 发送一个 FRTS。FRTS 帧包含节点 D 接收数据前需要等待的时间长度，D 在此时间内必须保持在监听状态。此外，由于 C 发送的 FRTS 可能干扰 A 发送的数据，所以 A 需要将发送的数据延迟相应的时间。A 在接收到 CTS 之后发送一个与 FRTS 长度相同的 DS 帧，该帧不包含有用信息，只是为了保持 A、B 对信道的占用，A 在发送 DS 之后立即向 B 发送数据信息。由于采用了 FRTS 机制，故 T_A 需要增加一个 CTS 时间。FRTS 方法可以提高吞吐量，减少延迟，但是增加了控制开销，会降低 T-MAC 协议的能量效率。

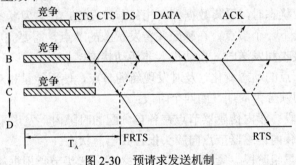

图 2-30　预请求发送机制

第二种方法是满缓冲区优先(Full-buffer Priority)机制。当节点的缓冲区接近占满时，对接收到的 RTS 帧不回复 CTS，而是立即向缓冲区中数据包的目的节点发送 RTS，以建立数据传输。如图 2-31 所示，B 向 C 发送 RTS，C 因缓冲区快占满不发送 CTS，而是发

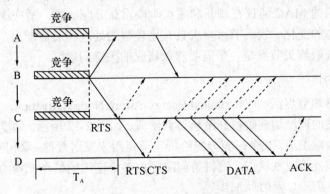

图 2-31　满缓冲区优先机制

送 RTS 给 D。这个方法的优点是减少了早睡问题发生的可能性，在一定程度上能够控制网络的流量；缺点是在网络数据量较大时增加了冲突的可能。

2.6.3　基于时分复用的 MAC 协议

在竞争型 MAC 协议中，随着网络通信流量的增加，控制包和数据包发生冲突的可能性都会增加，这样就降低了网络的带宽利用率，同时重传也会降低能量效率。基于时分复用的 MAC 协议通常将一个物理信道分为多个子信道，并将子信道静态或动态地分配给需要通信的节点，避免冲突。由于传统的时分复用 MAC 协议一般都没有考虑信道分配以后如何根据网络通信流量最大限度地节省能量，因此不适合直接用在无线传感器网络中。基于时分复用的无线传感器网络 MAC 协议的优点：① 没有竞争机制的碰撞重传问题；② 无隐藏终端问题；③ 数据传输时不需要过多的控制信息；④ 节点在空闲时隙能够及时进入睡眠状态，适合于低功耗网络。下面对比较有代表性的基于时分复用的 MAC 协议进行介绍。

1. 基于分簇网络的 MAC 协议

分簇结构的无线传感网采用基于 TDMA 机制的 MAC 协议。所有传感器节点固定划分或自动形成多个簇，每个簇内有一个簇头节点。簇头负责为簇内所有传感器节点分配时隙，收集和处理簇内传感器节点发来的数据，并将数据发送给汇聚节点。

在基于分簇网络的 MAC 协议中，节点状态分为感应、转发、感应并转发和非活动四种状态。节点在感应状态时，采集数据并向相邻节点发送；在转发状态时，接收其他节点发送的数据并发送给下一个节点；在感应并转发状态的节点，需要完成上述两项的功能；节点没有数据需要接收和发送时，自动进入非活动状态。

为了适应簇内节点的动态变化，及时发现新的节点，使用能量相对高的节点转发数据等目的，协议将时间帧分为周期性的四个阶段：

(1) 数据传输阶段。簇内传感器节点在各自分配的时隙内，发送采集数据给簇头。

(2) 刷新阶段。簇内传感器节点向簇头报告其当前状态。

(3) 刷新引起的重组阶段。紧跟在刷新阶段之后，簇头节点根据簇内节点得到当前状态，重新给簇内节点分配时隙。

(4) 时间触发的重组阶段。节点能量小于特定值、网络拓扑发生变化等事件发生时，簇头就要重新分配时隙。

基于分簇网络的 MAC 协议在刷新和重组阶段重新分配时隙，适应簇内节点拓扑结构的变化及节点状态的变化。簇头节点要求具有比较强的处理和通信能力，能量消耗也比较大，如何合理的选取簇头节点是一个需要深入研究的关键问题。

2. DEANA 协议

分布式能量感知节点活动(Distributed Energy-Aware Node Activation， DEANA)协议将时间帧分为周期性的调度访问阶段和随机访问阶段，如图 2-32 所示。调度访问阶段由多个连续的数据传输时隙组成，某个时隙分配给特定节点用来发送数据。除相应的接收节点外，其他节点在此时隙处于睡眠状态。随机访问阶段由多个连续的信令交换的时隙组成，用于处理节点的添加、删除以及时间同步等。

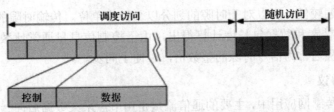

图 2-32　DEANA 协议的时间帧分配

　　为了进一步节省能量，在调度访问部分中，每个时隙又细分为控制时隙和数据传输时隙。控制时隙相对数据传输时隙而言长度很短。如果节点在其分配的时隙内有数据需要发送，则在控制时隙时发出控制消息，指出接收数据的节点，然后在数据传输时隙发送数据。在控制时隙内，所有节点都处于接收状态。如果发现自己不是数据的接收者，节点就进入睡眠状态，只有数据的接收者在整个时隙内保持在接收状态。这样，就能有效减少节点接收不必要的数据。

　　与传统 TDMA 协议相比，DEANA 协议在数据时隙前加入了一个控制时隙，使节点在得知不需要接收数据时进入睡眠状态，从而能够部分解决串音问题。但是该协议对节点的时间同步精度要求较高。

3. TRAMA 协议

　　流量自适应介质访问(Traffic Adaptive Medium Access，TRAMA)协议将时间划分为连续时隙，根据局部两跳内的邻居节点信息，采用分布式选举机制确定每个时隙的无冲突发送者。同时，通过避免把时隙分配给无流量的节点，并让非发送节点和接收节点处于睡眠状态，来达到节省能量的目的。该协议的信道分配机制不仅能够保证能量效率，而且对于带宽利用率、延迟和公平性也有很好的支持。

　　TRAMA 协议采用了流量自适应的分布式选举算法，节点交换两跳内邻居信息，传输分配时指明在时间顺序上哪些节点是目的节点，然后选择在每个时隙上的发送节点和接收节点。TRAMA 协议由三个部分组成：NP 协议(Neighbor Protocol，NP)、分配交换协议(Schedule Exchange Protocol，SEP)和自适应选举算法(Adaptive Election Algorithm，AEA)。其中 NP 和 SEP 允许节点交换两跳内的邻居信息和分配信息；AEA 利用邻居和分配信息选择当前时隙的发送者和接收者，让其他与此次通信无关的节点进入睡眠状态，以节省能量。

　　TRAMA 协议将一个物理信道分成多个时隙，通过对这些时隙的复用为数据和控制信息提供信道。如图 2-33 所示为协议信道的时隙分配情况。每个时间帧分为随机接入和分配接入两部分，随机接入时隙也称为信令时隙，分配时隙也称为传输时隙。由于无线传感器

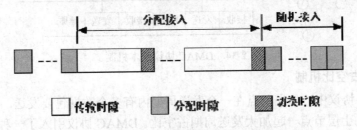

图 2-33　协议信道的时隙分配

网络传输速率普遍较低，所以对于时隙的划分以毫秒为单位。传输时隙的长度是固定的，可根据物理信道带宽和数据包长度计算得出。由于控制信息量通常比数据信息量要小很多，所以传输时隙通常为信令时隙的整数倍，以便于同步。

4. DMAC 协议

大多数无线传感网应用中，主要的通信流量是由节点采集数据后向一个 sink 节点汇聚的单向树状模式。根据汇聚树的特点提出的 DMAC 协议是基于 S-MAC 和 T-MAC 协议的思想，DMAC 协议采用预先分配的方法来避免睡眠延迟。

DMAC 协议分析了 S-MAC 协议中的监听睡眠调度机制的缺点，同步的睡眠会增加多跳传输的延迟，同步的监听和竞争信道会增加冲突的可能。S-MAC 协议虽然也引入了自适应睡眠机制，但只减少了两跳延迟，数据在多跳传输到 sink 的过程中仍会因中间节点的睡眠而出现"走走–停停"现象。为了解决这些问题，DMAC 协议引入了一种交错的监听睡眠调度机制，保证数据在多跳路径上的连续传输。

1) 交错唤醒机制

在一些传感器网络应用中，数据从多个数据源汇聚到一个汇聚节点，数据传输的路径都包含在一个树状拓扑结构中，DMAC 协议将其定义为数据采集树。针对这种树状结构，DMAC 协议做出了如下假设：① 网络中的节点保持静止，且每一个路由节点有足够的存活时间，可以在较长时间内保持网络路径不发生变化；② 数据由传感器节点向唯一的汇聚节点单向传输；③ 各个节点之间保持时钟同步。基于以上假设，DMAC 协议提出了交错唤醒机制，保证数据在树状结构上能持续传输，不被睡眠所中断。

在一个多跳传输路径上，各个节点交错唤醒，如同链锁一样环环相扣，如图 2-34 所示为数据采集树和节点的交错唤醒方法。每个间隔分为接收、发送和睡眠三个周期。接收状态下节点等待接收数据，并给数据回应 ACK。发送状态下发送数据并等待接收 ACK。睡眠状态下节点关闭射频部分以省能量。接收和发送周期长度相同，设为 μ，根据节点在数据采集树中的深度 d，节点相应的唤醒时间要比汇聚节点提前 dμ。在这种结构中，数据只能向采集树的顶端单向传输，中间节点在接收周期后有一个发送周期来转发数据，以避免延迟。

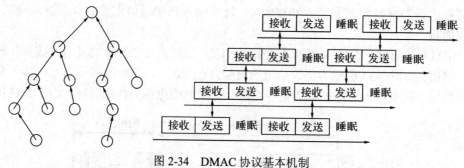

图 2-34　DMAC 协议基本机制

2) 自适应占空比机制

在 DMAC 协议中，如果节点在一个发送周期内有多个数据包要发送，就需要该节点和树状路径上的上层节点一起加大发送周期占空比。DMAC 协议引入了一种更新机制，使占空比能自适应调整。通过在 MAC 层数据帧的帧头加入一个标记位，以较小控制开销发送更新请求。设置为 1 表示发送节点还有数据需要发送。如果缓存有多个数据包，或者待转发的数据包中已经将标记设置为有效，那么节点就需要先设置标记再发送该数据。在 ACK 帧中加入同样的标记位，节点在接收到标记有效的数据包后将 ACK 中的标记设置为有效，回复给发送者。节点调整占空比的条件是：发送一个标记有效的数据，而且接收到标记有效的 ACK，或者接收到标记有效的数据。

DMAC 协议中，节点即使做出调整占空比的决定，也必须等待 3 个睡眠周期。因为多跳路径上的邻近相干扰节点在接下来的 3 个时间段内将转发该数据，如果不等待 3 个周期，底层节点的数据传输有可能和上层节点的数据转发发生冲突。

3) 数据预测机制

在数据采集树中，越靠近上层的节点，汇聚的数据越多，所以对树的底层节点适合的占空比不一定适合中间节点。比如节点 A 和 B 有共同的父节点 C，A 和 B 在每个发送周期都只有一个数据包要发送。此时如果 A 通过竞争获得了信道，就向 C 发送数据，此数据的占空比更新标记设置为无效，而 C 在接收到数据后向 A 发送一个 ACK，随后进入睡眠，这样就给 B 节点的数据带来了睡眠延迟。

DMAC 协议引入了数据预测机制来解决此问题。如果一个节点在接收状态下接收到一个数据包，则该节点预测子节点仍有数据等待发送。在发送周期结束后再等待 3 个周期，节点重新切换到接收状态。所有接收到该数据包的节点都执行这样一个操作，增加了一个接收周期。在这个增加的接收周期中，节点如果没有接收到数据则直接转入睡眠状态，不会进入发送周期。如果接收到数据，那么在 3 个周期之后再增加一个接收周期。在节点的发送周期，如果节点竞争信道失败，就会接收到父节点发给其他节点的 ACK，那么节点就知道父节点在 3 个周期后会增加一个接收周期，所以节点在睡眠 3 个周期后进入发送状态，在这个增加的发送周期中向父节点发送数据。

4) MTS 帧机制

虽然自适应占空比机制和数据预测机制考虑了冲突避免，但数据采集树中不同分支的节点仍有冲突的可能。假设节点 A 和 B 在相互干扰的范围内，且 A 和 B 有不同的父节点，在发送周期内，如果 A 竞争到信道并发送数据，那么 B 和其父节点就会在发送周期结束后进入睡眠周期，B 只能等待时间 T 以后进入发送周期再向父节点发送数据。这种情况下 B 的父节点没有接收到数据包，不会增加接收周期，而 B 在发送周期也无法接收到串扰 ACK，数据预测机制在此时失效。为此，DMAC 协议引入了 MTS(more to send)帧机制。

MTS 帧只包含目的地址和 MTS 标志位。标志位为 1 时称为 MTS 请求，标志位为 0 时称为 MTS 清除。节点发送 MTS 请求有两种可能：第一种情况，节点在退避后没有足够的时间发送数据，也没有接收到父节点的 ACK 串扰，由于信道忙导致节点无法发送数据；第二种情况，节点接收到子节点发来的 MTS 请求。节点发送 MTS 清除需要同时满足的条件：缓存区为空；所有从子节点接收到的 MTS 请求都已经清除；向父节点发送了 MTS 请求且还没有发送 MTS 清除。发送或接收到 MTS 请求的节点每隔 3 个周期就唤醒一次，只有当其发送了 MTS 清除或所有子节点发来的 MTS 请求已经被清除时，节点才回到原来的占空比方式。

2.6.4　混合型 MAC 协议

基于竞争型 MAC 协议能很好地适应网络规模和网络数据流量的变化，能灵活地适应网络拓扑结构的变化，无需精确的时钟同步机制，较易实现。但是存在能量效率不高的缺点，如冲突重传、空闲监听、串扰、控制开销引起的能量损耗。基于时分复用的 MAC 协议将信道资源按时隙、频段分为多个子信道，各子信道之间无冲突，互不干扰。数据包在传输过程中不存在冲突重传，所以能量效率较高。此外，基于时隙分配协议，节点只在分配给自己的时隙中打开射频部分，其他时隙关闭射频部分，避免了冗余接收，进一步降低了能量损耗。但是基于时分复用 MAC 协议通常需要网络中的节点形成簇，不能灵活地适应网络拓扑结构的变化。而混合型 MAC 协议，结合了竞争方式和分配方式的优点，实现了性能的整体提升。本节介绍比较典型的混合型 S-MACS 协议和基于 CDMA 的 MAC 协议。

1. S-MACS/EAR 协议

S-MACS/EAR(Self-organizing Medium Access Control for Sensor Networks/Eavesdrop And Register)协议是一种结合 TDMA 和 FDMA 的调度型 MAC 协议，可以完成网络的建立和通信链路的组织分配，是针对规模庞大、节点移动性不强且能量有限的传感器网络应用设计的协议。

S-MACS 协议假设每个节点都能在多个载波频点上进行切换，协议将每个双向信道定义为两个时间段，类似于 TDMA 机制中分配的时隙。S-MACS 协议是一种分布式协议，允许一个节点发现邻居并进行收发信道的分配，不需要全局节点来进行分配。为了实现这种机制，S-MACS 协议将邻居发现和信道分配进行了组合。传统的链路算法首先要在整个网络中执行发现邻居的步骤，然后分配信道或时隙给相邻节点之间的通信链路。而 S-MACS 协议在发现相邻节点之间存在链路后立即分配信道，当所有节点都发现邻居后这些节点就组成一个互联的网络，网络中节点两两之间至少存在一个多跳路径。由于邻近节点分配的时隙有可能产生冲突，为了减少冲突的可能性，每个链路都分配一个随机选择的频点，相邻链路都有不同的工作频点。当 S-MACS 协议链路建立后，节点在分配的时隙中打开射频部分，与邻居进行通信，如果没有数据收发，则关闭射频进入睡眠，在其余时隙节点关闭射频部分，降低能量损耗。

1) 链路建立

S-MACS 协议引入了超帧的概念，用一个固定参数 Tframe 表示。网络中所有节点的超帧都有相同的长度。节点在上电后先进行邻居发现，每发现一个邻居，这一对节点就形成一个双向信道，即一个通信链路。在两个节点的超帧中为该链路分配一对时隙用于双向通信。随着邻居的增加，超帧慢慢被填满。每对时隙都会选择一个随机的频点，减少邻近链路冲突的可能。这样，全网很快就能在初始化后建立链路，这种不同步的时隙分配称为异步分配通信。

S-MACS 异步调度通信如图 2-35 所示，节点 A 和 D 分别在 T_a 和 T_d 时刻开始进行邻居发现，当发现过程完成后，两个节点约定一对固定的时隙分别进行发送和接收。此后在周期性的超帧中此时隙固定不变。节点 B 和 C 分别在 T_b 和 T_c 时刻开始进行邻居发现，执行上述同样的步骤。由于时隙的约定彼此独立，所以有可能发生重叠，这样各个时隙在同一频点上可能会发生冲突。如果 D 向 A 发送和 B 向 C 发送在时间上有重叠，那么给两个时隙分配不同的频点，比如 f_x 给 A、D，f_y 给 B、C，就可以避免冲突。S-MACS 中每个节点有多个频点可选，在建立链路时都要选择一个随机的频点，这就大大减少了冲突发生的可能性。

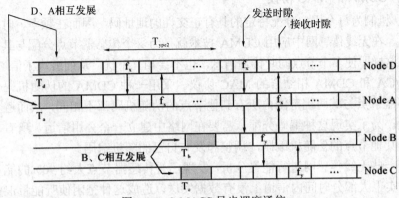

图 2-35　S-MACS 异步调度通信

2) 邻居发现和信道分配

为了阐述 S-MACS 协议中的邻居发现机制，下面以图 2-36 为例加以说明。其中假设节点 B、C、G 进行邻居发现。这些节点在随机的时间段内打开射频部分，在一个固定的频点监听一个随机长度的时间。如果在此监听时间内节点没有接收到其他节点发出的邀请消息，那么随后节点将发送一个邀请消息。节点 C 就是在监听结束后广播一个邀请消息 Type1。节点 B 和 G 接收到 C 发出的 Type1 消息后，等待一个随机的时间，然后各自广播一个应答消息 Type2。如果两个应答消息不冲突，C 将接收到 B 和 G 发来的邀请应答。C 在这里要进行一个选择，可以选择最早到达的应答者，也可以选择接收信号强度最大的应答者。在选择了应答者后，C 将立即发送一个 Type3 消息通知哪个节点被选择。如果此处选择最早到达的 B 作为应答者，节点 G 将关闭射频部分进行睡眠，并在一个随机的时间后重新进行邻居发现。如果节点 C 已经选择了邻居，将在 Type3 消息中携带分配信息，该信息包含节点 C 的下一个超帧的起始时间。在收到该分配信息后，节点 B 将和本地的超帧起始时间进行比较，得到一个时间偏移，并找出两个共同的空闲时间段作为时隙对，分配给 B 和 C 之间的链路。在确定了时隙对后，节点 B 选择一个随机的频点，将时隙对在超帧中的位置信息以及选择的频点通过 Type4 发送给节点 C。经过这些测试信息的成功交换后，B 和 C 之间就完成了时隙分配和频率选择。

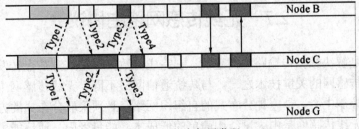

图 2-36　节点邻居发现

　　在 S-MACS 协议形成的网络中，超帧同步的节点组成一个子网。随着邻居的增加，子网的规模会变大，并且和其他子网的节点建立链路，实现整个网络的无缝连接。两个不同子网的节点在建立通信链路时，如果超帧有重叠的空闲时段可以为新链路分配时隙，则可以成功建立链路；否则，这两个节点只能彼此放弃并寻找其他节点来建立链路。

　　2. 基于 CDMA 的 MAC 协议

　　CDMA 机制为每个用户分配特定的具有正交性的地址码，因而在频率、时间和空间上都可以重叠。在无线传感网中应用 CDMA 技术就是为每个传感器节点分配与其他节点正交的地址码，这样即使多个节点同时传输消息，也不会相互干扰，从而解决了信道冲突问题。

　　CSMA/CA 和 CDMA 相结合的 MAC 协议。采用一种 CDMA 的伪随机码分配算法，使每个传感器节点与其两跳范围内所有其他节点的伪随机码都不相同，从而避免了节点间的通信干扰。为了实现这种编码分配，需要在网络中建立一个公用信道，所有节点通过公用信道获取其他节点的伪随机编码，调整和发布自己的随机编码。

　　经过对一些无线传感网进行能量分析，发现已有传感器节点大约 90% 的能量用于信道侦听。而事实上大部分时间内信道上没有数据发送，造成这种空闲侦听能量浪费的原因是现有无线收发器中链路侦听和数据接收使用同一个模块。由于链路侦听操作相对简单，只需使用简单、低能耗的硬件，因此该协议在传感器节点上采用链路侦听和数据收发两个独立的模块。

　　链路侦听模块用来传送节点之间的握手信息，采用 CSMA/CA 机制进行通信。数据收发模块用来发送和接收数据，采用 CDMA 机制进行通信。当节点不收发数据时就让数据收发模块进入睡眠状态，而使用链路侦听模块侦听信道；如果发现邻居节点需要向本节点发送数据，节点则唤醒数据收发模块，设置与发送节点相同的编码；如果节点需要发送消息，则在它唤醒收发模块后，首先通过链路侦听模块发送一个唤醒信号唤醒接收者，然后再通过数据收发模块传输消息。

　　这种结合 CSMA/CA 和 CDMA 的 MAC 协议，允许两跳范围内的节点采用不同的 CDMA 编码，允许多个节点对的同时通信，增加了网络吞吐量，减少了消息的传输延迟。与基于 TDMA 的 MAC 协议相比，该 MAC 协议不需要严格的时间同步，能够适应网络拓扑结构的变化，具有良好的扩展性；与基于竞争的 MAC 协议相比，该 MAC 协议不会因为竞争冲突而导致消息重传，也减少了传输控制消息的额外开销。但是，其节点需要复杂的 CDMA 编解码，对传感器节点的计算能力要求较高，还需要两套无线收发器，增加了节点的体积和价格。

2.7　无线传感网路由协议

　　路由协议是解决数据传输路径问题的，它完成将数据分组从源节点转发到目的节点的功能，是无线传感网的关键技术之一。与传统通信网络不同，无线传感网中没有基础设施和全网统一的控制中心，是一种分布式的自组织网络，必须采取分布式的方式获取网络拓扑信息。由于无线传感网是由大量结构简单的低成本、能量受限、通信能力受限以及存储和处理能力受限的节点构成，网络拓扑结构动态变化，所以，传统的自组织网络的路由协议不能直接使用，必须针对传感网的特点和应用来设计高能效的传感网路由协议。

本节针对无线传感网的特点，分析无线传感网路由协议考虑的因素以及分类方式，分别介绍能量感知路由协议、平面路由协议、分层路由协议、基于查询的路由协议、基于地理位置的路由协议和基于 QoS 的路由协议。

2.7.1　路由协议概述

无线传感网路由协议负责将分组从源节点通过网络转发到目的节点，它主要包括两个方面的功能：① 寻找源节点和目的节点间的优化路径；② 将数据分组沿着优化路径正确转发。传统无线网络的目标是提供高服务质量和公平高效地利用网络带宽，因此这些网络路由协议的主要任务是寻找源节点到目的节点间通信延迟小的路径，同时提高整个网络的利用率，避免产生通信拥塞并均衡网络流量等，而能量消耗问题不是这类网络考虑的重点。与传统网络相比，无线传感网节点能量有限(一般由电池供电)，并且由于网络中节点数目往往过大，节点只能获取局部拓扑结构信息，因此要求路由协议不仅要高效的利用能量，还要在此基础上能够在只获取局部网络信息的情况下选择合适的路径。

与传统网络的路由协议相比，无线传感网路由协议具有以下特点：

(1) 能量优先。传统路由协议在选择最优路径时，很少考虑节点的能量消耗问题。而无线传感网中节点的能量有限，延长整个网络的生存期成为传感网路由协议设计的重要目标，因此需要考虑节点的能量消耗以及网络能量均衡使用的问题。

(2) 基于局部拓扑信息。无线传感网为了节省通信能量，通常采用多跳的通信模式，而节点有限的存储资源和计算资源，使得节点不能存储大量的路由信息，不进行太复杂的路由计算。在节点只能获取局部拓扑信息和资源有限的情况下，如何实现简单高效的路由机制是无线传感网的一个基本问题。

(3) 以数据为中心。传统的路由协议通常以地址作为节点的标识和路由的依据，而无线传感器网络中大量节点随机部署，所关注的是监测区域的感知数据，而不是具体哪个节点获取的信息。用户使用传感网查询事件时，直接将所关心的事件通告给网络，而不是通告给某个确定编号的节点。网络在获得指定事件的信息后汇报给用户。这种以数据本身作为查询或传输线索的思想更接近于自然语言交流的习惯。所以通常又说传感网是一个以数据为中心的网络。

(4) 应用相关。传感网的应用环境千差万别，数据通信模式不同，没有一个路由机制适合所有的应用，这是传感网应用相关性的一个体现。

鉴于无线传感网的特殊性，为无线传感网设计其特有的路由协议具有非常重要的意义。目前研究人员已经提出了多种路由协议，各种路由协议在不同的应用环境和性能评价指标下各有千秋。针对不同应用环境中的各种路由协议，根据一些特定的标准对路由协议加以分类，主要有以下几种分类方法：

(1) 按源节点获取路径的策略，划分为主动路由协议、按需路由协议和混合路由协议。

主动路由协议也叫表驱动路由协议，其路由发现策略与传统路由协议类似，节点通过周期性地广播路由信息分组，交换路由信息，主动发现路由。同时，节点必须维护去往全网所有节点的路由，并且每一个节点都要保存一个或更多的路由表来存储路由信息。当网络拓扑结构发生变化时，节点就在全网内广播路由更新信息，这样每一个节点就能连续不断地获得网络拓扑信息。它的优点是当节点需要发送数据分组时，只要去往目的节点路由存在，所需的时延就会很小；缺点是需要花费较大开销，尽可能使得路由更新能够紧随当前拓扑结构的变化，浪费了一些资源来建立和重建那些根本没有被使用的路由。

按需路由协议也称被动路由协议，只有在源节点需要发送数据到目的节点时，源节点才发起创建路由的过程。因此，路由表的内容是按需建立的，它可能仅仅是整个拓扑结构信息的一部分，在通信过程中维护路由，通信完毕后便不再对其进行维护。按需路由的优点是不需要周期性的路由信息广播，路由表仅仅是局部路由，因而节省了一定的网络资源；缺点是发送数据分组时，如果没有去往目的节点的路由，就需要计算路由，因此时延较大。

混合路由协议则综合利用了主动路由协议和按需路由协议两种方式。一般来说，对于经常被使用并且拓扑变化不大的网络部分，可以采用主动路由的方式建立并维护相应的路由信息，而对于传输数据较少或拓扑变化较快的网络部分，则采用按需路由的方式建立路由，以取得效用和时延的折中。

(2) 按通信的逻辑结构，划分为平面路由协议和层次路由协议。

平面路由协议逻辑结构中的所有节点的地位都是平等的，所实现的路由功能也大致相同。当一个节点需要发送数据时，可能以其他节点为中继节点进行转发，最后到达目的节点。通常来说，在目的节点附近的节点参与数据中继的概率要比远离目的节点的节点参与数据中继的概率高。因此，目的节点附近的节点由于过于频繁地参与数据中继，会较快地耗尽能量。所以，平面路由协议的优点是网络中没有特殊节点，网络流量均匀地分散在网络中，路由算法易于实现；缺点是可扩展性小，在一定程度上限制了网络的规模。

层次路由协议将若干个相邻节点构成一个簇，每一个簇有一个簇头。簇与簇之间可以通过网关通信。网关可以是簇头也可以是其他簇成员。网关之间的连接构成上层骨干网，所有簇间通信都通过骨干网转发。每个簇群内收集到的监控信息都交给簇头节点，簇头节点完成数据聚集和融合过程，减少传播的信息量。相比于其他路由协议，层次路由协议能满足传感网的可扩展性需求，能有效地减少传输节点的能量消耗，从而延长网络的生命周期。但是，在此类协议中，簇头节点的能量消耗远大于其他节点，因此其网络协议需要采取选择满足条件的节点轮流担当簇头节点的方法来均衡能耗。

(3) 按路由的发现过程，划分为基于地理位置路由协议和基于查询路由协议。

基于地理位置的路由协议，为位置信息中心，利用节点的位置信息把查询或者数据转发给需要的地域，从而缩小数据的传送范围。许多传感网的路由协议都假设节点的位置信息是已知的，所以可以方便地利用节点的位置信息将节点分为不同的域，并基于域进行数据传送，这样能缩小传送范围，减少中间节点的能耗，从而延长网络的生命周期。

基于查询的路由协议以数据为中心，对传感网中的数据用特定的描述方式命名，数据传送基于数据查询并依赖于数据命名，所有的数据通信都被限制在局部范围内。这种通信方式不再依赖于特定的节点，而是依赖于网络中的数据，从而减少了网络中传送的大量重复的冗余数据，降低了不必要的开销，从而延长了网络的生命周期。

另外，还可以按路由选择是否考虑服务质量(QoS)约束来划分，基于 QoS 的路由协议是指在路由建立时，考虑时延、丢包率等 QoS 参数，从多条可行的路由中选择一条最适合

QoS 应用要求的路由；或者是根据业务类型，选择能保证满足不同业务需求的 QoS 路由协议。由于无线传感网路由协议种类繁多，所以其分类方法也多种多样，除了上述介绍的分类方法之外还有根据路径数量、应用场合、数据传输方式等方法的划分。

2.7.2　能量感知路由协议

高效利用网络能量是传感网路由协议的一个重要特征。早期提出的传感网路由协议，为了强调能量效率的重要性，往往仅仅考虑了能量因素，可以将它们称为能量感知路由协议。该协议从数据传输中的能量消耗出发，讨论最优的能量消耗传输路经。

1．能量路由协议

能量路由是最早提出的传感网路由协议之一，它根据节点的可用能量或传输路径上的能量需求，选择数据的转发路径。节点可用能量就是节点当前的剩余能量。

如图 2-37 所示是能量路由算法示意图，网络中的大写字母表示节点符号，如节点 A；节点右侧括号内的数字表示节点的可用能量，如 PA = 2，表示节点 A 的能量为 2；图中的双向线表示节点之间的通信链路，链路上的数字表示在该链路上发送数据消耗的能量。源节点是一般功能的传感器节点，完成数据采集工作，汇聚节点是数据发送的目标节点。

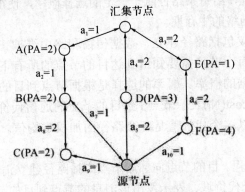

图 2-37　能量路由算法示意图

在图 2-37 中，从源节点到汇聚节点的可能路径有：

路径 1：源节点—B—A—汇聚节点，所有节点 PA 之和为 4，发送分组需要的能量之和为 3；

路径 2：源节点—C—B—A—汇聚节点，所有节点 PA 之和为 6，发送分组需要的能量之和为 6；

路径 3：源节点—D—汇聚节点，所有节点 PA 之和为 3，发送分组需要的能量之和为 4；

路径 4：源节点—F—E—汇聚节点，所有节点 PA 之和为 5，发送分组需要的能量之和为 5。

能量路由策略主要有以下几种：

(1) 最大 PA 路由：从数据源到汇聚节点的所有路径中选取节点 PA 之和最大的路径。在图 2-37 中路径 2 的 PA 之和最大，但路径 2 包含了路径 1，因此不是高效的，从而被排除，故选择路径 4。

(2) 最小能量消耗路由：从数据源到汇聚节点的所有路径中选取节点耗能之和最少的

路径。在图 2-37 中选择路径 1。

(3) 最少跳数路由：选取从数据源到汇聚节点跳数最少的路径。在图 2-37 中选择路径 3。

(4) 最大最小 PA 节点路由：每条路径上有多个节点，且节点的可用能量不同，从中选取每条路径中可用能量最小的节点来表示这条路径的可用能量。如图 2-37 的路径 4 中节点 E 的可用能量最小为 1，所以该路径的可用能量是 1。最大最小 PA 节点路由策略就是选择路径可用能量最大的路径。在图 2-37 中选择路径 3。

上述能量路由算法需要节点知道整个网络的全局信息。由于传感网存在资源约束，节点只能获取局部信息，因此上述能量路由策略只是理想情况下的路由策略。

2. 能量多路径路由协议

传统网络的路由机制往往选择源节点到目的节点之间跳数最小的路径传输数据。但在无线传感网中，如果频繁使用同一条路径传输数据，就会造成该路径上的节点因能量消耗过快而过早失效，从而使整个网络分割成互不相连的孤立部分，减少了整个网络的生存期。为了避免这种情况的出现，要尽可能地保证每个节点都有较为公平的机会成为路径上的一环，各个节点在相对较长的时间内，能量消耗的比例一致。研究人员提出了能量多路径路由机制，该机制在源节点和目的节点之间建立多条路径，根据路径上节点的通信能量消耗以及节点的剩余能量情况，给每条路径赋予一定的选择概率，使得数据传输均衡消耗整个网络的能量，延长整个网络的生存期。

能量多路径路由协议包括路径建立、数据传播和路由维护三个过程。路径建立过程是该协议的重点内容。每个节点需要知道到达目的节点的所有下一跳节点，并计算选择每个下一跳节点传输数据的概率。概率的选择是根据节点到目的节点的通信代价来计算的。在下面的描述中用 $cost(N_i)$ 表示节点 i 到目的节点的通信代价。因为每个节点到达目的节点的路径很多，所以这个代价值是各个路径的加权平均值。能量多路径路由的主要过程描述如下：

(1) 发起路径建立过程。目的节点向邻居节点广播路径建立消息，启动路径建立过程。路径建立消息中包含一个代价域，表示发出该消息的节点到目的节点路径上的能量信息，初始值设置为 0。

(2) 判断是否转发路径建立消息。当节点收到邻居节点发送的路径建立消息时，对于发送该消息的邻居节点来说，只有当自己距源节点更近，而且距目的节点更远的情况下，才需要转发该消息，否则将丢弃该消息。

(3) 计算能量代价。

如果节点决定转发路径建立消息，则需要计算新的代价值来替换原来的代价值。当路径建立消息从节点 N_i 发送到节点 N_j 时，该路径的通信代价值为节点 i 的代价值加上两个节点间的通信能量消耗，即：

$$C_{N_j, N_i} = cost(N_i) + Metric(N_j, N_i)$$

其中，C_{N_j, N_i} 表示节点 N_j 发送数据经由节点 N_i 路径到达目的节点的代价；$Metric(N_j, N_i)$ 表示节点 N_j 到节点 N_i 的通信能量消耗。

(4) 节点加入路径条件。

节点要放弃代价太大的路径,节点 j 将节点 i 加入本地路由表 FT_j 中的条件如下:

$$FT_j = \{i \,|\, C_{N_j, N_i} \leq \alpha(\min_k(C_{N_j, N_k}))\}$$

其中,α 为大于 1 的系统参数。

(5) 节点选择概率计算。

节点为路由表中每个下一跳节点计算选择概率,节点选择概率与能量消耗成反比。节点 N_j 使用以下式子计算选择节点 N_i 的概率:

$$P_{N_j, N_i} = \frac{1/C_{N_j N_i}}{\sum_{k \in FT_i} 1/C_{N_j' N_k}}$$

(6) 代价平均值计算。

节点根据路由表中每项的能量代价和下一跳节点选择概率计算本身到目的节点的代价 $cost(N_j)$。其定义为经由路由表中节点到达目的节点代价的平均值,即:

$$\cos t(N_j) = \sum_{k \in FT_j} P_{N_j N_i} C_{N_j' N_k}$$

节点 N_j 将用 $cost(N_j)$ 值替换消息中原有的代价值,然后向邻居节点广播该路由建立消息。在数据传播阶段,对于接收的每个数据分组,节点根据概率从多个下一跳节点中选择一个节点,并将数据分组转发给该节点。路由的维护是通过周期性地从目的节点到源节点实施洪泛查询来维持所有路径的活动性的。

能量多路径路由综合考虑了通信路径上的消耗能量和剩余能量,节点根据概率在路由表中选择一个节点作为路由的下一跳节点。由于这个概率是与能量相关的,因此可以将通信能耗分散到多条路径上,从而可实现整个网络的能量均衡,最大限度地延长网络的生存期。

2.7.3　平面路由协议

基于平面结构的路由协议是最简单的路由形式,其中每一个点都具有对等的功能。其优点是不存在特殊节点,路由协议的鲁棒性较好,通信流量被平均地分散在网络中;其缺点是缺乏可扩展性,限制了网络规模。最有代表性的算法是泛洪 Flooding 算法、Gosipping 以及 SPIN 算法。

1. 洪泛路由协议

洪泛路由协议(Flooding Protocol)是一种最早的路由协议,接收到消息的节点以广播的形式转发报文给所有的邻居节点。源节点希望发送数据给目的节点,首先要通过网络将数据分组传送给它的每一个邻居节点,各个邻居节点又将其传播给各自的邻居节点,直到数据遍历全网或者达到规定的最大跳数。

洪泛法的优点和缺点都十分突出。其优点是不用维护网络拓扑结构和路由计算,实现简单,适用于健壮性要求高的场合;其缺点是存在信息内爆、重叠以及资源盲点等问题。

内爆现象如图 2-38 所示,节点 S 通过广播将数据发送给自己的邻居节点 A、B 和 C,

A、B 和 C 又将同样的数据包转发给 D，这种将同一个数据包多次转发给同一个节点的现象就是内爆，这极大地浪费节点的能量。重叠现象是无线传感器网络特有的，如图 2-39 所示，节点 A 和 B 的感知范围发生了重叠，重叠区域的事件被相邻的两个节点探测到，那么同一事件被传给它们共同的邻居节点 C 多次，这也浪费能量。重叠现象是一个很复杂的问题，比内爆问题更难解决。

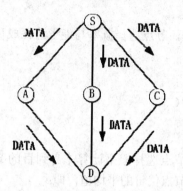
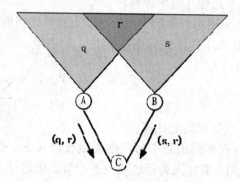

图 2-38　洪泛法的"内暴"现象　　图 2-39　洪泛法的"重叠"现象

上述两种情况的出现，其实都带来了资源盲目消耗这个本质的问题，这给资源受限的无线传感网将会带来严重危害。

2. 闲聊路由协议

闲聊法(Gosipping)是洪泛法的改进版本。为了减少资源的无谓消耗，闲聊法引入了随机发送数据的方法。当某一个节点发送数据时，不再像洪泛法那样给它的每个邻后节点都发送数据副本，而是随机选择某个邻居节点，向它发送一份数据副本。接收到数据的节点采用相同的方法，随机选择下一个接收节点发送数据，如图 2-40 所示。需要注意的是，如果一个节点已收到了它的邻居节点 B 的数据副本，若再次收到，那么它会将此数据发回它的邻居节点 B。

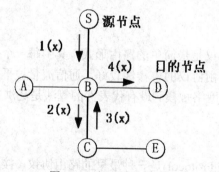

图 2-40　闲聊法协议过程

由于一般无线传感网的链路冗余度较大，因此适当选择转发的邻居数量，可以保证几乎所有节点都可以接收到数据包。

3. SPIN 法

基于信息协商机制的传感网协议(Sensor Protocol for Information Via Negotiation，SPIN)是最早的一类无线传感器路由协议的代表，它主要是对洪泛路由协议的改进。SPIN 协议是一种以数据为中心的自适应路由协议。该协议考虑到了 WSN 中的数据冗余问题。临近的节点所感知的数据具有相似性，通过节点间协商的方式减少网络中数据的传输数据量。节点只广播其他节点所没有的数据以减少冗余数据，从而有效减少能量消耗。

元数据是原始感知数据的一个映射，用来描述原始感知数据。元数据所需的数据位比原始感知数据要小，采用这种变相的数据压缩策略可以进一步减少通信过程中的能量消耗。SPIN 协议采用三次握手协议来实现数据的交互，该协议在运行过程中使用三种报文数据，分别为 ADV、REQ 和 DATA。ADV 用于数据的广播，当某一个节点有数据可以共享时，用 ADV 数据包通知其邻居节点；REQ 用于请求发送数据，当某一个收到 ADV 的节点希望接收 DATA 数据包时，发送 REQ 数据包；DATA 为原始感知数据包，里面装载了原始感知数据。SPIN 协议有两种工作模式：SPIN1 和 SPIN2，SPIN2 在 SPIN1 的基础上做了一些能量上的考虑，本质上还是一样的。

如图 2-41 所示描绘了 SPIN1 协议的工作过程。当节点 A 感知到新事件后，主动给其邻居节点广播描述该事件的元数据 ADV 报文。收到该报文的节点 B，检查自己是否拥有 ADV 报文中所描述的数据，如图 2-41(a)所示。如果没有的话，节点 B 就向节点 A 发送 REQ 报文，在 REQ 报文列出需要节点 A 给出的数据列表，如图 2-41(b)所示。当节点 A 收到了 REQ 请求报文后，它就将相关的数据发送给节点 B，如图 2-41(c)所示。节点 B 发送 ADV 报文通知其邻居节点自己有新的消息，如图 2-41(d)所示。如果收到 ADV 报文的节点发现自己已经拥有了 ADV 报文中描述的数据，那么它不发送 REQ 报文，如图 2-41(e)中有一个节点没有发送 RCQ 报文。最后，节点 B 向发送了 REQ 报文的所有邻居节点发送相关数据，如图 2-41(f)所示。

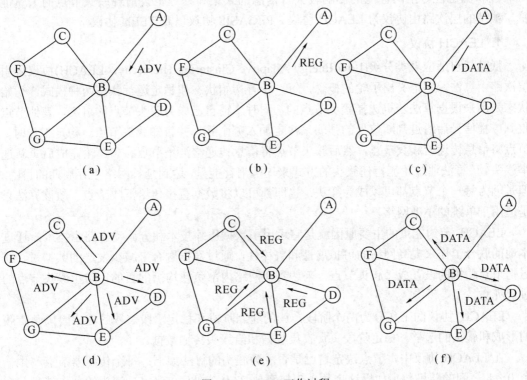

图 2-41　SPIN1 工作过程

SPIN 下的节点不需要维护邻居节点的信息，在一定程度上能适应节点移动的情况；在能耗方面，它比传统模式减少一半以上。不过，该算法不能确保数据一定能到达目标节点，尤其是不适用于高密度节点分布的情况。

SPIN 是一种不需要了解网络拓扑结构的路由协议，由于它几乎不需要了解"一跳"范围内的节点状态，网络的拓扑改变对它的影响有限，因此该协议也适合在节点可以移动的 WSN 中使用。SPIN 通过使用协商机制和能量自适应机制，节省了能量，解决了内爆和重叠的问题。SPIN 引入了元数据的概念，通过这种数据压缩方法来减少数据的传输量，是一种值得借鉴的方法。但是，在 SPIN 协议中出现了多个节点向同一个节点同时发送请求的情况，有关的退避机制需要考虑。

2.7.4　层次路由协议

在基于层次的路由协议中，网络被划分为大小不等的簇。所谓簇，就是具有某种关联的网络节点集合。每个簇由一个簇头和多个簇内成员组成。在分层的簇结构网络中，低一级网络的簇头是高一级网络中的簇内成员，由最高层的簇头与汇聚节点通信。这类算法将整个网络划分为相连的区域。

在分簇的拓扑管理机制下，网络中的节点可以划分为簇头节点和簇内成员节点两大类。在每个簇内，根据一定的算法选取某个节点作为簇头，用于管理或控制整个簇内的成员节点，协调成员节点之间的工作，负责簇内信息的收集和数据的融合处理以及簇间转发。层次路由的优点是适合大规模的传感器网络环境，可扩展性较好；而其缺点是簇头节点的可靠性和稳定性对全网性能的影响较大，信息的采集和处理也会消耗簇头节点的大量能量。典型的层次路由协议为 LEACH 协议、PEGASIS 协议以及 TEEN 协议。

1. LEACH 协议

低功耗自适应聚类分级(Low Energy Adaptive Clustering Hierarchy，LEACH)协议采用层次路由算法。它定义出了轮的概念，每一轮有初始状态和稳定运行状态两种模式。初始状态是用来根据算法随机选择簇头节点的，同时广播自己成为簇头节点的事实，其他节点收到广播信号后通过判断信号的强弱来决定加入哪个簇，并告知簇头节点。稳定工作时，节点将信息传递给簇头节点，然后簇头节点将信息传递给汇集节点。当一轮完成后重新选举簇头。该算法通过轮流担任簇头的方式来均等消耗能量，达到延长网络生存周期的目的。但是因为每一个节点都可以成为簇头，也即都可以将数据直接传给汇集节点，故该算法只是适用于单跳的小型网络。

LEACH 节约能量的主要原因就是它运用了数据压缩技术和分簇动态路由技术，通过本地的联合工作来提高网络的可扩展性和鲁棒性，通过数据融合来减少发送的数据量，通过把节点随机的设置成"簇头节点"来达到在网络内部负载均衡的目的，防止簇头节点的过快死亡。

LEACH 协议的工作分为两个阶段：簇的建立阶段和稳定阶段。簇的建立阶段负责簇的形成和簇头的选举。稳定阶段负责收集数据和给簇头传输数据。

在 LEACH 协议中，节点决定自己是否成为簇头的算法如下：每个传感器节点产生一个 0～1 之间的随机数，如果这个数小于概率值 T(n)，则发布自己是簇头的公告消息。在每轮循环中，如果节点已经当选过簇头，则设 T(n) = 0，这样该节点不会再次当选为簇头。对于未当选过簇头的节点，则将以 T(n) 的概率当选；随着当选过簇头的节点数目增加，剩余节点当选簇头的阈值 T(n) 随之增大，节点产生小于 T(n) 的随机数的概率随之增大，所以节点当选簇头的概率增大。当只剩下一个节点未当选时，T(n) = 1，表示这个节点一定当选。

相对于其他路由协议，LEACH 协议具有以下优点：

(1) 利用了将区域划分成簇，簇内本地化协调和控制的形式有效地进行了数据收集。大多数节点只需将短距离的数据传输到簇头节点，仅有小部分的节点(簇头节点)负责远距离的数据传送到汇集节点，从而节省更多节点的能量。

(2) 独特的选簇算法，保证簇头位置的随机轮换，节点是否决定要成为簇头要看其是否在轮中当选过簇头。同时，所做决定是独立于其他节点不需要协商的。这种机制保证了能量消耗平均分布于全网。

(3) 首次运用了数据融合技术，本地数据融合大大减少了簇头节点传送到汇集节点的数据量，进一步减少了能量消耗提高了网络寿命。

但 LEACH 协议也存在以下缺点：

(1) 由于簇头节点负责接收簇内成员节点发送的数据，进行数据融合，然后将数据传送到基站，因此簇头消耗能量比较大，是网络中的瓶颈。

(2) LEACH 协议中簇头选举是随机循环选举的，有可能簇头位于网络的边缘或者几个簇头相邻较近，某些节点不得不传输较远的距离来与簇头通信，这就导致消耗的能耗大大增加。

(3) 簇头选举没有根据节点的剩余能量以及位置等因素，会导致有的簇过早死亡，簇与簇之间节点的能量消耗不均衡。

(4) LEACH 协议要求节点之间以及节点与汇集节点之间均可以直接通信，网络的扩展性不强，不适用于大型网络。对于大型网络而言，对离簇头较远的簇内节点和离汇聚节点较远的簇头而言，传输所消耗的能量大大增加。这样簇头节点能耗分布不均匀，导致某些节点快速死亡，从而降低了网络的性能。

2. PEGASIS 协议

高能效采集传感器信息系统(Power-Efficient Gathering in Sensor Information Systems，PEGASIS)协议并不是严格意义上的分簇路由协议，它只是借鉴了 LEACH 中分簇算法的思想。PEGASIS 协议中的簇是一条基于地理位置的链。其成簇的基本思想是：假设所有节点都是静止的，根据节点的地理位置形成一条相邻节点之间距离最短的链。其算法是假设节点通过定位装置或者通过发送能量递减的测试信号来发现距自己最近的邻居节点，然后从汇聚节点最远的节点开始，采用贪婪算法来构造整条链。与 LEACH 算法相比，在 PEGASIS 中通信只限于相邻节点之间。这样，每个节点都以最小功率发送数据，并且每轮只随机选择一个簇头与汇聚节点通信，减少了数据通信量。采取这种算法使 PEGASIS 支持的传感网的生命周期是 LEACH 的近两倍。

PEGASIS 的模型假设如下：

(1) 节点都知道其他节点的位置信息，每个节点都具有直接和汇聚节点(基站)通信的能力。

(2) 传感器节点不具有移动性。

(3) 其他的模型假设和 LEACH 中的相同。

该路由协议使用贪婪算法来形成链，如图 2-42 所示。在每一轮通信之前才形成链。为确保每个节点都有其相邻节点，链从离基站最远的节点开始构建，链中邻居节点的距离会逐渐增大，因为已经在链中的节点不能再次被访问。当其中一个节点失效时，链必须重构。

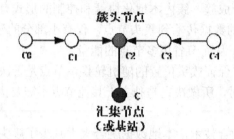

图 2-42　PEGASIS 数据传输链的形成

PEGASIS 协议中数据的传输使用 Token 令牌机制，Token 很小，故耗能较少。在一轮中，簇头用 Token 控制数据从链尾开始传输。在图 2-42 中，C2 为簇头，将 Token 沿着链传输给 C0，C0 传送数据给 C1，C1 将 C0 数据与自身数据进行融合形成一个相同长度的数据包，再传给 C2。此后，C2 将 Token 传给 C3，并以同样的方式收集 C3 和 C4 的数据。这些数据在 C2 处进行融合后，被发送给基站。网络中某些节点可能因与邻居节点距离较远而消耗能量较大。可以通过设置一个门限值限定此节点作为接头。当该链重构时，此门限值可被改变，以重新决定哪些节点可做簇头，从而增强网络的健壮性。

3. TEEN 协议

阈值敏感的高效传感器网络(Threshold Sensitive Energye-Efficient Sensor Network Protocol, TEEN)协议采用类似 LEACH 的分簇算法，只是在数据传送阶段使用不同的策略。根据数据传输模式的不同，通常可以简单地把传感器网络分为主动型和响应型两种类型。主动型网络不断采集被监测对象的相关信息，并以特定时间间隔向汇聚节点发送这些信息；响应型网络主要用来监测某个特定事件的发生，传感器节点只有在节点检测到相关事件时才会向汇聚节点发送信息，如对灾害的监测、暖通空调设备的防冻监测等。对于监测特定的事件，适合使用响应型无线传感器网络。

TEEN 协议是专门针对响应型应用环境下的网络路由协议，它利用过滤方式来减少数据传输量。TEEN 和 LEACH 的实现机制是相似的，只是 LEACH 适用于主动型网络。与 LEACH 一样，TEEN 也采用分簇结构和近于相同的运行方式，具体做法是在协议中设置了硬、软两个阈值，以减少发送数据的次数。

在应用 TEEN 协议实现簇的建立过程中，随着簇头节点的选定，簇头除了通过 TDMA 方式调度数据外，同时向簇内成员广播发送有关数据的硬阈值和软阈值参数，这两个参数用来决定是否发送监测数据。硬阈值用于监视被监测值的绝对大小，软阈值用于监视被监测值的变化幅度。在传感器节点簇进入稳定工作阶段后，传感器节点不断感知和监测周围环境中的被监测参量。当首次监测到数据超过硬阈值时，便向簇头传送数据，同时将该监测数据保存为监测值。此后，只有在监测到的数据值比硬阈值大，并且与保存的监测值 SV

之差的绝对值不小于软阈值时，节点才向簇头上传数据，同时将当前监测数据保存为 SV。TEEN 通过调节两个阈值的大小，可以在精度要求和系统能耗之间取得合理的平衡。采用这样的方法，可以监视一些突发事件和热点地区，减少网络通信量。

如果一轮的运行已经结束，开始了又一个新的轮，并且在初始化阶段中，簇头已经确定，则该簇头将重新设定和发布硬阈值和软阈值参数，这一过程如图 2-43 所示。

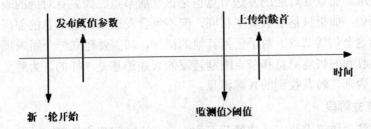

图 2-43　TEEN 协议操作过程

TEEN 路由协议适用于对一些事件的实时感知侦测，并利用软阈值、硬阈值设置来较大幅度地减小数据传输量。在轮的更替中，随着簇头的变化，用户可以根据需要重新设定软、硬阈值参数值，来控制数据传输的次数。

TEEN 路由协议同 LEACH 协议类似，协议实现的一个前提就是网络中所有的节点都能够与网关节点直接建立通信，这就限制了该协议仅适合于小规模的无线传感网。

2.7.5　基于查询的路由协议

在需要不断查询传感器节点采集的数据的应用中，通信流量主要产生于查询节点和传感器节点之间的命令和数据传输。同时传感器节点的采样信息通常要在传输路径上进行数据融合，并通过减少通信流量来节省能量。

1. 定向扩散路由协议

定向扩散(Directed Diffusion，DD)路由协议是一种基于数据相关查询的路由算法，汇聚节点周期地通过洪泛的方式广播一种为"兴趣"的数据包，告诉网络中的节点它需要收集什么样的信息。"兴趣"在网络中扩散的同时也建立了路由路径，采集到和"兴趣"相关数据的节点通过"兴趣"扩散阶段建立的路径将采集到的"兴趣"数据传送到汇聚节点。在"兴趣"消息的传播过程中，协议逐跳地在各个传感器节点上建立反向的从数据源到汇聚节点的数据传输梯度，传感器节点将采集到的数据沿着梯度方向传送到汇聚节点。

定向扩散路由机制包括周期性的兴趣扩散、梯度建立、数据传播与路径加强等阶段。当然，在梯度建立后或者路径加强后都不可避免地要进行数据传输，这也是路由协议的最终目的。广义来说，数据传输也算是该路由机制中的一个阶段。

1) 兴趣扩散阶段

在定向扩散路由协议中，首先要描述需要感知的任务，并选择一个简单的属性组命名机制来描述兴趣消息和分组数据。在兴趣扩散阶段，汇聚节点周期性地向邻居节点广播兴趣消息。兴趣消息中包括任务类型、事件区域、数据发送速率、时间戳等参数。每个节点都在本地保存一个兴趣列表，对于每一个"兴趣"，列表中都有一个表项来记录该消息的邻居节点、数据发送速率和时间戳等任务相关的信息，以建立该节点向汇聚节点传递数据的梯度关系。一个"兴趣"可能对应多个邻居节点，一个邻居节点对应一个梯度信息。通过定义不同的梯度相关参数，可以满足不同的应用需求。每个表项中还有一个字段用来表示该表项的有效时间值。超过这个时间后，节点将删除这个表项。

节点接收到邻居节点的兴趣消息时，首先检查兴趣列表中是否存有参数类型与所收到兴趣相同的表项，而且其对应的发送节点也是该邻居节点。如果有对应的表项，就更新该项的有效时间值；如果只是参数类型相同，但不包含发送该兴趣消息的邻居节点，就在相应表项中添加这个邻居节点。对于任何其他的情况，都需要建立一个新表项来记录这个新的兴趣。如果收到的兴趣消息和节点刚刚转发的兴趣消息是一样的，为避免消息循环，则丢弃该信息，否则，转发收到的兴趣消息。

2) 梯度建立阶段

定向扩散路由协议需要在传感器节点和汇聚节点之间建立梯度，以保证可靠的数据传输。网络中的节点从邻居节点接收到一个兴趣消息时，无法判断此消息是否是已处理过的，或者是否和另一个方向的邻居节点发来的兴趣消息相同，所以当兴趣消息在整个网络扩散的时候，相邻的节点彼此都建立一个梯度。这样的优点是加快了无效路径的修复，有利于路径的加强，从而不会产生持久的环路，但同时也会导致一个节点可能接收到多个相同的兴趣消息，造成消息在网络中的泛滥。

3) 数据传播阶段

当传感器节点采集到与兴趣匹配的数据时，就把数据发送到梯度上的邻居节点，并按照梯度上的数据传输速率设定传感器模块采集数据的速率。由于可能会从多个邻居节点收到兴趣消息，而且节点会向多个邻居节点发送数据，因此汇聚节点可能会接收到经过多个不同路径的相同数据。中间节点收到其他节点转发的数据后，首先查询兴趣列表的表项。如果没有匹配的兴趣表项就丢弃数据；如果存在相应的兴趣表项，则检查与这个兴趣对应的数据缓冲区，其中数据缓冲区保存了最近转发的数据。如果在数据缓冲区中有与接收到的数据匹配的副本，则说明已经转发过这个数据了，为避免出现传输环路，将丢弃这个数据。否则，检查该兴趣表项中的邻居节点信息。如果设置的邻居节点的数据发送速率大于等于接收的数据速率，则全部转发接收的数据。如果记录的邻居节点的数据发送速率小于接收的数据速率，则按照比例转发。对于转发的数据，数据缓冲区将保留一个副本，并记录转发时间。

4) 路径加强阶段

定向扩散路由机制通过正向加强机制来建立优化路径，并根据网络拓扑的变化修改数据转发的梯度关系。兴趣扩散阶段要建立源节点到汇聚节点的数据传输路径，数据源节点将以较低的速率采集和发送数据，称这个阶段建立的梯度为探测梯度。汇聚节点在收到从源节点发来的数据后，启动建立汇聚节点到源节点的加强路径的过程，后续数据将沿着加强路径以较高的数据速率进行传输，加强后的梯度被称为数据梯度

定向扩散路由是一种以数据为中心的经典的路由机制。为了动态适应节点失效、拓扑变化等情况。定向扩散路由周期性地进行兴趣扩散、梯度建立、数据传播与路径加强四个阶段的操作。定向扩散路由在路由建立时需要有一个扩散的洪泛传播，其能量和时间开销

都比较大，尤其是当底层 MAC 协议采用了休眠机制时，可能会造成兴趣建立的不一致。

在定向扩散路由协议中，为了对失效路径进行修复和重建，规定已经加强过的路径上的节点都可以触发和启动路径的加强过程。在定向扩散路由算法中采用了数据融合的方法，数据融合包括梯度建立阶段兴趣消息的融合和数据发送阶段的数据融合，这两种融合方法都需要缓存数据。其数据融合采用的是抑制副本的方法，即记录转发过的数据，收到重复的数据不予转发。其中采用的这些数据融合方法、实现起来简单，与路由技术结合能够有效地减少网络中的数据量，节省节点能量、提高带宽利用率。

2. 谣传路由机制

在有些传感器网络的应用中，数据传输量较少或者已知事件区域，如果采用定向扩散路由，需要经过查询消息的洪泛传播和路径加强机制才能确定一条优化的数据传输路径。因此，在这类应用中，定向扩散路由并不是高效的路由机制。谣传路由适用于数据传输量较小的无线传感网。

谣传路由机制引入了查询消息的单播随机转发，克服了使用洪泛方式建立转发路径所带来的开销过大问题。谣传路由的基本思想是：事件区域中的传感器节点产生代理消息，代理消息沿随机路径向外扩散传播，同时汇聚节点发送的查询消息也沿随机路径在网络中传播。当代理消息和查询消息的传输路径交叉在一起时，就会形成一条汇聚节点到事件区域的完整路径。

谣传路由的原理如图 2-44 所示，灰色区域表示发生事件的区域，圆点表示传感器节点，黑色圆点表示代理消息经过的传感器节点，灰色节点表示查询消息经过的传感器节点，连接灰色节点和部分黑色节点的路径表示事件区域到汇聚节点的数据传输路径。

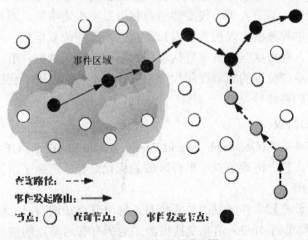

图 2-44　谣传路由原理图

谣传路由机制工作过程如下：

(1) 每个传感器节点维护一个邻居列表和一个事件列表。事件列表的每个表项都记录事件相关的信息，包括事件名称、到事件区域的跳数和到事件区域的下一跳邻居等信息。当传感器节点在本地监测到一个事件发生时，在事件列表中增加一个表项，设置事件名称、跳数(为零)等，同时根据一定的概率产生一个代理消息。

(2) 代理消息是一个包含生命期等事件相关信息的分组，用来将携带的事件信息通告给它传输经过的每一个传感器节点。对于收到代理消息的节点，首先检查事件列表中是否有该事件相关的表项。如果列表中存在相关表项，就比较代理消息和表项中的跳数值，如果代理中的跳数小，就更新表项中的跳数值，否则更新代理消息中的跳数值。如果事件列表中没有该事件相关的表项，就增加一个表项来记录代理消息携带的事件信息，然后，节点将代理消息中的生存值减 1，在网络中随机选择邻居节点转发代理消息，直到其生存值减少为零。通过代理消息在其有限生存期的传输过程，形成一段到达事件区域的路径。

(3) 网络中的任何节点都可能生成一个对特定事件的查询消息。如果节点的事件列表中保存有该事件的相关表项，则说明该节点在到达事件区域的路径上，它沿着这条路径转发查询消息。否则，节点随机选择邻居节点转发查询消息。查询消息经过的节点按照同样方式转发，并记录查询消息中的相关信息，形成查询消息的路径。查询消息也具有一定的生存期，以解决环路问题。

(4) 如果查询消息和代理消息的路径交叉，则交叉节点会沿查询消息的反向路径将事件信息传送到查询节点。如果查询节点在一段时间没有收到事件消息，就认为查询消息没有到达事件区域，可以选择重传、放弃或者洪泛查询消息的方法。由于洪泛查询机制的代价过高，一般作为最后的选择。与定向扩散路由相比，谣传路由可以有效地减少路由建立的开销。但是，由于谣传路由使用随机方式生成路径，所以数据传输路径不是最优路径，并且可能存在路由环路问题。

2.7.6　基于地理位置的路由协议

在无线传感网中，节点通常需要获取它的位置信息，这样它采集的数据才有意义。如在森林防火的应用中，消防人员不仅要知道森林中发生火灾事件，而且还要知道火灾的具体位置。基于地理位置路由协议假设节点知道自己的地理位置信息，以及目的节点或者目的区域的地理位置，利用这些地理位置信息作为路由选择的依据，节点按照一定策略转发数据到目的节点。地理位置的精确度和代价相关，在不同的应用中会选择不同精确度的位置信息来实现数据的路由转发。

1. GEAR 路由协议

地理和能量感知路由(Geographical and Energy Aware Routing，GEAR)机制根据事件区域的地理位置信息，建立汇聚节点到事件区域的优化路径，避免了洪泛传播方式，从而减少了路由建立的开销。

GEAR 路由假设已知事件区域的位置信息，每个节点知道自己的位置信息和剩余能量信息，并通过一个简单的 Hello 消息交换机制知道所有邻居节点的位置信息和剩余能量信息。在 GEAR 路由中，节点间的无线链路是对称的。

GEAR 路由中查询消息传播包括两个阶段。首先汇聚节点发出查询命令，并根据事件区域的地理位置将查询命令传送到区域内距汇聚节点最近的节点，然后从该节点将查询命令传播到区域内的其他所有节点。监测数据沿查询消息的反向路径向汇聚节点传送。

1) 查询消息传送到事件区域

GEAR 路由用实际代价和估计代价两种代价值表示路径代价。当没有建立从汇聚节点到事件区域的路径时，中间节点使用估计代价来决定下一跳节点。估计代价定义为归一化的节点到事件区域的距离以及节点的剩余能量两部分，节点到事件区域的距离用节点到事件区域几何中心的距离来表示。由于所有节点都知道自己的位置和事件区域的位置，因而所有节点都能够计算出自己到事件区域几何中心的距离。

节点计算自己到事件区域估计代价的式子如下：

$$C(N, R) = \alpha d(N, R) + (1 - \alpha)e(N)$$

式中，C(N，R)为节点 N 到事件区域 R 的估计代价，d(N，R)为节点 N 到事件区域 R 的距离，e(N)为节点的剩余能量，α 为比例参数。式中的 d(N，R)和 e(N)都是归一化后的参数值。查询信息到达事件区域后，事件区域的节点沿查询路径的反方向传输监测数据，数据消息中“捎带”每跳节点到事件区域的实际能量消耗值。对于数据传输经过的每个节点，首先记录捎带信息中的能量代价，然后将消息中的能量代价加上它发送该消息到下一跳节点的能量消耗，替代消息中的原有“捎带”值来转发数据。节点下一次转发查询消息时，用刚才记录的到事件区域的实际能量代价代替式中的 d(N，R)，计算它到汇聚节点的实际代价。节点用调整后的实际代价选择到事件区域的优化路径。

从汇聚节点开始的路径建立过程采用贪婪算法，节点在邻居节点中选择到事件区域代价最小的节点作为下一跳节点，并将自己的路由代价设为该下一跳节点的路由代价加上到该节点一跳通信的代价。

如果节点的所有邻居节点到事件区域的路由代价都比自己的大，则陷入了路由空洞。

如图 2-45 所示，节点 C 是节点 S 的邻居节点中到目的节点 T 代价最小的节点，但节点 G、H、I 为失效节点，节点 C 的所有邻居节点到节点 T 的代价都比节点 C 大。

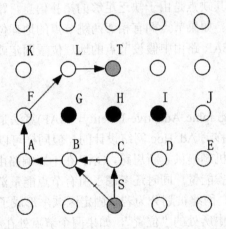

图 2-45　贪婪算法的路由空洞

可采用如下方式解决路由空洞问题：节点 C 选取邻居中代价最小的节点 B 作为下一跳节点，并将自己的代价值设为 B 的代价加上节点 C 到节点 B 一跳通信的代价，同时将这个新代价值通知节点 S。当节点 S 再转发查询命令到节点 T 时就会选择节点 B 而不是节点 C 作为下一跳节点。

2) 查询消息在事件区域内传播

当查询命令传送到事件区域后，可以通过洪泛方式传播到事件区域内的所有节点。但当节点密度比较大时，洪泛方式开销比较大，这时可以采用迭代地理转发策略。如图 2-46

所示,事件区域内首先收到查询命令的节点将事件区域分为若干子区域,并向所有子区域的中心位置转发查询命令。在每个子区域中,最靠近区域中心的节点(如图 2-46 中的 N_i 节点)接收查询命令,并将自己所在的子区域再划分为若干子区域并向各个子区域中心转发查询命令。该消息传播过程是一个迭代过程,当节点发现自己是某个子区域内唯一的节点,或者某个子区域没有节点存在时,就停止向这个子区域发送查询命令。当所有子区域转发过程全部结束时,整个迭代过程终止。

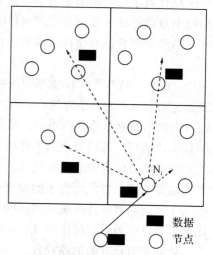

图 2-46　区域内的迭代地理转发

洪泛机制和迭代地理转发机制各有利弊。当事件区域内节点较多时,迭代地理转发的消息转发次数少;而节点较少时,使用洪泛策略的路由效率高。GEAR 路由可以使用如下方法在两种机制中做出选择:当查询命令到达区域内的第一个节点时,如果该节点的邻居数量大于一个预设的阈值,则使用迭代地理转发机制,否则使用洪泛机制。

GEAR 路由通过定义估计路由代价为节点到事件区域的距离和节点剩余能量,并利用捎带机制获取实际路由代价,进行数据传输的路径优化,从而形成能量高效的数据传输路径。GEAR 路由采用的贪婪算法是一个局部最优的算法,适合无线传感器网络中节点只知道局部拓扑信息的情况;其缺点是由于缺乏足够的拓扑信息,路由过程中可能遇到路由空洞,反而降低了路由效率。如果节点拥有相邻两跳节点的地理位置信息,则可以大大减少路由空洞的产生概率。GEAR 路由中假设节点的地理位置固定或变化不频繁,适用于节点移动性不强的应用环境。

2. GAF 路由协议

地域自适应保真(Geographic Adaptive Fidelity,GAF)算法是基于有限能量和位置信息的路由算法。它原本是为移动 Ad Hoc 网络设计的,但同样可以应用于传感器网络,因为它的虚拟网格思想为分族机制提供了新思路,GAF 在不影响路由有效性的情况下,通过关闭一些不需要的节点来节省能量,同时还考虑了所有节点能量消耗的均衡性。

在 GAF 路由协议中,网络被划分为若干固定区域,形成了一个虚拟网格。节点通过 GPS 定位获取自己在网格中所处的"位置",如果两个节点处在相同的"位置",则认为它们在路由时是等价的,前提是它们分组转发能耗的水平相等。等价节点中只需有一个处于工作状态,其余节点可以进入睡眠,因此,GAF 能够有效地延长网络的生命周期。

GAF 算法的执行过程包括以下两个阶段:

(1) 第一阶段是虚拟网格的划分。根据节点的位置信息和通信半径,将网络区域划分成若干虚拟网格,保证相邻单元格中的任意两个节点都能够直接通信。假设节点已知整个监测区域的位置信息和本身的位置信息,则可以通过计算得知自己属于哪个网格。

(2) 第二阶段是虚拟网格中簇头节点的选择。节点周期性地进入睡眠和工作状态,从睡眠状态唤醒之后与本单元其他节点交换信息,以确定自己是否需要成为簇头节点。

　　每个节点都处于发现、活动以及睡眠三种状态，如图 2-47 所示。在网络初始化时，所有节点都处于发现状态，每个节点都通过发送消息通告自己的位置、ID 等信息。经过这个阶段，节点能得知同一单元格内其他节点的信息。然后，每个节点将自身定时器设置为某个区间内的随机值 T_a。一旦定时器超时，节点就发送消息，声明它进入活动状态，并成为簇头节点。节点如果在定时器超时之前收到来自同一单元格内其他节点成为簇头的声明，说明它自己这次竞争簇头失败，从而转入睡眠状态。成为簇头的节点设置定时器 T_a，T_a 代表它处于活动状态的时间。在 T_a 超时之前，簇头节点定期发送广播包声明自己处于活动状态，以抑制其他处于发现状态的节点进入活动状态。在 T_a 超时后，簇头节点重新回到发现状态。处于睡眠状态的节点设置定时器为 T_s，并在 T_s 超时后，节点重新回到发现状态。处于活动状态或发现状态的节点如果发现本单元格中出现了更适合成为簇头的节点时，则会自动进入睡眠状态。

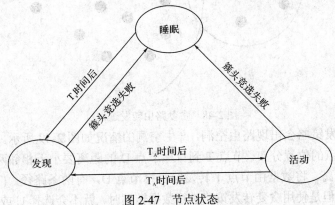

图 2-47　节点状态

　　由于节点处于监听状态也会消耗很多能量，因此让节点尽量处于睡眠状态成为传感器网络拓扑算法中经常采用的方法。GAF 是较早采用这种方法的算法。但由于传感器节点自身体积和资源受限，GAF 对传感器节点提出的要求较高。且 GAF 算法是基于平面模型的，没有考虑到实际网络中节点之间距离的邻近并不能代表节点之间可以直接通信的问题，因此存在一些不足。

3. GPSR 路由协议

　　无状态的贪婪周边路由协议(Greedy Perimeter Stateless Routing, GPSR)是一个典型的基于位置的路由协议。使用该协议，网络中的所有传感器节点均知道自身的坐标位置信息，而且这些坐标位置被统一编址，传感器节点按照贪婪算法尽量地沿直线将数据传送出去。采集到数据的节点判别出哪个相邻节点与目标节点的距离最近，就将数据传送给该邻居节点。

　　数据可以使用两种模式来传送：贪婪转发模式和周边转发模式。当使用贪婪转发模式时，接收到数据的传感器节点，查询它的邻节点表，如果某个邻节点与网关节点的距离小于自身节点到网关节点的距离，就保持当前的数据模式，同时将数据转发给选定的邻节点；如果满足不了上述要求，就改变数据模式为周边转发模式。

　　在传送的数据包中包括目标节点的位置信息，中继转发节点利用贪婪转发模式来确定下一跳的节点，这个节点是距离目标节点最近的那个邻节点。用这种方式连续不断的选择距目标节点更近的节点进行数据中继转发，直至将数据传送给目标节点为止。

　　贪婪转发路由过程如图 2-48 所示。设定中继节点 A 接收到一个到目标节点 D 的数据包，节点 A 的传输覆盖范围是以节点 A 为圆心的虚线圆区域；又以节点 D 为圆心，线段 DB 为半径画圆。由于圆弧交节点 B 与目标节点 D 之间的距离小于节点 A 所有的其他邻节点，因此就选节点 B 做下一跳节点。按照这种方式继续前向转发传递数据，直到目的节点 D 获得数据为止。

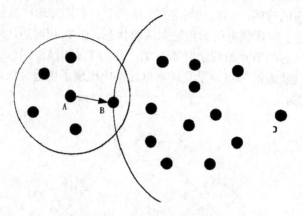

图 2-48　贪婪路由转发过程

　　使用贪婪转发策略会出现路由空洞，产生空洞的情况如图 2-49 所示。给定网络特定的拓扑及传感器节点的位置分布，节点 T 到目标节点 D 的距离要小于相邻两个节点 U、V 到目标节点 D 的距离。将数据由节点 T 转发给目标节点 D，有两条路径：(T—U—W—D)和(T—V—X—D)，但是使用贪婪转发策略进行数据转发时，就不会选择 U 或 V 作为下一跳的节点，因为节点 T 到目标节点 D 的距离要小于 U 或 V 各自到 D 的距离，这样就出现了空洞，导致数据无法传输。要解决空洞现象，可以使用周边转发机制，这里的阐述就从略了。

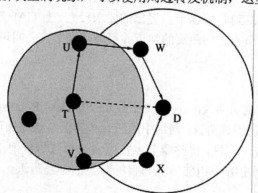

图 2-49　贪婪路由转发产生路由空洞

　　使用 GPSR 协议避免了在节点中建立、维护和存储路由表的工作，仅使用直接毗邻的节点进行路由选择。另外，路由选择中是使用接近于最短欧氏距离的路由，数据传输时延小，实时性增强。

4. GEM 路由协议

　　GEM(Graph Embedding)路由协议是一种适用于数据中心存储方式的基于地理位置的

路由协议。其基本思想是建立一个虚拟极坐标系统来表示实际的网络拓扑结构，由汇聚节点将角度范围分配给每个子节点，如[0, 90]，每个子节点得到的角度范围正比于以该节点为根的子树大小，子节点按照同样的方式将自己的角度范围分配给它的子节点，这个过程一直持续进行，直到每个子节点都分配到一个角度范围。这样，节点可以根据一个统一规则(如顺时针方向)为子节点设定角度范围，使得同一级节点的角度范围顺序递增或递减，于是到汇聚节点跳数相同的节点就形成了一个环形结构，整个网络则形成一个以汇聚节点为根的带环树。

GEM 路由工作机制：节点在发送消息时，如果目的节点位置的角度不在自己的角度范围内，就将消息传送给父节点。父节点按照同样的规则处理，直到该消息到达角度范围包含目的节点位置的某个节点，这个节点是源节点和目的节点的共同祖先。消息再从这个节点向下传送，直至到达目的节点，如图 2-50(a)所示。上述算法需要上层节点转发消息，开销比较大，可将其做适当改进。节点在向上传送消息之前，首先检查邻节点是否包含目的节点位置的角度。如果包含，则直接传送给该邻节点而不再向上传送，如图 2-50(b)所示。更进一步的改进算法是可利用前面提到的环形结构，节点检查相邻节点的角度范围是否离目的地的位置更近，如果更近就将消息传送给该邻节点，否则才向上层传送，如图 2-50(c)所示。

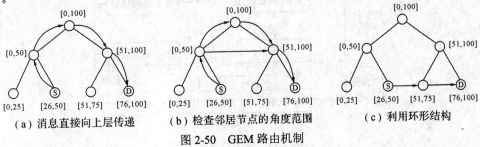

（a）消息直接向上层传递　　　（b）检查邻居节点的角度范围　　　（c）利用环形结构

图 2-50　GEM 路由机制

GEM 路由协议不依赖于节点精确的位置信息，所采用的虚拟极坐标方法能够简单地将网络实际拓扑信息映射到一个易于进行路由处理的逻辑拓扑中，而且不改变节点间的相对位置。但是由于采用了带环树结构，实际网络拓扑发生变化时，树的调整比较复杂，因此 GEM 路由协议适用于拓扑结构相对稳定的无线传感网。

2.7.7　基于 QoS 的路由协议

无线传感网的某些应用对通信质量有较高要求，如高可靠性和实用性等；而由于网络链路的稳定性难以保证，通信信道质量比较低，拓扑变化比较频繁，要在无线传感网中实现一定服务质量(QoS)的保证，就需要设计基于 QoS 的路由协议。

1. SPEED 协议

SPEED 协议是一种实时有效的可靠路由协议，在一定程度上实现了端到端的传输速率保证、网络拥塞控制以及负载平衡机制。该协议首先在相邻节点之间交换传输延迟，以得到网络负载情况。然后利用局部地理信息和传输速率信息选择下一跳节点，同时通过邻居反馈机制保证网络传输畅通，并通过反向压力路由变更机制避开延迟太大的链路和"洞"现象。SPEED 协议主要由四部分组成：延迟估计机制、SNGF 算法、邻居反馈策略和反向压力路由变更机制。

(1) 延迟估计机制。在 SPEED 协议中，延迟估计机制用来得到网络的负载状况，判断网络是否发生拥塞。节点记录到邻节点的通信延迟，以表示网络的局部通信负载。具体过程是：发送节点给数据分组并加上时间戳；接收节点计算从收到数据分组到发出 ACK 的时间间隔，并将其作为一个字段加入 ACK 报文；发送节点收到 ACK 后，从收发时间差中减去接收节点的处理时间，得到一跳的通信延迟。

(2) SNGF 算法。SNGF 算法用来选择满足传输速率要求的下一跳节点。邻节点分为两类：即比自己距离目标区域更近的节点和比自己距离目标区域更远的节点，前者称为"候选转发节点集合(FCS)"。节点计算到其 FCS 集合中的某个节点的传输速率。FCS 集合中的节点又根据传输速率是否满足预定的传输速率阈值，再分为两类：大于速率阈值的邻节点和小于速率阈值的邻节点。若 FCS 集合中有节点的传输速率大于速率阈值，则在这些节点中按照一定的概率分布选择下一跳节点。节点的传输速率越高，被选中的概率越大。

(3) 邻居反馈策略。当 SNGF 路由算法中找不到满足传输速率要求的下一跳节点时，为保证节点间的数据传输满足一定的传输速率要求，引入邻居反馈机制，如图 2-51 所示。

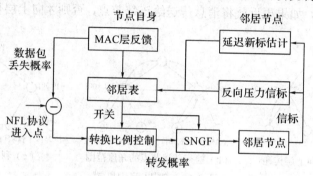

图 2-51　邻居反馈机制

如图 2-51 所示，MAC 层收集差错信息，并把到邻节点的传输差错率通告给转发比例控制器；转发比例控制器根据这些差错率计算出转发概率。方法是节点首先查看 FCS 集合的节点，若某节点的传输差错率为零(存在满足传输要求的节点)，则设置转发概率为 1，即全部转发；若 FCS 集合中所有节点的传输差错率大于零，则按一定的公式计算转发概率。

对于满足传输速率阈值的数据，按照 SNGF 算法决定的路由传输给邻节点，而不满足传输速率阈值的数据传输则由邻居反馈机制计算转发概率。这个转发概率表示网络能够满足传输速率要求的程度，因此节点将按照这个概率进行数据转发。

(4) 反向压力路由变更机制。反向压力路由变更机制在 SPEED 协议中用来避免拥塞和"洞"现象。当网络中某个区域发生事件时，节点不能够满足传输速率要求，体现在通信数据量突然增多，传输负载突然加入，此时节点就会使用反向压力信标消息向上一跳节点报告拥塞，以此表明拥塞后的传输延迟，上一跳节点则会按照上述机制重新选择下一跳节点。

2. SAR 协议

有序分配路由 SAR(Sequential Assignment Routing)协议也是一个典型的具有 QoS 意识的路由协议。该协议通过构建以汇聚节点的单跳邻节点为根节点的多播树来实现传感器节点到汇聚节点的多跳路径，即汇聚节点的所有一跳邻节点都以自己为根创建生成树，在创建生成树过程中考虑节点的时延、丢包率等 QoS 参数的多条路径。节点发送数据时选择一条或多条路径进行传输。

SAR 的特点是路由决策不仅要考虑每条路径的能源，还要涉及端到端的延迟需求和待发送数据包的优先级。仿真结果表明，与只考虑路径能量消耗的最小能量度量协议相比，SAR 的能量消耗较少。该算法的缺点是不适用于大型的和拓扑频繁变化的网络。

3. ReInForM 协议

ReInForM(Reliable Information Forwarding Using Multiple paths)路由从数据源节点开始，考虑可靠性要求、信道质量以及传感器节点到汇聚节点的跳数，决定需要的传输路径数目，以及下一跳节点数目和相邻的节点，实现满足可靠性要求的数据传输。

ReInForM 路由的建立过程是：首先源节点根据传输的可靠性要求计算需要的传输路径数目；然后在邻节点中选择若干节点作为下一跳转发节点，并将每个节点按照一定比例分配路径数目；最后，源节点将分配的路径作为数据报头中的一个字段发给邻节点。邻节点在接收到源节点的数据后，将自身视作源节点，重复上述源节点的选路过程。

第3章　Wi-Fi 无线通信技术

Wi-Fi 是一种可以将个人电脑、手持设备(如 PDA、手机)等终端以无线方式互相连接的技术，通常使用 2.4G UHF 或 5G SHF ISM 射频频段。连接到无线局域网，通常是有密码保护的，但也可以是开放的，这样就允许任何在 WLAN 范围内的设备可以连接上。Wi-Fi 是一个无线网络通信技术的品牌，由 Wi-Fi 联盟所持有，目的是改善基于 IEEE 802.11 标准的无线网路产品之间的互通性。有人把使用 IEEE 802.11 系列协议的局域网称为无线保真，甚至把 Wi-Fi 等同于无线网际网路(Wi-Fi 是 WLAN 的重要组成部分)。

3.1　AT 指令集

AT 即 Attention，AT 指令集是从终端设备(Terminal Equipment，TE)或数据终端设备(Data Terminal Equipment，DTE)向终端适配器(Terminal Adapter，TA)或数据电路终端设备(Data Circuit Terminal Equipment，DCE)发送的。通过 TA、TE 发送 AT 指令来控制移动台(Mobile Station，MS)的功能，与 GSM 网络业务进行交互。用户可以通过 AT 指令进行呼叫、短信、电话本、数据业务、传真等方面的控制。

指令集主要分为基础 AT 指令、Wi-Fi 功能 AT 指令和 TCP/IP 工具箱 AT 指令。

3.1.1　基础 AT 指令

基础 AT 指令名称功能如表 3-1 所示。

表 3-1　基础 AT 指令名称功能表

指令名称	指令功能	响应	参 数 描 述
AT	测试 AT 启动	OK	无
AT + RST	重启模块	OK	无
AT + GMR	查询版本信息	<AT version info> <SDK version info> <compile time> OK	<AT version info>：AT 版本信息 <SDK version info>：基于 SDK 的版本信息 <compile time>：编译生成时间
AT + GSLP	进入 deep-sleep 模式	OK	<time>：设置 ESP8266 的睡眠时长，单位为毫秒。ESP8266 会在休眠设定时长后自动唤醒
ATE	开发回显功能	OK	ATE0：关闭回显 ATE1：开启回显

指令名称	指令功能	响应	参 数 描 述
AT + RESTORE	恢复出厂设置	OK	恢复出厂设置，将擦除所有保存到 flash 的参数，恢复为默认参数
AT + UART = <baudrate>, <databits>, <stopbits>, <parity>, <flow control>	UART 配置	OK	<baudrate>：波特率 <databits>：数据位，取值为 5：5 bit 数据位；6：6 bit 数据位； 7：7 bit 数据位；8：8 bit 数据位 <stopbits>：停止位，取值为 1：1 bit 停止位；2：1.5 bit 停止位； 3：2 bit 停止位 <parity>：校验位，取值为 0：None；1：Odd；2：Even <flow control>：流控，取值为 0：不使能流控；1：使能 RTS； 2：使能 CTS； 3：同时使能 RTS 和 CTS 例如：AT + UART = 115200, 8, 1, 0, 3 注意：本指令不建议使用，建议使用 AT + UART_CUR 或者 AT + UART_DEF 代替
AT + UART_CUR = <baudrate>, <databits>, <stopbits>, <parity>, <flow control>	设置 UART 当前设置，不保存到 flash	OK	参数说明同上
AT + UART_DEF = <baudrate>, <databits>, <stopbits>, <parity>, <flow control>	设置 UART 配置，保存到 flash	OK	参数说明同上
AT + SLEEP?	查询 sleep 模式	OK	无
AT + SLEEP = <sleep mode>	设置 sleep 模式	OK 或 ERROR	<sleep mode>，取值为 0：禁用休眠模式； 1：light-sleep 模式； 2：modem-sleep 模式 例如：AT + SLEEP = 0 注意：sleep 模式仅在单 station 模式下生效， 默认为 modem-sleep 模式

续表二

指令名称	指令功能	响应	参 数 描 述
AT + WAKEUPGPIO = <enable>, <trigger_GPIO>, <trigger_level>, [<awake_GPIO>, <awake_level>]	设置 GPIO 唤醒 light-sleep 模式	OK	<enable>取值为 0：禁用 GPIO 唤醒 light-sleep 功能； 1：使能 GPIO 唤醒 light-sleep 功能 <trigger_GPIO>：设置用于唤醒 light-sleep 的 GPIO，有效范围为[0，15] <trigger_level>取值为 0：低电平唤醒； 1：高电平唤醒 [<awake_GPIO>]：选填参数，用于设置 light-sleep 唤醒后的标志 GPIO，有效范围为[0，15] [<awake_level>]：选填参数，取值为 0：light-sleep 唤醒后置为低电平； 1：light-sleep 唤醒后置为高电平 例如： 设置 GPIO 低电平唤醒 light-sleep 模式：AT + WAKEUPGPIO = 1, 0, 0 设置 GPIO 高电平唤醒 light-sleep 模式，唤醒后，将设置为高电平：AT + WAKEUPGPIO = 1, 0, 1, 13, 1 取消 GPIO 唤醒 light-sleep 模式的功能：AT + WAKEUPGPIO = 0 **注意：**<trigger_GPIO>与<awake_GPIO>不能相同
AT + RFPOWER = <TX Power>	设置 RF TX Power 上限	OK	<TX Power>：RF TX Power 值，参数范围为[0, 82]，单位为 0.25 dBm 例如：AT + RFPOWER = 50 **注意：**RF TX Power 的设置并不精确，此时设置的是 RF TX Power 的最大值，实际值可能小于设置值
AT + RFVDD?	查询 ESP8266 VDD33 的值	+RFVDD: <VDD33> OK	<VDD33>：VDD33 电压值，单位为 1/1024 V **注意：**本查询指令必须在 TOUT 管脚悬空的情况下使用，否则查询返回无效值

指令名称	指令功能	响应	参 数 描 述
AT + RFVDD = <VDD33>	ESP8266 根据传入的<VDD33>调整 RF TX Power	OK	<VDD33>：VDD33 电压值，取值范围为[1900, 3300]
AT + RFVDD	ESP8266 自动根据实际的<VDD33>调整 RF TX Power	OK	例如：AT + RFVDD = 2800 **注意**：本查询指令必须在 TOUT 管脚悬空的情况下使用

3.1.2　Wi-Fi 功能 AT 指令

Wi-Fi 功能 AT 指令名称功能如表 3-2 所示。

表 3-2　Wi-Fi 功能 AT 指令名称功能表

指令名称	指令功能	响 应	参 数 描 述
AT + CWMODE?	查询 ESP8266 当前 Wi-Fi 模式	+ CWMODE:<mode> OK	<mode>取值为 1：station 模式； 2：softAP 模式； 3：softAP + station 模式
AT + CWMODE = ?	测试 Wi-Fi 模式指令	+ CWMODE:(<mode>取值列表) OK	参数说明同上
AT + CWMODE = <mode>	设置 ESP8266 当前 Wi-Fi 模式	OK	<mode>取值为 1：station 模式； 2：softAP 模式； 3：softAP + station 模式 例如：AT + CWMODE = 3 **注意**：本设置保存在 flash system parameter 区域，本指令不建议使用，请使用 AT + CWMODE_CUR 或者 AT + CWMODE_DEF 代替
AT + CWMODE_CUR?	查询 ESP8266 当前 Wi-Fi 模式	+ CWMODE_CUR: <mode> OK	参数说明同上
AT + CWMODE_CUR = ?	测试 Wi-Fi 模式指令	+ CWMODE_CUR: (<mode>取值列表) OK	参数说明同上
AT+CWMODE_CUR=<mode>	设置 ESP8266 当前 Wi-Fi 模式	OK	参数说明同上。 **注意**：本设置不保存到 flash
AT + CWMODE_DEF?	查询 ESP8266 当前 Wi-Fi 模式	+ CWMODE_DEF: <mode> OK	参数说明同上

指令名称	指令功能	响　应	参　数　描　述
AT + CWMODE_ DEF = ?	测试 Wi-Fi 模式指令	+ CWMODE_DEF: (<mode>取值列表) OK	参数说明同上
AT + CWMODE_ DEF =<mode>	设置 ESP8266 当前 Wi-Fi 模式	OK	参数说明同上 例如：AT + CWMODE_DEF = 3 注意：本设置保存到 flash
AT + CWJAP?	查询 ESP8266 已连接的 AP 信息	+CWJAP:<ssid>，<bssid>，<channel>，<rssi>OK	<ssid>：字符串参数，目标 AP 的 SSID
AT + CWJAP = <ssid>, <pwd> [, <bssid>]	设置 ESP8266 station 需连接的 AP	OK 或者 + CWJAP: <error code> FAIL	<ssid>：字符串参数,目标AP的SSID <pwd>：字符串参数，最长为 64 字节 ASCII 码 [<bssid>]：字符串参数，目标 AP 的 bssid(MAC 地址)，一般用于有多个 SSID 相同的 AP 情况 <error code>：仅供参考，并不可靠，取值为 1：连接超时； 2：密码错误； 3：找不到目标 AP； 4：连接失败 例 如 ： AT + CWJAP = "abc" ? "0123456789" 注意:本设置保存到 flash system parameter 区域，本指令不建议使用，请使用 AT + CWJAP_CUR 或者 AT + CWJAP_DEF 代替
AT + CWJAP_ CUR?	查询 ESP8266 已连接的 AP 信息	+ CWJAP_CUR: <ssid>, <bssid>, <channel>, <rssi> OK	<ssid>：字符串参数,目标AP的SSID <pwd>：字符串参数，最长为 64 字节 ASCII 码 [<bssid>]：字符串参数，目标 AP 的 bssid(MAC 地址)，一般用于有多个 SSID 相同的 AP 情况 < error code >：仅供参考，并不可靠，取值为 1：连接超时； 2：密码错误； 3：找不到目标 AP； 4：连接失败

指令名称	指令功能	响　应	参 数 描 述
AT + CWJAP_CUR = \<ssid>, \<pwd> [, \<bssid>]	设置 ESP8266 station 需连接 的 AP	OK 或者 + CWJAP_CUR: \<error code> FAIL	参数说明同上 例 如 ： AT + CWJAP_CUR = "abc", "0123456789" 注意：本设置不保存到 flash
AT + CWJAP_DEF?	查询 ESP8266 已连接的 AP 信息	+ CWJAP_DEF: \<ssid>, \<bssid>, \<channel>, \<rssi> OK	\<ssid>：字符串参数，目标AP的SSID \<pwd>：字符串参数，最长为 64 字节 ASCII 码 [\<bssid>]：码字符串参数，目标 AP 的 bssid(MAC 地址)，一般用 于有多个 SSID 相同的 AP 情况 \<error code>：仅供参考，并不可 靠，取值为 1：连接超时； 2：密码错误； 3：找不到目标；AP 4：连接失败
AT + CWJAP_DEF =\<ssid>, \<pwd> [, \<bssid>]	设置 ESP8266 station 需连接 的 AP	OK 或者 + CWJAP_DEF: \<error code> FAIL	参数说明同上 例 如 ： AT + CWJAP_DEF = "abc", "0123456789" 注意：本设置保存到 flash
AT + CWLAPOPT = \<sort_enable>, \<mask>	设置 CWLAP 指令的属性	OK 或者 ERROR	\<sort_enable> ： 指 令 AT + CWLAP 的扫描结果是否按照信 号强度 rssi 值排序，取值为 0：不排序； 1：根据 rssi 排序 \<mask>：对应 bit 若为 1，则指令 AT + CWLAP 的扫描结果显示相关 属性；对应 bit 若为 0，则不显示。 具体如下： bit 0：设置 AT + CWLAP 的扫 描结果是否显示\<ecn>； bit 1：设置 AT + CWLAP 的 扫描结果是否显示\<ssid>； bit 2：设置 AT + CWLAP 的 扫描结果是否显示\<rssi>； bit 3：设置 AT + CWLAP 的扫 描结果是否显示\<mac>；

指令名称	指令功能	响　应	参　数　描　述
AT + CWLAPOPT = <sort_enable>, <mask>			bit 4：设置 AT + CWLAP 的扫描结果是否显示<ch>； 　bit 5：设置 AT + CWLAP 的扫描结果是否显示<freq offset>； 　bit 6：设置 AT + CWLAP 的扫描结果是否显示<freqcalibration> 例如： 　AT + CWLAPOPT = 1, 127 第一个参数为 1，表示后续如果使用 AT + CWLAP 指令，扫描结果将按照信号强度 rssi 值排序；第二个参数为 127，即 0x7F，表示<mask>的相关 bit 全部置为 1，后续如果使用 AT + CWLAP 指令，扫描结果将显示所有参数
AT + CWLAP = <ssid>[, < mac >, <ch>]	列出符合特定条件的 APs	+ CWLAP: <ecn>, <ssid>, <rssi>, <mac>, <ch>, <freq offset>, <freq calibration> OK ERROR	<ecn> 加密方式，取值为 0：OPEN； 1：WEP； 2：WPA_PSK； 3：WPA2_PSK； 4：WPA_WPA2_PSK； 5：WPA2_Enterprise (目前 AT 不支持连接这种加密 AP) <ssid>：字符串参数 AP 的 SSID <rssi>：信号强度 <mac>：字符串参数，AP 的 MAC 地址 <freq offset>：AP 频偏，单位为 kHz <freq calibration>：频偏校准值
AT + CWLAP	列出当前可用的 APs	+ CWLAP: <ecn>, <ssid>, <rssi>, <mac>, <ch>, <freq offset>, <freq calibration> OK	参数说明同上
AT + CWQAP	断开与 AP 的连接	OK	无

续表四

指令名称	指令功能	响　应	参 数 描 述
AT + CWSAP?	查询 ESP8266 softAP 的配置参数	+ CWSAP: <ssid>, <pwd>, <chl>, <ecn>, <max conn>, <ssid hidden>	<ssid>: 字符串参数, 接入点名称 <pwd>: 字符串参数, 长度范围是 8~64 字节 ASCII 码 <chl>: 通道号 <ecn>: 加密方式, 不支持 WEP, 取值为 0: OPEN; 2: WPA_PSK; 3: WPA2_PSK; 4: WPA_WPA2_PSK [<max conn>]: 选填参数, 允许连入 ESP8266 soft-AP 的最多 station 数目, 取值范围为[1, 4] [<ssid hidden>]: 选填参数, 默认为 0, 开启广播 ESP8266 soft-AP SSID, 取值为 0: 广播 SSID; 1: 不广播 SSID
AT + CWSAP = <ssid>, <pwd> <chl>, <ecn>[, <max conn>] [, <ssid hidden>]	设置 ESP8266 softAP 的配置参数	OK ERROR	参数说明同上 例如: AT + CWSAP = "ESP8266", "1234567890", 5, 3 注意: 指令只有在 softAP 模式开启后有效; 本设置保存到 flash system parameter 区域; 本指令不建议使用, 请使用 AT + CWSAP_CUR 或者 AT + CWSAP_DEF 代替
AT + CWSAP_CUR?	查询 ESP8266 softAP 的配置参数	+ CWSAP_CUR: <ssid>, <pwd>, <chl>, <ecn>, <max conn>, <ssid hidden>	<ssid>: 字符串参数, 接入点名称 <pwd>: 字符串参数, 长度范围是 8~64 字节 ASCII 码 <chl>: 通道号 <ecn>: 加密方式, 不支持 WEP, 取值为 0: OPEN; 2: WPA_PSK; 3: WPA2_PSK;

指令名称	指令功能	响　应	参　数　描　述
AT + CWSAP_CUR?			4：WPA_WPA2_PSK [<max conn>]：选填参数，允许连入 ESP8266 soft-AP 的最多 station 数目，取值范围为[1，4] [<ssid hidden>]：选填参数，默认为0，开启广播 ESP8266 soft-AP SSID
AT + CWSAP_CUR =<ssid>, <pwd>, <chl>, <ecn> [, <max conn>] [, <ssid hidden>]	设置 ESP8266 softAP 的配置参数	OK	参数说明同上 例如： AT + CWSAP_CUR = "ESP8266", "1234567890", 5, 3 注意：指令只有在 softAP 模式开启后有效；本设置保存到 flash
AT + CWSAP_DEF?	查询 ESP8266 softAP 的配置参数	+ CWSAP_DEF: <ssid>, <pwd>, <chl> <ecn>, <max conn>, <ssid hidden>	<ssid>：字符串参数，接入点名称 <pwd>：字符串参数，长度范围是 8~64 字节 ASCII 码 <chl>：通道号 <ecn>：加密方式，不支持 WEP，取值为 0：OPEN； 2：WPA_PSK； 3：WPA2_PSK； 4：WPA_WPA2_PSK [<max conn>]：选填参数，允许连入 ESP8266 soft-AP 的最多 station 数目，取值范围为[1，4] [<ssid hidden>]：选填参数，默认为0，开启广播 ESP8266 soft-AP SSID
AT + CWSAP_DEF =<ssid>, <pwd>, <chl>, <ecn> [, <max conn>] [, <ssid hidden>]	设置 ESP8266 softAP 的配置参数	OK ERROR	参数说明同上 例如：　AT + CWSAP_DEF = "ESP8266", "1234567890", 5, 3 注意：指令只有在 softAP 模式开启后有效；本设置保存到 flash system parameter 区域

指令名称	指令功能	响　应	参　数　描　述
AT + CWLIF	查询连接到 ESP8266 softAP 的 stations 信息	<ip addr>, <mac> OK	<ip addr>：连接到 ESP8266 softAP 的 stations IP 地址 <mac>：连接到 ESP8266 softAP 的 stations MAC 地址 注意：本指令无法查询静态 IP，仅在 ESP8266 softAP 和连入的 station DHCP 均使能的情况下有效
AT + CWDHCP?	查询 DHCP 指令	DHCP 是否使能	Bit0：为 0 表示 softAP DHCP 关闭，为 1 表示 softAP DHCP 开启 bit1：为 0 表示 station DHCP 关闭，为 1 表示 station DHCP 开启
AT + CWDHCP= <mode>, <en>	设置 DHCP 指令	OK	<mode>取值为 0：设置 ESP8266 softAP； 1：设置 ESP8266 station； 2：设置 ESP8266 softAP 和 station <en>取值为 0：关闭 DHCP；1：开启 DHCP 注意： 本指令不建议使用，请使用 AT + CWDHCP_CUR 或者 AT + CWDHCP_DEF 代替； 本设置保存到 flash system parameter 区域； 本设置指令与设置静态 IP 的指令 (AT + CIPSTA 系列和 AT + CIPAP 系列)，互相影响：设置使能 DHCP，则静态 IP 无效，设置静态 IP，则 DHCP 关闭，以最后的设置为准
AT + CWDHCP_CUR?	查询 DHCP 指令	DHCP 是否使能	Bit0：为 0 表示 softAP DHCP 关闭；为 1 表示 softAP DHCP 开启 bit1：为 0 表示 station DHCP 关闭；为 1 表示 station DHCP 开启
AT+CWDHCP_CUR= <mode>, en>	设置 DHCP 指令	OK	参数说明同上 例如：AT + CWDHCP_CUR=0, 1 注意：本设置不保存到 flash；其余同上

指令名称	指令功能	响　应	参　数　描　述
AT + CWDHCP_DEF?	查询 DHCP 指令	DHCP 是否使能	参数说明同上
AT + CWDHCP_DEF = \<mode\>, \<en\>	设置 DHCP 指令	OK	参数说明同上 例如: AT + CWDHCP_DEF = 0, 1 **注意**: 本设置保存到 flash system parameter 区域; 其余同上
AT + CWDHCPS_CUR?	查询 ESP8266 soft-AP DHCP server 分配的 IP 范围	+ CWDHCPS_CUR = \<lease time\>, \<start IP\>, \<end IP\>	\<enable\>取值为 0: 清除设置 IP 范围, 恢复默认值, 后续参数无需填写; 1: 使能设置 IP 范围, 后续参数必须填写。 \<lease time\>: 租约时间, 单位为分钟, 取值范围为[1, 2880] \<start IP\>: DHCP server IP 池的起始 IP \<end IP\>: DHCP server IP 池的结束 IP
AT + CWDHCPS_CUR= \<enable\>, \<leasetime\>, \<start IP\>, \<end IP\>	设置 ESP8266 soft-AP DHCP server 分配的 IP 范围	OK	参数说明同上 例如: AT + CWDHCPS_CUR = 1, 3, "192.168.4.10", "192.168.4.15" 或者 AT + CWDHCPS_CUR = 0//清除设置, 恢复默认值 **注意**: 本设置不保存到 flash; 本指令必须在 ESP8266 soft-AP 模式使能且开启 DHCP 的情况下使用, 设置的 IP 范围必须与 ESP8266 soft-AP 在同一个网段
AT + CWDHCPS_DEF?	查询 ESP8266 soft-AP DHCP server 分配的 IP 范围	+ CWDHCPS_DEF = \<lease time\>, \<start IP\>, \<end IP\>	参数说明同上

指令名称	指令功能	响　应	参　数　描　述
AT + CWDHCPS_DEF = \<enable\>, \<lease time\>, \<start IP\>, \<end IP\>	设置 ESP8266 soft-AP DHCP server 分配的 IP 范围	OK	参数说明同上 例如：AT + CWDHCPS_DEF = 1, 3, "192.168.4.10", "192.168.4.15" 或者 AT + CWDHCPS_DEF = 0// 清除设置，恢复默认值 **注意**：本设置保存到 flash user parameter 区域；其余同上
AT + CWAUTOCONN = \<enable\>	上电是否自动连接 AP	OK	\<enable\>取值为 0：上电不自动连接 AP； 1：上电自动连接 AP ESP8266 station 默认上电自动连接 AP 例如：AT + CWAUTOCONN = 1 **注意**：本设置保存到 flash user parameter 区域
AT + CIPSTAMAC?	查询 ESP8266 station 的 MAC 地址	+ CIPSTAMAC: \<mac\> OK	\<mac\>：字符串参数，ESP8266 station 的 MAC 地址
AT+CIPSTAMAC =\<mac\>	设置 ESP8266 station 的 MAC 地址	OK	参数说明同上 例如：AT + CIPSTAMAC = "18:fe:35:98:d3:7b" **注意**： 本指令不建议使用，请使用 AT + CIPSTAMAC_CUR 或者 AT + CIPSTAMAC_DEF 代替； 本设置保存到 flash system parameter 区域； ESP8266 soft-AP 和 station 的 MAC 地址并不相同，请勿将其设置为同一 MAC 地址； ESP8266 MAC 地址第一个字节的 bit 0 不能为 1，例如 MAC 地址可以为"18:…"，但不能为"15:…"

指令名称	指令功能	响　应	参　数　描　述
AT + CIPSTAMAC_CUR?	查询 ESP8266 station 的 MAC 地址	+ CIPSTAMAC_CUR:\<mac> OK	参数说明同上
AT + CIPSTAMAC_CUR = \<mac>	设置 ESP8266 station 的 MAC 地址	OK	参数说明同上 **注意**：本设置不保存到 flash； 其余同上
AT + CIPSTAMAC_DEF?	查询 ESP8266 station 的 MAC 地址	+ CIPSTAMAC_DEF:\<mac> OK	参数说明同上
AT + CIPSTAMAC_DEF = \<mac>	设置 ESP8266 station 的 MAC 地址	OK	参数说明同上 **注意**：本设置保存到 flash system parameter 区域；其余同上
AT + CIPAPMAC?	查询 ESP8266 softAP 的 MAC 地址	+CIPAPMAC:\<mac> OK	\<mac>：字符串参数，ESP8266 softAP 的 MAC 地址
AT + CIPAPMAC = \<mac>	设置 ESP8266 softAP 的 MAC 地址	OK	参数说明同上 例如：AT + CIPAPMAC = "1a: fe:36:97:d5:7b" **注意**：本指令不建议使用，请 使用 AT + CIPAPMAC_CUR 或 者 AT + CIPAPMAC_DEF 代替； 　本设置保存到 flash system parameter 区域； 　ESP8266 soft-AP 和 station 的 MAC 地址并不相同，请勿将其设 置为同一 MAC 地址； 　ESP8266 MAC 地址第一个字 节的 bit 0 不能为 1，例如，MAC 地址可以为"1a:…"，但不能为 "15:…"
AT + CIPAPMAC_CUR?	查询 ESP8266 softAP 的 MAC 地址	+ CIPAPMAC_CUR: \<mac> OK	\<mac>：字符串参数，ESP8266 softAP 的 MAC 地址
AT + CIPAPMAC_CUR = \<mac>	设置 ESP8266 softAP 的 MAC 地址	OK	参数说明同上 **注意**：本设置不保存到 flash； 其余同上
AT + CIPAPMAC_DEF?	查询 ESP8266 softAP 的 MAC 地址	+ CIPAPMAC_DEF: \<mac> OK	参数说明同上

续表十

指令名称	指令功能	响　　应	参　数　描　述
AT + CIPAPMAC_DEF = \<mac>	设置 ESP8266 softAP 的 MAC 地址	OK	参数说明同上 **注意**：本设置保存到 flash system parameter 区域；其余同上
AT + CIPSTA?	查询 ESP8266 station 的 IP 地址	+ CIPSTA: \<ip> OK	\<ip>：字符串参数，ESP8266 station 的 IP 地址
AT + CIPSTA = \<ip>[, \<gateway>, \<netmask>]	设置 ESP8266 station 的 IP 地址	OK	[\<gateway>]：网关 [\<netmask>]：子网掩码 例如：AT + CIPSTA = "192.168.6.100", "192.168.6.1", "255.255.255.0" **注意**： 本指令不建议使用，请使用 AT + CIPSTA_CUR 或者 AT + CIPSTA _DEF 代替； 本设置保存到 flash system parameter 区域； 本设置指令与设置 DHCP 的指令(AT + CWDHCP 系列)互相影响：设置使能 DHCP，则静态 IP 无效，设置静态 IP，则 DHCP 关闭，以最后的设置为准
AT + CIPSTA_CUR?	查询 ESP8266 station 的 IP 地址	+ CIPSTA_CUR: \<ip> OK	**注意**：ESP8266 station IP 需连上 AP 后才可以查询
AT + CIPSTA_CUR = \<ip>[, \<gateway>, \<netmask>]	设置 ESP8266 station 的 IP 地址	OK	参数说明同上 例如：AT + CIPSTA_CUR ="192.168.6.100", "192.168.6.1", "255.255.255.0" **注意**：本设置不保存到 flash；其余同上
AT + CIPSTA_DEF?	查询 ESP8266 station 的 IP 地址	+ CIPSTA_DEF: \<ip> OK	参数说明同上
AT + CIPSTA_DEF = \<ip>[, \<gateway>, \<netmask>]	设置 ESP8266 station 的 IP 地址	OK	参数说明同上 例 如：AT + CIPSTA_DEF = "192.168.6.100", "192.168.6.1", "255.255.255.0" **注意**：本设置保存到 flash system parameter 区域；其余同上

续表十一

指令名称	指令功能	响　应	参　数　描　述
AT + CIPAP?	查询 ESP8266 softAP 的 IP 地址	+ CIPAP: <ip>, <gateway>, <netmask> OK	<ip>：字符串参数，ESP8266 softAP 的 IP 地址 [<gateway>]：网关 [<netmask>]：子网掩码
AT + CIPAP = <ip>[, <gateway>, <netmask>]	设置 ESP8266 softAP 的 IP 地址	OK	参数说明同上 例 如： AT + CIPAP ="192.168.5.1", "192.168.5.1", "255.255.255.0" 注意： 本指令不建议使用，请使用 AT + CIPAP_CUR 或者 AT + CIPAP_DEF 代替； 本设置保存到 flash system parameter 区域； 目前仅支持 C 类 IP 地址； 本设置指令与设置 DHCP 的指令(AT + CWDHCP 系列)互相影响：设置使能 DHCP，则静态 IP 无效，设置静态 IP，则 DHCP 关闭，以最后的设置为准
AT + CIPAP_CUR?	查询 ESP8266 softAP 的 IP 地址	+ CIPAP_CUR: <ip>, <gateway>, <netmask> OK	<ip>：字符串参数，ESP8266 softAP 的 IP 地址 [<gateway>]：网关 [<netmask>]：子网掩码
AT + CIPAP_CUR = <ip>[, <gateway>, <netmask>]	设置 ESP8266 softAP 的 IP 地址	OK	参数说明同上 例如：AT + CIPAP_CUR ="192.168.5.1", "192.168.5.1", "255.255.255.0" 注意： 本设置不保存到 flash； 目前仅支持 C 类 IP 地址； 本设置指令与设置 DHCP 的指令(AT+ CWDHCP 系列)互相影响：设置使能 DHCP，则静态 IP 无效，设置静态 IP，则 DHCP 关闭，以最后的设置为准

续表十二

指令名称	指令功能	响　应	参 数 描 述
AT + CIPAP_DEF?	查询 ESP8266 softAP 的 IP 地址	+ CIPAP_DEF: <ip>, <gateway>, <netmask> OK	<ip>：字符串参数，ESP8266 softAP 的 IP 地址 [<gateway>]：网关 [<netmask>]：子网掩码
AT + CIPAP_DEF = <ip>[, gateway>, <netmask>]	设置 ESP8266 softAP 的 IP 地址	OK	参数说明同上 例如：AT + CIPAP_DEF = "192.168.5.1", "192.168.5.1", "255.255.255.0" 注意：本设置保存到 flash system parameter 区域；目前仅支持 C 类 IP 地址；本设置指令与设置 DHCP 的指令(AT + CWDHCP 系列)互相影响：设置使能 DHCP，则静态 IP 无效，设置静态 IP，则 DHCP 关闭，以最后的设置为准
AT + CWSTARTSMART	开启 SmartConfig	OK	SmartConfig 类型为 ESP-Touch + AirKiss
AT + CWSTARTSMART = <type>	开启某指定类型的 SmartConfig	OK	<type>取值为 1：ESP-Touch； 2：AirKiss； 3：ESP-Touch + AirKiss 例如： AT + CWMODE = 1 AT + CWSTARTSMART 注意：用户可向 Espressif 申请 Smart Config 的详细介绍文档；仅支持在 ESP8266 单 station 模式下调用；消息 "Smart get Wi-Fi info" 表示 Smart Config 成功获取到 AP 信息；消息 "Smartconfig connected Wi-Fi" 表示成功连接到 AP，此 时 可 以 调 用 " AT+CWSTOPSMART " 停 止 SmartConfig 再执行其他指令，注意在 SmartConfig 过程中请勿执行其他指令；从 AT_v1.0 开始，SmartConfig 可以自动获取协议类型 AirKiss 或者 ESP-TOUCH

续表十三

指令名称	指令功能	响 应	参 数 描 述
AT + CWSTOPSMART	停止 SmartConfig	OK	例如：AT + CWSTOPSMART **注意**：无论 SmartConfig 成功与否，都请调用"AT + CWSTOPSMART"释放快连占用的内存
AT + CWSTARTDISC-OVER = <WeChat number>, <dev_type>, <time>	开启可被局域网内的微信探测的模式	OK	<WeChat number>：微信公众号，必须从微信获取； <dev_type>：设备类型，必须从微信获取； <time>：主动发包时间间隔，取值范围为 0～24×3600，单位为秒。此值为 0 表示 ESP8266 不主动向外发包，需要手机微信查询时才回复；此值为其他值表示 ESP8266 主动发包的时间间隔，以便于局域网中的手机微信发现本设备。 例如： AT + CWSTARTDISCOVER = "gh_9e2cff3dfa51", "122475", 10 **注意**： 可参考微信官网内网发现功能的介绍 http://iot.weixin.qq.com； 本指令需在 ESP8266 station 连入局域网，获得 IP 地址后生效
AT + CWSTOPDISCOVER	关闭可被局域网内的微信探测的模式	OK 或 ERROR	例如： AT + CWSTOPDISCOVER
AT+ WPS =<enable>	设置 WPS 功能	OK 或 ERROR	<enable>取值为 1：开启 WPS； 0：关闭 WPS 例如： AT + CWMODE = 1 AT + WPS = 1 **注意**： WPS 功能必须在 ESP8266 station 使能的情况下调用； WPS 不支持 WEP 加密方式

指令名称	指令功能	响　应	参 数 描 述
AT + MDNS = <enable>, <hostname>, <server_name>, <server_port>	设置 MDNS 功能	OK 或 ERROR	<enable>取值为 　1：开启 MDNS 功能，后续参数需要填写 　0：关闭 MDNS 功能，后续参数无需填写 　<hostname>：MDNS 主机名称 　<server_name>：MDNS 服务器名称 　<server_port>：MDNS 服务器端口 　例如：AT + MDNS = 1, "espressif", "iot", 8080 　注意：<host_name>和<server_name>不能包含特殊字符(例如 "."）或者设置为协议名称(例如 "http"）；ESP8266 softAP 模式暂时不支持 MDNS 功能

3.1.3　TCP/IP 工具箱 AT 指令

TCP/IP 工具箱 AT 指令名称功能如表 3-3 所示。

表 3-3　TCP/IP 工具箱 AT 指令名称功能表

指令名称	指令功能	响应	参 数 描 述
AT + CIPSTATUS	查询网络连接信息	STATUS: <stat> + CIPSTATUS: <link ID>, <type>, <remote IP>, <remote port>, <local port>, <tetype>	<stat>：ESP8266 station 接口的状态，取值为 　2：ESP8266 station 已连接 AP，获得 IP 地址； 　3：ESP8266 station 已建立 TCP 或 UDP 传输； 　4：ESP8266 station 断开网络连接； 　5：ESP8266 station 未连接 AP 　<link ID>：网络连接 ID (0~4)，用于多连接的情况 　<type>：字符串参数，"TCP" 或者 "UDP" 　<remote IP>：字符串参数，远端 IP 地址 　<remote port>：远端端口值 　<local port>：ESP8266 本地端口值 　<tetype>取值为 　0: ESP8266 作为 client； 　1: ESP8266 作为 server

续表一

指令名称	指令功能	响应	参 数 描 述
AT + CIPDOMAIN= <domain name>	域名解析	+CIPDOMAIN:<IP address>	<domain name>：待解析的域名 例如：AT + CWMODE = 1 AT + CWJAP = "SSID", "password" AT + CIPDOMAIN = "iot.espressif.cn"
AT + CIPSTART	功能一：建立 TCP 连接 1. TCP 单连接(AT + CIPMUX = 0)时： AT + CIPSTART – <type>, <remote IP>, <remote port>[, <TCP keep alive>] 2. TCP 多连接(AT + CIPMUX = 1)时： AT + CIPSTART = <link ID>, <type>, <remote IP>, <remote port>[, <TCP keep alive>]	OK 或者 ERROR 如果连接已经存在，则返回 ALREADY CONNECT	<link ID>：网络连接 ID(0～4)，用于多连接的情况 <type>：字符串参数，连接类型为"TCP"或者"UDP" <remote IP>：字符串参数，远端 IP 地址 <remote port>：远端端口值； [<TCP keep alive>]：TCP keep alive 侦测时间，默认关闭此功能。其取值为 0：关闭 TCP keep alive 功能； 1～7200：侦测时间，单位为秒 例 如 ： AT + CIPSTART = "TCP", "iot.espressif.cn", 8000 AT + CIPSTART = "TCP","192.168.101.110", 1000
	功能二：建立 UDP 传输 1. TCP 单连接(AT + CIPMUX = 0)时： AT + CIPSTART = <type>, <remote IP>, <remote port>[, (<UDP local port>), (<UDP mode>)] 2. TCP 多连接(AT + CIPMUX = 1)时： AT + CIPSTART = <link ID>, <type>, <remote IP>, <remote port>[, (<UDP local port>), (<UDP mode>)]	OK 或者 ERROR 如果连接已经存在，则返回 ALREADY CONNECT	<link ID>：网络连接 ID (0～4)，用于多连接的情况 <type>：字符串参数，连接类型为"TCP"或者"UDP" <remote IP>：字符串参数，远端 IP 地址 <remote port>：远端端口值 [<UDP local port>]：UDP 传输时设置本地端口； [<UDP mode>]：UDP 传输的属性，若透传，则必须为 0。其取值为 0：收到数据后，不更改远端目标，默认值为 0； 1：收到数据后，改变一次远端目标； 2：收到数据后，改变远端目标 例如：AT + CIPSTART = "UDP", "192.168.101.110", 1000, 1002, 2 注意:此处的<UDP mode>设置 UDP 的传输方建立后，不能再更改；使用<UDP mode >必须先填写<UDP local port>

续表二

指令名称	指令功能	响 应	参 数 描 述
AT + CIPSTART	功能三：建立 SSL 连接 AT + CIPSTART = [<link ID>,] <type>, <remote IP>, <remote port> [, <TCP keep alive>]	OK 或者 ERROR 如果连接已经存在，则返回 ALREADY CONNECT	<link ID>：网络连接 ID(0～4)，用于多连接的情况 <type>：字符串参数，连接类型为 "TCP" 或者 "UDP" <remote IP>：字符串参数，远端 IP 地址 <remote port>：远端端口值 [<TCP keep alive>]：keep alive 侦测时间，默认关闭此功能。其取值为 0：关闭 keep alive 功能； 1～7200：侦测时间，单位为秒 例如： AT + CIPSSLSIZE = 4096 AT + CIPSTART = "SSL", "iot.espressif. cn", 8443 注意： ESP8266 最多仅支持建立 1 个 SSL 连接；SSL 连接不支持透传；SSL 需要占用较多空间，如果空间不足，会导致系统重启。用户可以使用指令 AT + CIPSSLSIZE = <size>增大 SSL 缓存
AT + CIPSSLSIZE = <size>	设 置 SSL buffer 容量	OK 或者 ERROR	<size>：SSL buffer 大小，取值范围为[2048, 4096] 例如：AT + CIPSSLSIZE = 4096
AT + CIPSEND 1. 单连接时： (AT + CIPMUX = 0) AT + CIPSEND =<length> 2. 多连接时： (AT + CIPMUX = 1) AT + CIPSEND = <link ID>, <length>	在普通传输模式时，设置发送数据的长度	1. 发送指定长度的数据； 2. 收到此命令后先换行返回">"，然后开始接收串口数据，当数据长度满 length 时发送数据，回到普通指令模式，等待下一条 AT 指令； 3. 如果没建立连接或连接被断开，返回 ERROR；	<link ID>：网络连接 ID (0～4)，用于多连接的情况 <length>：数字参数，表示发送数据的长度，最大长度为 2048 <remote IP>：UDP 传输可以设置对端 IP <remote port>：UDP 传输可以设置对端端口

指令名称	指令功能	响应	参 数 描 述
3. 如果是 UDP 传输，可是设置远端 IP 和端口： AT + CIPSEND = [<link ID>,] <length> [, <remote IP>, <remote port>]		4. 如果数据发送成功，返回 SEND OK	
AT + CIPSEND	在透传模式时，开始发送数据	收到此命令后先换行返回 ">"	注意： 1. 本指令必须在开启透传模式以及单连接下使用； 2. 若为 UDP 透传，指令 "AT + CIPSTART" 参数<UDP mode>必须为 0。 3. 进入透传模式发送数据，每包最大 2048 字节，或者每包数据以 20 ms 间隔区分； 4. 当输入单独一包 "+++" 时，返回普通 AT 指令模式。发送 "+++" 退出透传时，请至少间隔 1 秒再发下一条 AT 指令
AT + CIPSENDEX 1. 单连接时： (AT + CIPMUX = 0) AT + CIPSENDEX = <length> 2. 多连接时： (AT + CIPMUX = 1) AT + CIPSENDEX = <link ID>, <length> 3. 如果是 UDP 传输，可是设置远端 IP 和端口： AT + CIPSENDEX = [<link ID>,] <length> [, <remote IP>, <remote port>]	在普通传输模式时，设置发送数据的长度	1. 发送指定长度的数据； 2. 收到此命令后先换行返回 ">"，然后开始接收串口数据，当数据长度满 length 或者遇到字符 "\0" 时发送数据； 3. 如果没建立连接或连接被断开，返回 ERROR； 4. 如果数据发送成功，返回 SEND OK	<link ID>：网络连接 ID (0~4)，用于多连接的情况 <length>：数字参数，表示发送数据的长度，最大长度为 2048 <remote IP>：UDP 传输可以设置对端 IP； <remote port>：UDP 传输可以设置对端端口 注意： 1. 当数据长度满 length 或者遇到字符 "\0" 时发送数据，回到普通指令模式，等待下一条 AT 指令； 2. 用户如需发送 "\0"，请转义为 "\\0"

续表四

指令名称	指令功能	响应	参 数 描 述
AT + CIPSENDBUF 1. 单连接时: (AT + CIPMUX = 0) AT + CIPSENDBUF = <length> 2. 多连接时: (AT + CIPMUX = 1) AT + CIPSENDBUF = <link ID>, <length>	数据写入 TCP 发包缓存	<本次 segment ID>, <已 成 功 发 送 的 segment ID> OK 　如果未建立连接 或并非 TCP 连接或 buffer 满等出错,返 回 ERROR 　1. 单连接时,如 果某包数据发送成 功，返回 ID>，SEND OK; 　2. 多连接时,如 果某包数据发送成 功，返回<link ID>, , SEND OK	<link ID>：网络连接 ID (0~4),用 于多连接的情况 　<length>：数据长度,超过长度的数 据则丢弃 　：uint32,给每包写入 数据分配的 ID,从 1 开始计数,每写 入 1 包则自加 1,计数满则重新从 1 计数。 　注意: 　1. 本指令将数据写入 TCP 发包缓 存,无需等待 SEND OK,可连续调用; 　2. 发送成功后,会返回数据包 ID 及 SEND OK; 　3. 在数据没有传入完成时,传入 "+++"可退出发送,之前传入的数据 将直接丢弃; 　4. SSL 连接不支持使用本指令
AT+CIPBUFRESET 1. 单连接时: (AT + CIPMUX = 0) AT + CIPBUFRESET 2. 多连接时: (AT + CIPMUX = 1) AT + CIPBUFRESET = <link ID>	重新计数	OK 　如果有数据包未 发送完毕,或者连 接不存在,则返回 ERROR	<link ID>：网络连接 ID(0~4),用 于多连接的情况 　注意: 　本指令基于 AT+CIPSENDBUF 实现 功能
AT + CIPBUFSTATUS 1. 单连接时: (AT + CIPMUX = 0) AT + CIPBUFSTATUS 2. 多连接时: (AT + CIPMUX = 1) AT + CIPBUFSTATUS = <link ID>	查询 TCP 发包缓 存的状态	<下次的 segment ID>，<已发送的 segment ID>，<成功 发送的 segment ID>， <remain buffer size>, <queue number> OK	<下次的 segment ID>：下次调用 AT + CIPSENDBUF 将分配的 ID 　<已发送的 segment ID>：已发送的 TCP 数据包 ID 　<成功发送的 segment ID>：成功发 送的 TCP 数据包 ID 　<remain buffer size>：TCP 发包缓存 剩余的空间 　<queue number>：底层可用的 queue 数目,并不可靠,仅供参考 　注意:1. 仅当<下次的 segment ID>, <已发送的 segment ID> = 1 的情况下, 调用 AT + CIPBUFRESET 重置计数; 　2. 本指令不支持 SSL 连接使用

续表五

指令名称	指令功能	响应	参 数 描 述
AT+CIPCHECKSEQ 　1. 单连接时: (AT + CIPMUX = 0) AT + CIPCHECKSEQ = 　2. 多连接时: (AT + CIPMUX = 1) AT + CIPCHECKSEQ = <link ID>, <scgment ID>	查询写入 TCP 发包缓存的某包是否发送成功	[<link ID>,　], <status> OK	<link ID>:网络连接 ID (0～4),用于多连接的情况 　 : 调用 AT + CIPSENDBUF 写入数据时分配的 ID 　<status>:为 FALSE 表示发送失败,为 TRUE 表示发送成功 　注意:1. 最多记录最后的 32 个 segment ID 数据包的状态;2. 本指令基于 AT + CIPSENDBUF 实现功能
AT + CIPCLOSE 　1. 用于单连接的情况: 　AT + CIPCLOSE 　2. 用于多连接的情况: AT + CIPCLOSE = <link ID>	关闭 TCP / UDP / SSL 传输	OK	<link ID>:需要关闭的连接 ID 号,当 ID 为 5 时,关闭所有连接(开启 server 后,ID 为 5 无效)
AT + CIFSR	查询本机 IP 地址	+ CIFSR: <IP address> + CIFSR: <IP address>	<IP address>表示 ESP8266 softAP 的 IP 地址或 ESP8266 station 的 IP 地址 　注意:ESP8266 station IP 需连上 AP 后,才可以查询
AT + CIPMUX?	查询连接模式	+ CIPMUX:<mode> OK	无
AT + CIPMUX = <mode>	设置连接模式	OK	<mode>取值为 0:单连接模式; 1:多连接模式 例如:AT+CIPMUX=1 注意: 　1. 默认为单连接; 　2. 只有非透传模式("AT + CIPMODE = 0"),才能设置为多连接; 　3. 必须在没有连接建立的情况下设置连接模式; 　4. 如果建立了 TCP 服务器,想切换为单连接,则必须关闭服务器("AT + CIPSERVER = 0"),服务器仅支持多连接

续表六

指令名称	指令功能	响应	参　数　描　述
AT + CIPSERVER = <mode>[, <port>]	建立 TCP server	OK	<mode>取值为 0：关闭 server；　1：建立 server <port>：端口号，默认为 333 例如： AT + CIPMUX = 1 AT + CIPSERVER = 1，1001 **注意：** 1. 多连接情况下（"AT + CIPMUX = 1"），才能开启 TCP 服务器； 2. 创建 TCP 服务器后，自动建立 TCP server 监听； 3. 当有 TCP client 接入，会自动按顺序占用一个连接 ID
AT + CIPMODE?	查询传输模式	+CIPMODE:<mode> OK	<mode>取值为 0：普通传输模式； 1：透传模式，仅支持 TCP 单连接和 UDP 固定通信对端的情况
AT + CIPMODE = <mode>	设置传输模式	OK	参数说明同上 例如：AT + CIPMODE = 1 **注意：** 1. 本设置不保存到 flash； 2. 透传模式传输时，如果连接断开，ESP8266 会不停尝试重连，此时"+++"退出传输，则停止重连；普通传输模式则不会重连，提示连接断开
AT + SAVETRANSLINK =<mode>, <remote IP or domain name>, <remote port>[, <type>, <TCP keep alive>]	保存透传 (TCP 单连接)到 flash	OK 或者 ERROR	<mode>取值为 　0：取消开机透传； 　1：保存开机进入透传模式 <remote IP>：远端 IP 或者域名 <remote port>：远端 port [<type>]：选填参数 TCP 或者 UDP，缺省默认为 TCP [<TCP keep alive>]：选填参数，TCP keep alive 侦测，缺省默认关闭此功能。其取值为 　0：关闭 TCP keep alive 功能； 　1～7200：侦测时间，单位为秒 例如：AT + SAVETRANSLINK = 1, "192.168.6.110", 1002, "TCP"

指令名称	指令功能	响应	参 数 描 述
			注意： 1. 本设置将透传模式及建立的 TCP 连接均保存在 Flash user parameter 区，下次上电自动建立 TCP 连接并进入透传； 2. 只要远端 IP、port 的值符合规范，本设置就会被保存到 flash
AT + SAVETRANSLINK = \<mode>, \<remote IP>, \<remote port>, \<type>[, \<UDP local port>]	保存透传 (UDP 传输) 到 flash	OK 或者 ERROR	\<mode>取值为 0：取消开机透传； 1：保存开机进入透传模式 \<remote IP>：远端 IP \<remote port>：远端 port \<type>：UDP。注意，若缺省则默认为 TCP [\<UDP local port>]：选填参数，开机进入 UDP 传输时，使用的是本地端口 例如：AT + SAVETRANSLINK = 1, "192.168.6.110", 1002, "UDP", 1005 **注意：** 1. 本设置将透传模式及建立的 UDP 传输均保存在 Flash user parameter 区，下次上电自动建立 UDP 传输并进入透传； 2. 只要远端 IP、port 的值符合规范，本设置就会被保存到 flash
AT + CIPSTO?	查询 TCP serve 超时时间	+ CIPSTO: \<time> OK	无
AT + CIPSTO = \<time>	设置 TCP serve 超时时间	OK	\< time>：TCP server 超时时间，取值范围为 0～7200 秒 例如：AT + CIPMUX = 1 AT + CIPSERVER = 1, 1001 AT + CIPSTO = 10 **注意：** 1. ESP8266 作为 TCP server，会断开一直不通信直至超时了的 TCP client 连接； 2. 如果设置 AT + CIPSTO = 0，则永远不会超时，不建议这样设置

续表八

指令名称	指令功能	响应	参 数 描 述
AT + PING = \<IP>	Ping 功能	+ \<time> OK 或者 ERROR	\<IP>：字符串参数，IP 地址 \<time>：ping 响应时间 例如：AT + PING = "192.168.1.1" AT + PING = "www.baidu.com"
AT + CIUPDATE	通过 Wi-Fi 升级软件	+CIPUPDATE:\<n> OK	\<n>的取值为 1：找到服务器； 2：连接到服务器； 3：获得软件版本； 4：开始升级
AT + CIPDINFO = \<mode>	接收网络数据时，是否提示对端 IP 和端口	OK	\<mode>的取值为 0：不显示对端 IP 和端口； 1：显示对端 IP 和端口 例如： AT + CIPDINFO = 1
+ IPD 　1. 单连接时： (AT + CIPMUX = 0) +IPD, \<len>[, \<remote IP>, \<remote port>]: \<data> 　2. 多连接时： (AT + CIPMUX = 1) +IPD, \<link ID>, \<len> [, \<remote IP>, \<remote port>]: \<data>	接收网络数据	无	[\<remote IP>]：网络通信对端 IP，由指令 "AT + CIPDINFO = 1" 使能显示 [\<remote port>]：网络通信对端端口，由指令 "AT + CIPDINFO = 1" 使能显示 \<link ID>：收到网络连接的 ID 号 \<len>：数据长度 \<data>：收到的数据 注意：此指令在普通指令模式下有效，ESP8266 接收到网络数据时向串口发送 + IPD 和数据

3.2　Wi-Fi 无线通信技术实例

　　ESP8266 系列无线模块是安信可科技自主研发设计的一系列高性价比 Wi-Fi SOC 模组。该系列模块支持标准的 IEEE 802.11b/g/n 协议，内置完整的 TCP/IP 协议栈。用户可以使用该系列模块为现有的设备添加联网功能，也可以构建独立的网络控制器。ESP8266 硬件管脚图如图 3-1 所示。芯片是从 flash 启动进入 AT 系统，只需 CH_PD 引脚接 VCC 或接上拉(不接上拉的情况下，串口可能无数据)，其余三个引脚可选择悬空或接 VCC。在 CH-PD 和 VCC 之间焊接电阻后，将 UTXD(白)、GND(黑)、VCC(红)、URXD(绿)连上 USB-TTL(两者的 TXD 和 RXD 交叉接)，如图 3-2 所示，即可进行测试。

图 3-1　ESP8266 硬件管脚图

图 3-2　ESP8266 连上 USB-TTL 图

本节仅介绍几种常见的 Espressif AT 指令使用示例。设备上电以后,打开 PC 串口工具,波特率设置为 115200,输入 AT 指令,如图 3-3 所示。

注意: AT 指令必须大写,以换行符结束,然后发送。

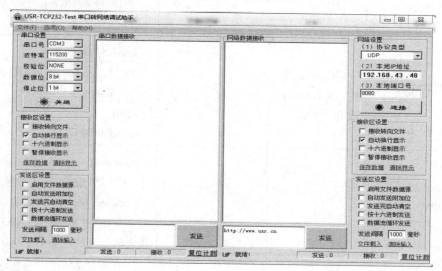

图 3-3　串口调试助手

3.2.1 单连接 TCP Client

单连接 TCP Client 是以 ESP8266 无线模块作为客户端,通过 TCP 协议与服务器之间实现一对一的通信。以下为 ESP8266 作为 station 实现 TCP Client 单连接的举例。

步骤一:设置 WIFI 模式。

```
AT + CWMODE = 3            // softAP + station 模式
```

响应:

```
OK
```

步骤二:连接路由。

```
AT + CWJAP = "Tenda_0CC0D0", "xiong123"
```

响应:

```
WIFI CONNECTED

WIFI GOT IP

OK
```

步骤三：查询设备 IP 地址。

AT + CIFSR

响应：

+CIFSR: APIP, "192.168.4.1"

+CIFSR: APMAC, "62:01:94:3c:0f:46"

+CIFSR: STAIP, "192.168.2.103"

+CIFSR: STAMAC, "60:01:94:3c:0f:46"

OK

步骤四：PC 与 ESP8266 连接同一个路由，在 PC 上使用网络调试助手，创建一个 TCP 服务器，如图 3-4 所示。

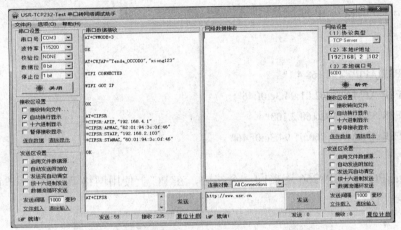

图 3-4　网络调试助手创建 TCP 服务器

步骤五：设备作为 TCP Client 连接 TCP Server。

AT + CIPSTART = "TCP", "192.168.2.102", 6000

响应：

CONNECT

OK

步骤六：发送数据。

AT + CIPSEND = 4　　　　　//设定发送数据的长度

> DGFY　　　　　　　　　//输入需要发送的字符串

响应：

SEND OK

注意：若输入的字节数目超过了指令设定的长度 n，则会响应 busy，并发送数据的前 n 个字节，发送完成后响应 SEND OK。

步骤七：接收数据。

+IPD, n: xxxxxxxxxx##　　　　//接收到 n 个字节，数据为 xxxxxxxxxx

3.2.2　UDP 传输

UDP 传输不区分 server 或者 client，由指令 AT+CIPSTART 建立传输关系，具体步骤如下。

步骤一：设置 Wi-Fi 模式。

　　AT + CWMODE = 3　　　　　　// softAP + station 模式

响应：

　　OK

步骤二：连接路由。

　　AT + CWJAP = "Tenda_0CC0D0", "xiong123"

响应：

　　WIFI CONNECTED

　　WIFI GOT IP

　　OK

步骤三：查询设备 IP 地址。

　　　AT + CIFSR

响应：

　　+CIFSR:APIP, "192.168.4.1"

　　+CIFSR:APMAC, "62:01:94:3c:0f:46"

　　+CIFSR:STAIP, "192.168.2.103"

　　+CIFSR:STAMAC, "60:01:94:3c:0f:46"

　　OK

步骤四：PC 与 ESP8266 连接同一个路由，在 PC 上使用网络调试助手，创建 UDP 传输，如图 3-5 所示。

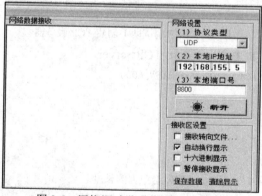

图 3-5　网络调试助手创建 UDP 传输

下面介绍两种 UDP 通信的实例。

1. 固定远端的 UDP 通信

UDP 通信的远端固定，由"AT + CIPSTART"指令的最后参数 0 决定，分配一个连接号给这个固定连接，通信双方不会被其他设备替代。

步骤一：使能多连接。

　　AT + CIPMUX = 1

响应：

　　OK

步骤二：创建 UDP 传输，例如，分配连接 ID 为 4。

　　　AT + CIPSTART = 4, "UDP", "192.168.155.5", 8800, 1112, 0

响应：

　　　4, CONNECT OK

说明："192.168.155.5"，8800"为 UDP 传输的远端 IP 和远端 port，也就是 PC 建立的 UDP 配置；"1112"为 ESP8266 的 UDP 本地端口，用户可自行设置，如不设置则为随机值；"0"表示当前 UDP 传输建立后，UDP 远端不会被其他设备更改；即使有其他设备通过 UDP 协议发数据到 ESP8266 UDP 端口 1112，ESP8266 4 号 UDP 传输的远端也不会被替换，使用指令"AT+CIPSEND=4，X"发送数据，仍然是当前确定的 PC 端收到。

步骤三：发送数据。

　　　AT + CIPSEND = 4，5　　　// 发送 5 个字节到 4 号传输口
　　　OK
　　　>　　　　　　　　　　　　// 输入数据

响应：

　　　SEND OK

注意：若输入的字节数目超过了指令设定的长度 n，则会响应 busy，并发送数据的前 n 个字节，发送完成后响应 SEND OK。

步骤四：接收数据。

　　　+IPD, 4, n: xxxxxxxxxx　　　//接收到 n 个字节，　数据为 xxxxxxxxxxxx

步骤五：断开 UDP 传输。

　　　AT + CIPCLOSE = 4

响应：

　　　4, CLOSED OK

运行效果如图 3-6 所示。

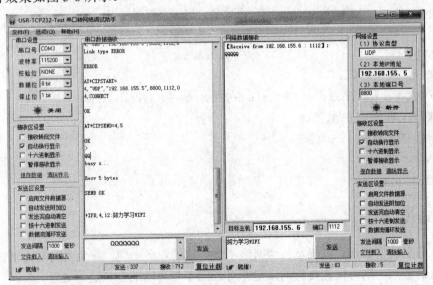

图 3-6　固定远端的 UDP 通信效果图

2. 远端可变的 UDP 通信

步骤一：使能多连接。

AT + CIPMUX = 1

响应：

OK

步骤二：创建 UDP 传输，最后参数为 2。

AT + CIPSTART = "UDP", "192.168.155.5", 8800, 1112, 2

响应：

CONNECT OK

注意："192.168.155.5"，8800"为 UDP 传输的远端 IP 和远端 port，就是前述 PC 建立的 UDP 配置；"1112"为 ESP8266 的 UDP 本地端口，用户可自行设置，如不设置则为随机值；"2"表示当前 UDP 传输建立后，UDP 传输远端仍然会更改；UDP 传输远端会自动更改为最近一个与 ESP8266 UDP 通信的远端。

步骤三：发送数据。

AT + CIPSEND = 5　　　　　// 发送 5 个字节

OK

>　　　　　　　　　　　　　// 输入数据

响应：

SEND OK

注意：若输入的字节数目超过了指令设定的长度 n，则会响应 busy，并发送数据的前 n 个字节，发送完成后响应 SEND OK。

若需要发 UDP 包给其他 UDP 远端，只需指定对方 IP 和 port 即可。如：

AT + CIPSEND = 6, "192.168.101.111", 1000　　// 发送 6 个字节

>abcdef　　　　　　　　　　　　　　　　// 发送数据

响应：

SEND OK

步骤四：接收数据。

+IPD, 4, n: xxxxxxxxx　　//接收到 n 个字节，　数据为 xxxxxxxxxxxx

步骤五：断开 UDP 通信。

AT + CIPCLOSE

响应：

CLOSED OK

3.2.3　透传

透传即是透明传送，也就是传送网络不管传输的业务如何，只负责将需要传送的业务传送到目的节点，同时保证传输的质量即可，而不对传输的业务进行处理。

AT Demo 仅在 ESP8266 作为 TCP Client 单连接或 UDP 传输时，支持透传。

1. TCP Client 单连接透传

以下为 ESP8266 作为 station 实现 TCP Client 单连接透传的举例，ESP8266 作为 softAP 同理实现透传。

步骤一：设置 Wi-Fi 模式。

　　AT + CWMODE = 3　　// softAP + station 模式

响应：

　　OK

步骤二：连接路由。

　　AT + CWJAP = "Tenda_0CC0D0", "xiong123"

响应：

　　WIFI CONNECTED

　　WIFI GOT IP

　　OK

步骤三：查询设备 IP 地址。

　　AT + CIFSR

响应：

　　+CIFSR:APIP, "192.168.4.1"

　　+CIFSR:APMAC, "62:01:94:3c:0f:46"

　　+CIFSR:STAIP, "192.168.2.103"

　　+CIFSR:STAMAC, "60:01:94:3c:0f:46"

　　OK

步骤四：PC 与 ESP8266 连接同一个路由，在 PC 上使用网络调试助手，创建一个 TCP 服务器，如图 3-7 所示。

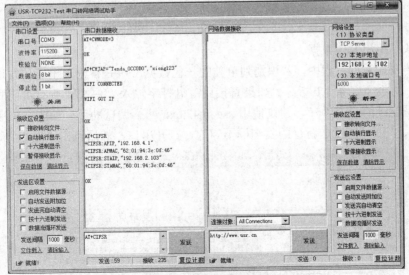

图 3-7　网络调试助手创建 TCP 服务器

步骤五：设备作为 TCP Client 连接 TCP Server。

　　AT + CIPSTART = "TCP", "192.168.2.102", 6000

响应：

    CONNECT

    OK

    步骤六：设置透传模式。

    AT + CIPMODE = 1

响应：

    OK

    步骤七：发送接收数据。

    AT + CIPSEND

响应：

    OK

    >

然后就可以在 TCP Client 和 TCP Server 之间进行数据发送了，如图 3-8 所示。

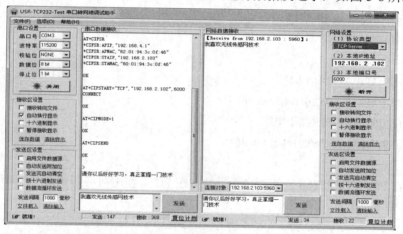

图 3-8　TCP Client 单连接透传发送接收数据

    步骤八：退出发送数据。

在透传发送数据过程中，若识别到单独的一包数据"+++"，则退出透传发送。请至少间隔 1 秒，再发下一条 AT 指令。如果直接用键盘打字输入"+++"，则有可能时间太慢，不被认为是连续的三个"+"，建议使用 sscom42.exe 网络调试助手。如图 3-9 所示，在字符框中输入"+++"，发送新行的复选框不勾选，打开串口，然后点击"发送"即可。

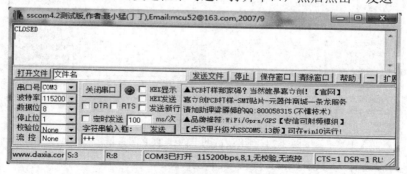

图 3-9　sscom42 助手退出发送数据

　　注意："+++"退出透传发送数据，回到正常 AT 指令模式，TCP 连接仍然是保持的，也可以再发 AT + CIPSEND 指令，开始透传。

　　步骤九：退出透传模式。

　　　　AT + CIPMODE = 0

响应：

　　　　OK

　　步骤十：断开 TCP 连接。

　　　　AT + CIPCLOSE

响应：

　　　　CLOSED

　　　　OK

2. UDP 透传

　　以下为 ESP8266 作为 softAP 实现 UDP 透传的举例，ESP8266 作为 station 实现 UDP 透传同理可以实现。

　　步骤一：设置 Wi-Fi 模式。

　　　　AT + CWMODE = 3　// softAP + station 模式

响应：

　　　　OK

　　步骤二：配置 ESP8266 softAP 参数。

　　　　AT + CWSAP = "TEST", "1234567890", 1, 3

响应：

　　　　OK

　　步骤三：PC 连入 ESP8266 soft-AP，如图 3-10 所示。

　　步骤四：在 PC 上使用网络调试助手，创建一个 UDP，如图 3-11 所示。

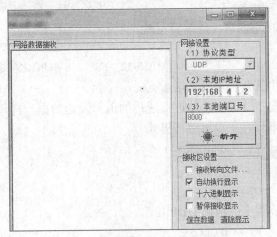

图 3-10　PC 连入 ESP8266 soft-AP　　　　　图 3-11　网络调试助手创建 UDP

　　步骤五：ESP8266 与 PC 对应端口建立固定对端的 UDP 传输。

　　　　AT + CIPSTART = "UDP", "192.168.4.2", 8000, 2233, 0 CONNECT

响应：

OK

步骤六：使能透传模式。

AT + CIPMODE = 1

响应：

OK

步骤七：发送接收数据。

AT + CIPSEND

响应：

OK

>

然后就可以在 ESP8266 和 PC 之间进行 UDP 数据传输，如图 3-12 所示。

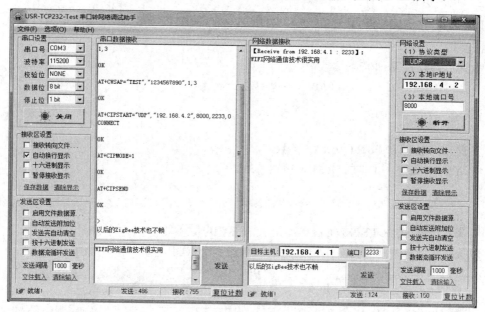

图 3-12　ESP8266 和 PC 之间进行 UDP 传输

步骤八：退出发送数据

与 TCP Client 单连接透传的退出发送数据一样，这里不再赘述。

步骤九：退出透传模式。

AT + CIPMODE = 0

响应：

OK

步骤十：退出 UDP 传输。

AT + CIPCLOSE

响应：

CLOSED

OK

3.2.4　多连接 TCP Server

目前，AT Demo ESP8266 仅支持建立一个 TCP 服务器，且必须使能多连接，即可连接多个 TCP Client。以下为 ESP8266 作为 softAP，建立 TCP 服务器的示例；如果是 ESP8266 作为 station，可在连接路由后，同理建立服务器。

步骤一：设置 Wi-Fi 模式。

　　AT + CWMODE = 3　　　// softAP + station 模式

响应：

　　OK

步骤二：使能多连接。

　　AT + CIPMUX = 1

响应：

　　OK

步骤三：建立 TCP Server，查看电脑网络连接如图 3-13 所示。

　　AT + CIPSERVER = 1　　　　// 默认端口为 333

响应：

　　OK

图 3-13　无线网络连接图

步骤四：PC 连入 ESP8266 softAP。

步骤五：PC 作 TCP Client 连接设备，如图 3-14 所示。

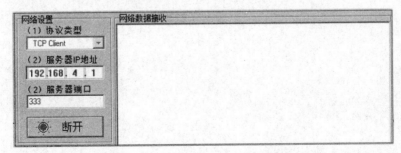

图 3-14　PC 作 TCP Client 连接设备

注意：ESP8266 作为 TCP Server 有超时限制，如果连接建立后，一段时间内无数据来往，则 ESP8266 TCP server 会将 TCP Client 踢掉。在 PC 网络工具连上 ESP8266 后建立一个 2 秒的循环数据发送，用于保持连接。

步骤六：发送数据。

　　AT + CIPSEND = 0, 4　　// 发送 4 个字节到 0 号连接口，连接口默认为 0 号

　　>iopd　　　　　　　　　// 发送的数据

响应：

　　SEND OK

注意：若输入的字节数目超过了指令设定的长度 n，则会响应 busy，并发送数据的前 n 个字节，发送完成后响应 SEND OK。

步骤七：接收数据。

　　+IPD,　4, n: xxxxxxxxxx　　//接收到 n 个字节，数据为 xxxxxxxxxx

步骤五：断开 TCP 连接。

　　AT + CIPCLOSE = 0

响应：

　　0, CLOSED　OK

第 4 章　ZigBee 概述

本章主要介绍 ZigBee 技术概述、与无线传感网技术之间的关系以及 ZigBee 软硬件开发平台的安装和使用。

4.1　ZigBee 技术概述

ZigBee 是一种近距离、低复杂度、低功耗、低成本的双向无线通信技术。它主要用于距离短、功耗低且传输速率不高的各种电子设备之间的数据传输(包括典型的周期性数据、间歇性数据和低反应时间数据)。

ZigBee 的基础是 IEEE 802.15.4，但是 IEEE 802.15.4 仅处理低级的 MAC(媒体接入控制协议)层和物理层协议，ZigBee 联盟对网络层协议和应用层协议进行了标准化。

4.1.1　ZigBee 的由来和发展

ZigBee 名字起源于蜜蜂之间传递信息的方式。蜜蜂通过一种特殊的肢体语言告知同伴新发现的事物源的位置信息，这种肢体语言是 Zigzag(之字形，Z 字形)舞蹈，借此意义以 ZigBee 作为新一代无线通信技术的命名。在此之前 ZigBee 也被称为 HomeRF Lite、RF-EasyLink 或 FireFly 无线电技术，现在统一称为 ZigBee 技术。

ZigBee 模块类似于移动网络的基站，通信距离从几十米到几百米，并支持无线扩展。ZigBee 理论上可以是一个由 65536 个无线模块组成的无线网络平台，在整个网络覆盖范围内，每一个 ZigBee 模块之间可以互相通信。

2003 年 12 月，Chipcon 公司推出第一款符合 2.4 GHz IEEE 802.15.4 标准的射频收发器 CC2420,而后又有很多家公司推出与 CC2420 收发芯片相匹配的处理器,其中以 ATMEL 公司的 Atmega128 最成功(即常用方案是 Atmega128 + CC2420)。

2004 年 12 月，Chipcon 公司推出全球第一个 IEEE 802.15.4 ZigBee 片上系统解决方案——CC2430 无线单片机，该芯片内部集成了一款增强型的 8051 内核以及当时业内性能卓越的射频收发器 CC2420。

2005 年 12 月，Chipcon 公司推出内嵌定位引擎的 ZigBee IEEE 802.15.4 解决方案 CC2431。2006 年 2 月，TI 公司收购 Chipcon 公司，又相继推出一系列的 ZigBee 芯片，比较有代表性的片上系统有 CC2530 等。

TI 公司在软件方面发展得比较快。2007 年 1 月，TI 公司宣布推出 Zstack 协议栈，目前已被全球众多 ZigBee 开发商所采用。Zstack 协议栈符合 ZigBee 2006 规范，支持多种平台，其中包括面向 IEEE 802.15.4/ZigBee 的 CC2430 片上系统解决方案、基于 CC2420 收发器的新平台以及 TI 公司的 MSP430 超低功耗控制器(MCU)。除此之外，Zstack 还支持具备定位感知特性的 CC2431。

4.1.2　无线传感器网络与 ZigBee 的关系

无线传感器网络是指大量的静止或移动的传感器以自组织和多跳的方式构成的无线网络。其目的是协作地感知、采集和处理传输网络覆盖地理区域内感知对象的监测信息，并报告给用户。

无线传感器网络起源于 20 世纪 70 年代，是一种特殊的无线网络，最早应用于美国军方，例如空中预警控制系统。这种原始的传感器网络只能捕获单一信号，传感器节点只能进行简单的点对点通信。

1980 年，美国国防部高级研究计划局提出了分布式传感器网络项目，开启了现代无线传感器网络研究的先例。此项目由美国国防部高级研究计划局信息处理技术办公室主任 Robert Kahn 主导，并由卡耐基·梅隆大学、匹兹堡大学和麻省理工学院等大学研究人员配合，旨在建立一个由空间分布的低功耗传感器节点构成的网络。这些节点之间相互协作并自主运行，将信息送达处理的节点。

20 世纪 80～90 年代，无线传感器网络的研究依旧主要应用于军事领域，并成为网络中心站思想中的关键技术。1994 年，加州大学洛杉矶分校的 Willian J.Kaiser 教授向美国国防部高级研究计划局提交了研究建议书《低功率无线集成微传感器》，以便于深入研究无线传感器网络。1998 年，G.J.Pottie 从网络的研究角度重新阐释了无线传感器网络的科学意义。同年，美国国防部高级研究计划局投入巨资启动 SensIT 项目，目标是实现“超视距”战场监测。1999 年 9 月，美国《商业周刊》将无线传感器网络列入 21 世纪最重要的 21 项技术之一，其被认为是 21 世纪人类信息研究领域所面临的重要挑战之一。

无线传感器网络的应用，一般不需要很高的带宽，但对功耗要求却很严格，大部分时间必须保持低功耗。传感器节点通常使用存储容量不大的嵌入式处理器，对协议栈的大小也有严格的限制。另外，无线传感器网络对网络安全性、节点自动配置和网络动态重组等方面也有一定的要求。无线传感器网络的特殊性对应用于该技术的协议提出了较高的要求，目前使用最广泛的无线传感器网络的物理层和 MAC 层协议为 IEEE 802.15.4。

无线传感器网络与 ZigBee 技术之间的关系可以从两方面进行分析：一是协议标准；二是应用。其具体关系的描述如下：

(1) 从协议标准来讲，目前大多数无线传感器网络的物理层和 MAC 层都采用 IEEE 802.15.4 协议标准。IEEE 802.15.4 描述了低速率无线个人局域网的物理层和媒体接入控制 (MAC)层协议，属于 IEEE 802.15.4 工作组，而 ZigBee 技术是基于 IEEE 802.15.4 标准的无线技术。

(2) 从应用上来讲，ZigBee 适用于通信数据量不大、数据传输速率相对较低、成本较低的便携或移动设备。这些设备只需要很少的能量，以接力的方式通过无线电波将数据从一个传感器传到另外一个传感器，并能实现传感器之间的组网，实现无线传感器网络分布式、自组织和低功耗的特点。

从以上两个方面来讲，ZigBee 是实现无线传感器网络应用的一种重要的技术。

4.1.3　ZigBee 技术的特点

ZigBee 可工作在 2.4 GHz(全球流行)、868 MHz(欧洲流行)和 915 MHz(美国流行)三个频段上，分别具有最高 250 kb/s、20 kb/s 和 40 kb/s 的传输速率，它的传输距离在 10～75 m 的范围内。ZigBee 作为一种无线通信技术，具有以下几个特点。

1. 低功耗

低功耗是 ZigBee 重要的特点之一。一般的 ZigBee 芯片有多种电源管理模式，这些管理模式可以有效地对节点的工作和休眠进行配置，从而使得系统在不工作时可以关闭射频部分，极大地降低了系统功耗，节约了电池的能量。

2. 低成本

ZigBee 网络协议简单，可以在计算能力和存储能力都很有限的 MCU 上运行，非常适用于对成本要求苛刻的场合。现有的 ZigBee 芯片一般都是基于 8051 单片机内核的，成本较低，这对于一些需要布置大量无线传感器网络节点的应用是很重要的。

3. 大容量

ZigBee 设备既可以使用 64 位 IEEE 网络地址，又可以使用指配的 16 位网络短地址。在一个单独的 ZigBee 网络内，理论上可以容纳最多 65536 个设备。

4. 可靠性强

无线通信是共享信道的，因而面临着众多有线网络所没有的问题。ZigBee 在物理层和 MAC 层采用 IEEE 802.15.4 协议，使用带时隙或不带时隙的"载波检测多址访问/冲突避免"(CSMA/CA)的数据传输方法，并与"确认和数据检验"等措施相结合，可保证数据的可靠传输。同时，为了提高灵活性和支持在资源匮乏的 MCU 上运行，ZigBee 支持三种安全模式。最高级安全模式采用属于高级加密标准(AES)的对称密码和公开密钥，可以大大提高数据传输的安全性。

5. 时延短

ZigBee 针对时延敏感做了优化，通信时延和从休眠状态激活的时延都非常短。

6. 灵活的网络拓扑结构

ZigBee 支持星型、树型和网状型拓扑结构，既可以单跳，又可以通过路由实现多跳的数据传输。

4.1.4　ZigBee 芯片

目前最常见的 ZigBee 芯片为 CC243X 系列、MC1322X 系列和 CC253X 系列。下面分别介绍三种系列芯片的特点。

1. CC243X 系列

CC2430/CC2431 是 Chipcon 公司(已被 TI 收购)推出的用来实现嵌入式 ZigBee 应用的片上系统。它支持 2.4 GHz IEEE 802.15.4/ZigBee 协议，是世界上首个单芯片 ZigBee 解决方案。CC2430/CC2431 片上系统家族包括三个不同产品：CC2430-F32、CC2430-F64 和

CC2430-F128。它们的区别在于内置闪存的容量不同，以及针对不同 IEEE 802.15.4/ZigBee 应用做了不同的成本优化。

CC2430/CC2431 在单个芯片上整合了 ZigBee 射频前端、内存和微控制器。它使用一个 8 位 8051 内核，具有 32/64/128 KB 可编程闪存和 8 KB 的 RAM，还包含模拟数字转换器(ADC)、定时器、AES128 协同处理器、看门狗定时器、32 kHz 晶振、休眠模式定时器、上电复位电路和掉电检测电路以及 21 个可编程 I/O 引脚。

CC2430/CC2431 芯片有以下特点：

(1) 高性能、低功耗 8051 微控制器内核。

(2) 极高的灵敏度及抗干扰能力。

(3) 强大的 DMA 功能。

(4) 外围电路只需极少的外接元件。

(5) 电流消耗小(当微控制器内核运行在 32 MHz 时，RX 为 27 mA，TX 为 25 mA)。

(6) 硬件支持 CSMA/CA。

(7) 电源电压范围宽(2.0～3.6 V)。

(8) 支持数字化接收信号强度指示器/链路质量指示(RSSI/LQI)。

2. MC1322X 系列

MC13224 是 MC1322X 系列的典型代表，是飞思卡尔公司研发的第三代 ZigBee 解决方案。MC13224 集成了完整的低功耗 2.4 GHz 无线电收发器，内嵌了 32 位 ARM7 核的 MCU，是高密度、低元件数的 IEEE 802.15.4 综合解决方案，能实现点对点连接和完整的 ZigBee 网状网络。

MC13224 支持国际 802.15.4 标准以及 ZigBee、ZigBee PRO 和 ZigBee RF4CE 标准，提供了优秀的接收器灵敏度和较强的抗干扰性、多种供电模式以及一套广泛的外设集(包括 2 个高速 UART、12 位 ADC 和 64 个通用 GPIO，4 个定时器，I2C 等)。除了更强的 MCU 外，还改进了射频输出功率、灵敏度和选择性，提供了超越第一代 CC2430 的重要性能改进，而且支持一般低功耗无线通信，还可以配备一个标准网络协议栈(ZigBee、ZigBee RF4CE)来简化开发，因此可被广泛应用在住宅区和商业自动化、工业控制、卫生保健和消费类电子等产品中。其主要特性如下：

(1) 2.4 GHz IEEE 802.15.4 标准射频收发器。

(2) 优秀的接收器灵敏度和抗干扰能力。

(3) 外围电路只需极少量的外部元件。

(4) 支持运行网状网系统。

(5) 128 KB 系统可编程闪存。

(6) 32 位 ARM7TDMI-S 微控制器内核。

(7) 96 KB 的 SRAM 及 80 KB 的 ROM。

(8) 支持硬件调试。

(9) 4 个 16 位定时器及 PWM。

(10) 红外发生电路。

(11) 32 kHz 的睡眠计时器和定时捕获。

(12) CSMA/CA 硬件支持。

(13) 精确的数字接收信号强度指示/LQI 支持。

(14) 温度传感器。

(15) 两个 8 通道 12 位 ADC。

(16) AES 加密安全协处理器。

(17) 两个高速同步串口。

(18) 64 个通用 I/O 引脚。

(19) 看门狗定时器。

3. CC253X 系列

CC253X 系列的 ZigBee 芯片主要是 CC2530/CC2531，它们是 CC2430/CC2431 的升级，在性能上要比 CC243X 系列稳定。CC253X 系列芯片是广泛使用于 2.4G 片上系统的解决方案，建立在 IEEE 802.15.4 标准协议之上。其中 CC2530 支持 IEEE 802.15.4 以及 ZigBee、ZigBee PRO 和 ZigBee RF4CE 标准，且提供了 101 dB 的链路质量指示，具有优秀的接收器灵敏度和强抗干扰性。CC2531 除了具有 CC2530 强大的性能和功能外，还提供了全速的 USB2.0 兼容操作，支持五个终端。

CC2530/CC2531 片上系统家族包括四个不同产品：CC2530-F32、CC2530-F64、CC2530-F128 和 CC2530-F256。和 CC243X 系列一样，它们的区别在于内置闪存的容量不同，以及针对不同的 IEEE 802.15.4/ZigBee 应用做了不同的成本优化。

CC253X 系列芯片大致由三部分组成：CPU 和内存相关模块，外设、时钟和电源管理相关模块，无线电相关模块。

1) CPU 和内存

CC253X 系列使用的 8051CPU 内核是一个单周期的 8051 兼容内核。它有三个不同的存储器访问总线(SFR、DATA 和 CODE/XDATA)，以单周期访问 SFR、DATA 和 SRAM。它还包括一个调试接口和一个中断控制器。

内存仲裁器位于系统中心，因为它通过 SFR 总线，把 CPU 和 DMA 的控制器和物理存储器与所有外设连接在一起。内存仲裁器有四个存取访问点，每次访问每一个都可以映射到这三个物理存储器之一：8 KB 的 SRAM、闪存存储器和一个 XREG/SFR 寄存器。内存仲裁器负责执行仲裁，并确定同时到同一个物理存储器的内存访问的顺序。

8 KB SRAM 映射到 DATA 存储空间和 XDATA 存储空间的某一部分。8 KB 的 SRAM 是一个超低功耗的 SRAM，当数字部分掉电时能够保留自己的内容，这对于低功耗应用是一个很重要的功能。

32/64/128/256 KB 闪存块为设备提供了可编程的非易失性程序存储器，映射到 CODE 和 XDATA 存储空间。除了保存代码和常量，非易失性程序存储器允许应用程序保存必须保留的数据，这样在设备重新启动之后可以使用这些数据。

中断控制器提供了 18 个中断源，分为 6 个中断组，每组与 4 个中断优先级相关。当设备从空闲模式回到活动模式时，也会发出一个中断服务请求。一些中断还可以从睡眠模式唤醒设备。

2) 时钟和电源管理

CC253X 芯片内置一个 16 MHz 的 RC 振荡器，外部可连接 32 MHz 外部晶振。数字内核和外设由一个 1.8 V 低差稳压器供电。另外 CC253X 包括一个电源管理功能，可以实现使用不同的供电模式，用于延长电池的寿命，有利于低功耗运行。

3) 外设

CC253X 系列芯片有许多不同的外设，允许应用程序设计者开发先进的应用。这些外设包括调试接口、I/O 控制器、两个 8 位定时器、一个 16 位定时器和一个 MAC 定时器、ADC 和 AES 协处理器、看门狗电路、两个串口和 USB(仅限于 CC2531)。

4) 无线设备

CC253X 设备系列提供了一个与 IEEE 802.15.4 兼容的无线收发器，在 CC253X 内部主要由 RF 内核组成。RF 内核提供了 MCU 和无线设备之间的一个接口，可以发出命令、读取状态、自动操作和确定无线设备的顺序。无线设备还包括一个数据包过滤和地址识别模块。

4.1.5 常见的 ZigBee 协议栈

常见的 ZigBee 协议栈分为三种：非开源的协议栈、半开源的协议栈和开源的协议栈。

1. 非开源的协议栈

常见的非开源的 ZigBee 协议栈的解决方案包括 Freescale 解决方案和 Microchip 解决方案。

Freescale 公司最简单的 ZigBee 解决方案就是 SMAC 协议，是面向简单的点对点应用，不涉及网络概念。Freescale 公司完整的 ZigBee 协议栈为 BeeStack 协议栈，也是目前最复杂的协议栈，看不到具体的代码，只提供一些封装好的函数供直接调用。

Microchip 公司提供的 ZigBee 协议为 ZigBee PRO 和 ZigBee RF4CE，均是完整的 ZigBee 协议栈，但是收费偏高。

2. 半开源的协议栈

TI 公司开发的 Zstack 协议栈是一个半开源的 ZigBee 协议栈，是一款免费的 ZigBee 协议栈，它支持 ZigBee 和 ZigBee PRO，并向后兼容 ZigBee 2006 和 ZigBee 2004。Zstack 内嵌了 OSAL 操作系统，使用标准的 C 语言代码和 IAR 开发平台，比较易于学习，是一款适合工业级应用的 ZigBee 协议栈。

3. 开源的协议栈

Freakz 是一个彻底开源的 ZigBee 协议栈，它的运行需要配合 Contikj 操作系统，类似于(Zstack + OSAL)。Contikj 的代码全部用 C 语言编写，对于初学者来说比较容易上手。Freakz 适合用于学习，对于工业应用来讲 Zstack 比较实用。

4.2 ZigBee 软件开发平台

本书选用的 ZigBee 协议栈是 TI 公司开发的 Zstack 协议栈，所需要的软件开发平台有 IAR 软件集成开发平台、ZigBee 嗅探器(ZigBee Sniffer)、物理地址修改软件(SmartRF Flash

Programmer)以及其他的辅助软件。

4.2.1　IAR 软件开发平台

IAR Embedded Workbench(简称 IAR 或 EW)的 C/C++ 交叉编译器和调试器是完整且容易使用的嵌入式应用开发工具,对不同的处理器提供不同的版本(例如,IAR For 51、For ARM、For AVR 等),且提供一样的直观用户界面。IAR 包括嵌入式 C/C++ 优化编译器、汇编器、连接定位器、库管理员、编译器、项目管理器和 C-SPY 调试器。使用 IAR 的编译器可以节省硬件资源,最大限度地降低产品成本,提高产品竞争力。

IAR 产品的特征包括以下几个方面:

(1) 完全标准的 C 兼容。

(2) 目标特性扩充。

(3) 版本控制和扩展工具支持良好。

(4) 内建对应芯片的程序速度和大小优化器。

(5) 便捷的中断处理和模拟。

(6) 高效浮点支持。

(7) 瓶颈性能分析。

(8) 工程中相对路径支持。

(9) 内存模式选择。

4.2.2　IAR 软件的安装

本书使用的 IAR 是 IAR For 51 版,其对硬件的配置要求如表 4-1 所示。

表 4-1　IAR 安装的配置要求

硬件名称	配 置 要 求
CPU	最低 600 MHz 处理器,建议 2 GHz 以上
RAM 内存	1 GB,建议 2 GB 以上
可用硬盘空间	可用空间 1.4 GB
操作系统	Windows 2000/2003/XP/Vista/7/8/10

安装 IAR 需要一个 IAR 安装包和产品序列号生成软件,如图 4-1 所示。

EW8051-EV-810
3-Web　　　　IAR kegen
PartA

图 4-1　IAR 安装需要软件

(1) 双击 IAR 的安装程序 "EW8051-EV-8103-Web" 进入安装界面,如图 4-2 所示,点击 "Next" 按钮。

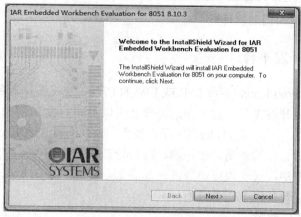

图 4-2　安装界面

(2) 点击图 4-2 中所示的 "Next" 按钮后，弹出一个是否在线注册的对话框，如图 4-3 所示，直接点击 "Next" 按钮进行安装。

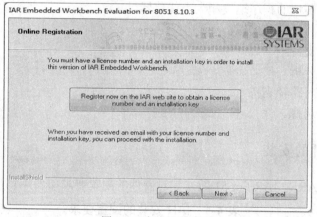

图 4-3　在线注册界面

(3) 点击图 4-3 中所示的 "Next" 按钮后，弹出一个是否接收安装协议的对话框，如图 4-4 所示，选择 "I accept the terms of the license agreement" 项的单选按钮，点击 "Next" 按钮。

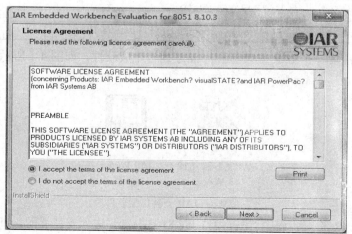

图 4-4　接受安装协议界面

（4）点击图 4-4 中所示的"Next"按钮后，弹出一个输入产品序列号的对话框，如图 4-5 所示。此时运行 IAR kegen PartA 软件，运行结果如图 4-6 所示。把图 4-6 中的 License number 文本框中的产品序列号复制到图 4-5 的 License#文本框中，点击"Next"按钮，进入第二组序列号的界面，如图 4-7 所示。同样把图 4-5 中 License Key 文本框中的所有字符复制到图 4-7 中的 License Key 文本框中。关闭 IAR kegen PartA 软件。点击图 4-7 中所示的"Next"按钮。

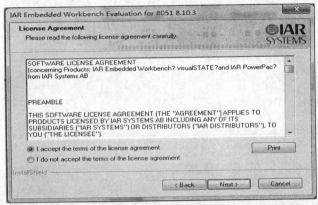

图 4-5　第一组序列号

图 4-6　IAR kegen PartA 软件运行界面

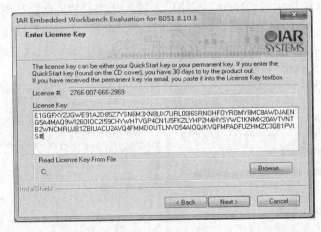

图 4-7　第二组序列号

（5）点击图 4-7 中所示的"Next"按钮后，进入安装类型选择界面，如图 4-8 所示，选择"Complete"（完全安装），点击"Next"按钮，进入安装路径选择界面，如图 4-9 所示。

在图 4-9 所示的安装路径界面中，可以选择"Change…"按钮，进入选择路径界面，也可以使用默认路径，直接点击"Next"按钮即可。

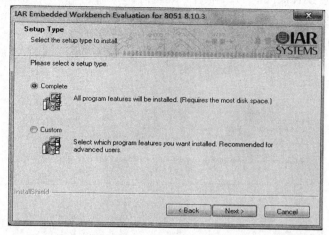

图 4-8　安装类型选择界面

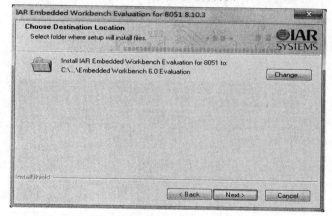

图 4-9　选择安装路径界面

(6) 点击图 4-9 中所示的"Next"按钮后，进入开始安装界面，如图 4-10 所示，继续点击"Next"按钮，进入安装界面，如图 4-11 所示，点击"Install"按钮，开始进行安装，进入安装过程界面，如图 4-12 所示。几分钟以后，安装结束，进入完成安装界面，如图 4-13 所示，点击"Finish"按钮，即可完成整个安装过程。

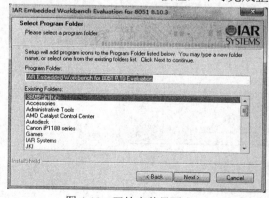

图 4-10　开始安装界面

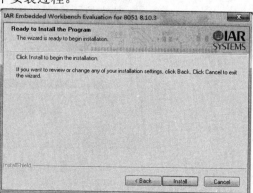

图 4-11　安装界面

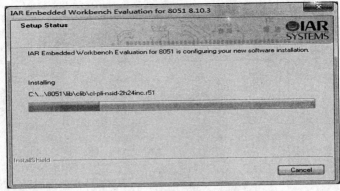

图 4-12　安装过程界面

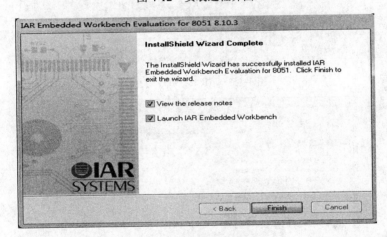

图 4-13　完成安装界面

4.2.3　IAR 软件的使用

IAR 可以完成工程的建立、代码编辑、环境配置、编译和调试等功能。下面通过具体步骤进行详细解读。

1. 新建一个 IAR 工程

点击"开始→所有程序→IAR Systems→IAR Embedded Workbench for 8051 8.10 Evaluation→IAR Embedded Workbench", 如图 4-14 所示。

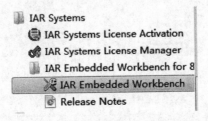

图 4-14　打开 IAR

打开界面如图 4-15 所示。点击菜单栏的 Project 选项,选择"Creat New Project",新建一个工程,弹出如图 4-16 所示的界面,选择"8051"点击"OK"按钮。

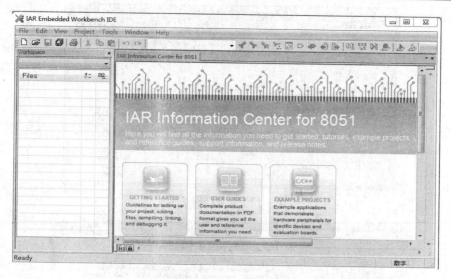

图 4-15　IAR for 8051 界面

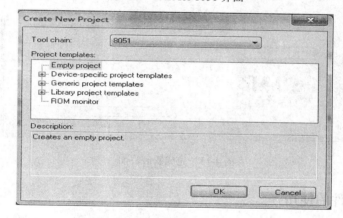

图 4-16　新建一个工程

2. 保存工程

保存工程为 ewp 文件，文件名为 example1，如图 4-17 所示。

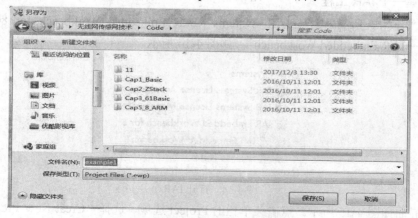

图 4-17　保存文件名为 example1

点击"File→Save Workspace"将工程保存到"工作空间(Workspace)"内，工作空间 eww 文件的名字可以与工程名相同，如图 4-18 所示。

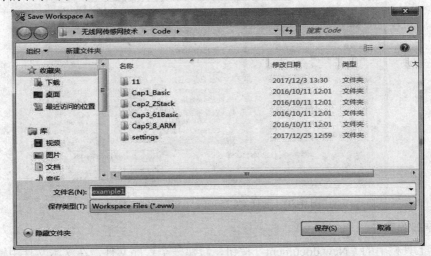

图 4-18　保存 eww 文件

3. 工程设置

点击菜单"Project→Options"进入工程设置窗口(或者直接右击项目名称，选择"Options"选项)，如图 4-19 所示。

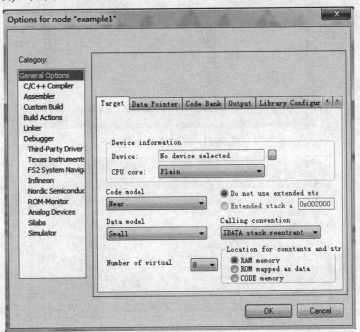

图 4-19　工程设置菜单

在图 4-19 所示的 General Options 中的"Target"页面上选择"Device"后面的选择按钮，选择 CC2530F256.i51 配置文件，点击"打开"，然后点击"OK"按钮，如图 4-20 所示。

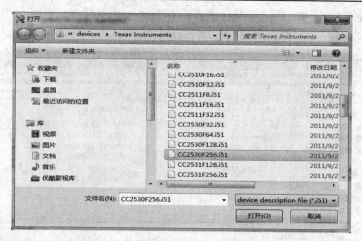

图 4-20　选择 CC2530F256.i51 配置文件

4. 添加源文件

点击工具栏上的"New document"按钮，新建一个程序文件，在文本文件中输入相应的源码，如图 4-21 所示。最后保存该文件，命名为 main.c(可自行命名)，如图 4-22 所示。

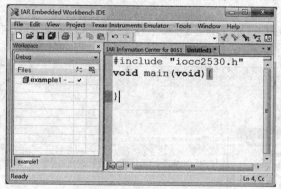

图 4-21　新建程序文件

图 4-22　保存程序文件

建立程序文件以后，需要将程序文件添加到工程中，通过右击工程名，在弹出的对话框中选择"Add→Add Files"选项，在弹出的添加文件对话框中，选择自己新建的 main.c 文件，点击"打开"按钮，将文件添加到工程中，如图 4-23 所示。

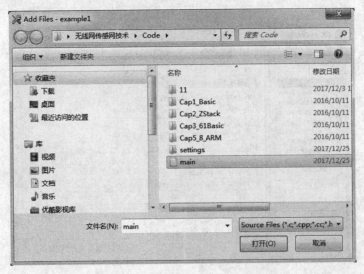

图 4-23　添加源文件到工程中

5. 编译

把编写好的程序文件添加到工程以后，即可进行编译。可以通过点击菜单"Project→Rebuild All"或点击工具栏中的"Make"图标进行编译，程序编译完成后，无错误无警告的情况如图 4-24 所示。

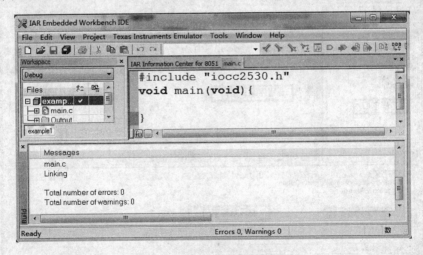

图 4-24　编译完成

6. 下载调试程序

在程序编译完成无错误的情况下，可以对其进行仿真调试(仿真调试需要硬件的支持)，在仿真调试之前需要进行仿真器的驱动配置，具体配置如下：右击工程名选择"Options"选项，在 Debugger 中的"Setup"页面上选择 Driver 下面下拉列表的"Texas Instruments"选项，点击"OK"按钮，如图 4-25 所示。

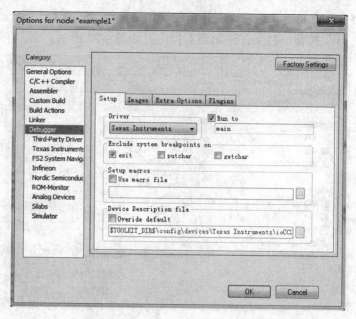

图 4-25　选择 Texas Instruments 驱动

　　在驱动配置完成之后，对其进行下载调试，点击菜单"Project→Debug"，或者选择工具栏中的"Download and Debug"按钮进行。程序下载成功之后，具体的调试过程可以通过调试选项栏中的按钮进行，如图 4-26 所示。

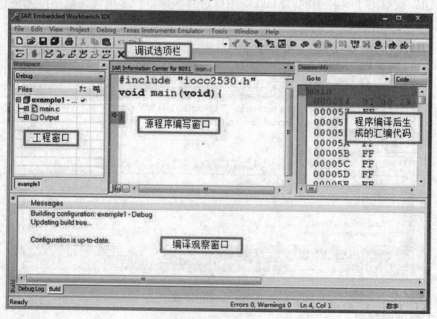

图 4-26　调试窗口

第 5 章　ZigBee 技术原理

本章主要介绍 ZigBee 技术原理，这是更深入了解 ZigBee 协议的应用以及后续开发的基础。

5.1　ZigBee 网络结构

ZigBee 技术是一种低数据传输速率的无线个域网，网络的基本成员称为设备。网络中的设备按照各自作用的不同可以分为协调器节点、路由器节点和终端节点。

· ZigBee 网络协调器是整个网络的中心，它的功能包括建立、维持和管理网络，分配网络地址等。所以可以将 ZigBee 网络协调器认为是整个 ZigBee 网络的"大脑"。

· ZigBee 网络路由器主要负责路由发现、消息传输、允许其他节点通过它接入到网络。

· ZigBee 终端节点通过 ZigBee 协调器或者 ZigBee 路由器接入到网络中，ZigBee 终端节点主要负责数据采集或控制功能，但不允许其他节点通过它加入到网络中。

本节将重点介绍 ZigBee 网络体系、ZigBee 网络拓扑结构和 ZigBee 协议架构。

5.1.1　网络体系

按照 OSI 模型(开放式通信系统互联参考模型)，ZigBee 网络分为四层，从下向上分别为物理层、媒体访问控制(MAC)层、网络层(NWK)/安全层和应用层。其中物理层和 MAC 层由 IEEE 802.15.4 标准定义，合称 IEEE 802.15.4 通信层；网络层和应用层由 ZigBee 联盟定义。如图 5-1 所示为 ZigBee 网络协议架构分层，每一层向它的上层提供数据和管理服务。

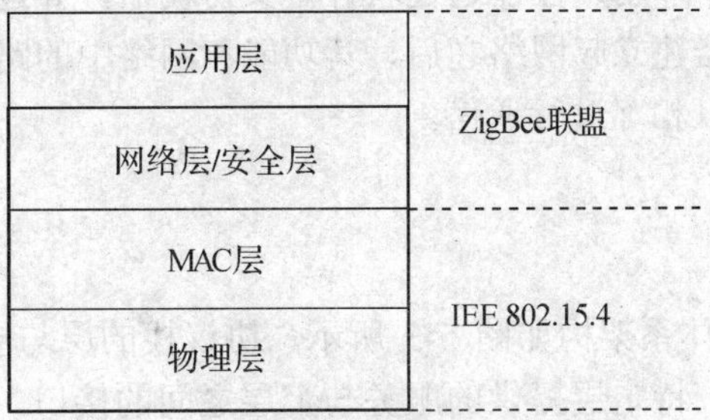

应用层	ZigBee联盟
网络层/安全层	
MAC层	IEE 802.15.4
物理层	

图 5-1　ZigBee 网络体系架构

5.1.2　拓扑结构

ZigBee 网络支持三种拓扑结构：星型、树型和网状型结构，如图 5-2 所示。

· 在星型拓扑结构中，所有的终端设备只和协调器之间进行通信。

· 树型网络由一个协调器和多个星型结构连接而成，设备除了能与自己的父节点或子节点互相通信外，其他只能通过网络中的树型路由完成通信。

· 网状型网络是在树型网络的基础上实现的。与树型网络不同的是，它允许网络中所有具有路由功能的节点互相通信，由路由器中的路由表完成路由查寻过程。

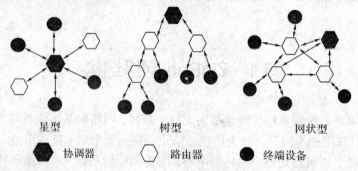

图 5-2　ZigBee 网络拓扑结构

1. 星型网络的形成过程

在星型网络中，协调器作为发起设备，协调器一旦被激活，它就建立一个自己的网络，并作为 PAN 协调器。路由设备和终端设备可以选择 PAN 标识符加入网络。不同 PAN 标识符的星型网络中的设备之间不能进行通信。

2. 树型网络的形成过程

在树型网络中，由协调器发起网络，路由器和终端设备加入网络。设备加入网络后由协调器为其分配 16 位短地址，具有路由功能的设备可以拥有自己的子设备。但是在树型网络中，子设备只能和自己的父设备进行通信，如果某终端设备要与非自己父设备的其他设备通信，则必须经过树型路由进行通信。

3. 网状型网络的形成过程

在网状型网络中，每个设备都可以与在无线通信范围内的其他任何设备进行通信。理论上任何一个设备都可定义为 PAN 主协调器，设备之间通过竞争的关系竞争 PAN 主协调器。但是在实际应用中，用户往往通过软件定义协调器，并建立网络，路由器和终端设备加入此网络。当协调器建立起网络之后，其功能和网络中的路由器功能是一样的，在此网络中的设备之间都可以相互进行通信。

5.1.3　协议架构

ZigBee 网络协议体系架构如图 5-3 所示，协议栈的层与层之间通过服务接入点(SAP)进行通信。SAP 是某一特定层提供的服务与上层之间的接口。大多数层有两个接口：数据服务接口和管理服务接口。数据服务接口的目标是向上层提供所需的常规数据服务；管理服务接口的目标是向上层提供访问内部层参数、配置和管理数据服务。

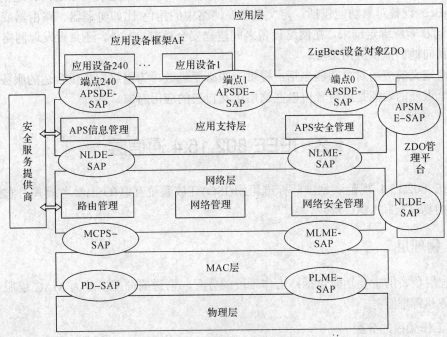

图 5-3　ZigBee 协议体系架构

ZigBee 协议体系架构是在 IEEE 802.15.4 标准的基础上建立的，IEEE 802.15.4 标准定义了 ZigBee 协议的物理层和 MAC 层。因此 ZigBee 设备应该包括 IEEE 802.15.4 的物理层和 MAC 层以及 ZigBee 堆栈层，其中 ZigBee 堆栈层包括 ZigBee 联盟定义的网络层和应用层以及安全服务商提供的安全服务层。

1. 物理层和 MAC 层

IEEE802.15.4 标准为低速率无线个人域网定义了 OSI 模型最底层的两层，即物理层和 MAC 层，也是 ZigBee 协议底部的两层，因此这两层也称为 IEEE 802.15.4 通信层。

2. 网络层

网络层提供保证 IEEE 802.15.4 MAC 层正确工作的能力，并为应用层提供合适的服务接口，包括数据服务接口和管理服务接口。

数据服务接口的作用主要有以下两点：

(1) 为应用支持子层的数据添加适当的协议头以便产生网络协议数据单元。

(2) 根据路由拓扑结构，把网络数据单元发送到通信链路的目的地址设备或通信链路的下一跳地址。

管理服务接口的作用有以下两点：

(1) 提供的服务包括配置新设备、创建新网络、设备请求加入或者离开网络。

(2) 允许 ZigBee 协调器或路由器请求设备离开网络、寻址、路由发现等功能。

3. 应用层

应用层包括三部分：应用支持子层、ZigBee 设备对象和厂商定义的应用对象。

应用支持子层提供了网络层和应用层之间的接口，包括数据服务接口和管理服务接

口。其中管理服务接口提供设备发现服务和绑定服务，并在绑定的设备之间传送消息

ZigBee 设备对象功能包括：定义设备在网络中的角色(比如协调器、路由器或终端设备)，发起和响应绑定请求，在网络设备之间建立安全机制。另外，还负责发现网络中的设备，并且向他们提供应用服务。

厂商定义的应用对象功能包括：提供一些必要函数，为网络层提供合适的服务接口。另外一个重要的功能是应用者可以在这层定义自己的应用对象。

5.2　IEEE 802.15.4 通信层

IEEE 802.15.4 规范满足国际标准组织(ISO)开放系统互联(OSI)参考模式，它定义了 ZigBee 的物理层和 MAC 层。

5.2.1　物理层

物理层负责的主要功能包括：工作频段的分配，信道的分配以及为 MAC 层服务提供数据服务和管理服务。

1. 工作频段的分配

IEEE 802.15.4 定义了两个物理标准，分别是 2450 MHz(一般称为 2.4 GHz)的物理层和 868/915 MHz 的物理层。它们基于直接序列扩频，使用相同的物理层数据包格式，区别在于工作频段、调制技术和传输速率的不同。

2.4 GHz 是全球统一的无需申请的 ISM 频段，有助于 ZigBee 设备的推广和生产成本的降低。此频段的物理层通过采用高阶调制技术能够提供 250 kb/s 的传输速率，有助于获得更高的吞吐量、更小的通信延时和更短的周期，达到节约能源的目的。另外，此频段提供 16 个数据速率为 250 kb/s 的信道。

868 MHz 是欧洲的 ISM 频段，915 MHz 是美国的 ISM 频段，这两个频段的引入避免了 2.4 GHz 附近各种无线通信设备的相互干扰。868 MHz 的传输速率为 20 kb/s，915 MHz 的传输速率是 40 kb/s。这两个频段上无线信号传播损耗较小，可以降低对接收灵敏度的要求，获得较远的通信距离。在 868/915 MHz 频段中，868 MHz 支持 1 个数据速率为 20 kb/s 的信道，915 MHz 支持 10 个数据速率为 40 kb/s 的信道。

2. 信道的分配

IEEE 802.15.4 物理层在三个频段上划分了 27 个信道，信道编号 k 为 0～26。2.4 GHz 频段上划分了 16 个信道，915 MHz 频段上有 10 个信道，868 MHz 频段只有 1 个信道。27 个信道的中心频率和对应的信道编号定义如下：

$$f_c = 868.3 \text{ MHz} \qquad\qquad k = 0$$
$$f_c = [906 + 2(k-1)] \text{ MHz} \qquad k = 1, 2, \cdots, 10$$
$$f_c = [2405 + 2(k-11)] \text{ MHz} \qquad k = 11, 12, \cdots, 26$$

3. 物理层服务规范

物理层的主要功能是在一条物理传输媒体上，实现数据链路实体之间透明地传输各种

数据比特流。它提供的主要服务包括：物理层连接的建立、维持与释放，物理服务数据单元的传输，物理层管理，数据编码。物理层功能涉及"服务原语"和"服务访问接口"两个概念，它们的意义如下所述。

(1) 服务原语：ZigBee 协议栈是一种分层结构，从下至上第 N 层向第 N+1 层或者第 N+1 层向第 N 层提供一组操作(也叫服务)，这种"操作"叫做服务原语。它一般通过一段不可分割的或不可中断的程序实现其功能。服务原语用以实现层和层之间的信息交流。

(2) 服务访问接口：服务访问接口(Service Access Point，SAP)是某一特定层提供的服务与上层之间的接口。这里所说的"接口"是指不同功能层的"通信规则"。

例如，物理层服务访问接口是通过射频固件和硬件提供给 MAC 层与无线信道之间的通信规则。服务访问接口是通过服务原语实现的，其功能是为其他层提供具体服务。

注意：这里要区分"服务原语"和"协议"的区别："协议"是两个需要通信的设备之间的同一层之间如何发送数据、如何交换帧的规则，是"横向"的；而"服务原语"是"纵向"的层和层之间的一组操作。

IEEE 802.15.4 标准的物理层所实现的功能包括数据的发送与接收、物理信道的能量检测、射频收发器的激活与关闭、空闲信道评估、链路质量指示、物理层属性参数的获取与设置，这些功能是通过物理层服务访问接口来实现的。

物理层主要有以下两种服务接口(SAP)：

(1) 物理层管理服务访问接口(Physical Layer Management Entity，简称 PLME-SAP)。PLME-SAP 除了负责在物理层和 MAC 层之间传输管理服务之外，还负责维护物理层 PAN 信息库(PHY PIB)。

(2) 物理层数据服务访问接口(Physical Data SAP，简称 PD-SAP)。PD-SAP 负责为物理层和 MAC 层之间提供数据服务。

PLME-SAP 和 PD-SAP 通过物理层服务原语实现物理层的各种功能，如图 5-4 所示。

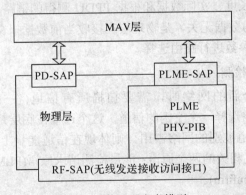

图 5-4　物理层参考模型

4. 数据的发送与接收

数据的发送和接收是通过 PD-SAP 提供的 PD-DATA 原语完成的，它可以实现两个 MAC 子层的 MAC 协议数据单元(MAC Protocol Data Unit，MPDU)传输。IEEE 802.15.4 标准专门定义了三个与数据相关的原语：数据请求原语(PD-DATA.Request)、数据确认原语(PD-DATA. confirm)和数据指示原语(PD-DATA.Indication)。

　　数据请求原语由 MAC 子层产生，主要用于处理 MAC 子层的数据发送请求。其语法如下：

　　　　PD-DATA.request(

　　　　　　　　　　psduLength,

　　　　　　　　　　psdu

　　　　　　　　　　)

其中，参数 psdu 为 MAC 层请求物理层发送的实际数据，psduLength 为待发数据报文长度。物理层在接收到该原语的时候，首先会确认底层的射频收发器已置于发送打开状态，然后控制底层射频硬件把数据发送出去。

　　数据确认原语是由物理层发给 MAC 子层的，作为对数据请求原语的响应。其语法如下：

　　　　PD-DATA.confirm(

　　　　　　　　　　Status

　　　　　　　　　　)

其中，原语的参数 status 为失效的原因，即参数为射频收发器置于接收状态(RX-ON)或者未打开状态(TRX_OFF)时，将通过数据确认原语告知上层。否则视为发送成功，即参数为 SUCCESS，同样通过原语报告给上层。

　　数据指示原语主要用于向 MAC 子层报告接收的数据。在物理层成功收到一个数据后，将产生该原语通告给 MAC 子层。语法如下：

　　　　PD-DATA.indication(

　　　　　　　　　　psduLength,

　　　　　　　　　　psdu,

　　　　　　　　　　ppduLinkQuality

　　　　　　　　　　)

其参数为接收到的数据长度、实际数据和根据 PPDU 测得的链路质量(LQI)。其中 LQI(即 ppduLinkQuality 参数)与数据无关，是物理层在接收当前数据报文时链路质量的一个量化值，上层可以借助这个参数进行路由选择。

5. 物理能量信道的检测

　　协调器在构建一个新的网络时，需要扫描所有信道(在 MAC 层这种扫描称作 ED_SCAN)，然后为网络选择一个空闲的信道，这个过程在底层是借助物理信道能量检测来完成的。如果一个信道被别的网络占用，则体现在信道能量上的值是不一样的。IEEE 802.15.4 标准定义了与之相关的两个原语：能量检测请求原语(PLME_ED.request)和能量检测确认原语(PLED-ED.confirm)。

　　(1) 能量检测请求原语由 MAC 子层产生。能量检测请求原语为一个无参的原语，语法如下：

　　　　PLME-ED.request( )

收到该原语后，如果设备处于接收使能状态，PLME 就指示物理层进行能量检测(ED)。

　　(2) 能量检测确认原语由物理层产生，物理层在接收到能量检测原语后把当前信道状态以及当前信道的能量值返回给 MAC 子层。其语法如下：

```
PLME-ED.confirm(
                    Status,
                    Energy Level
                )
```

其中，状态参数 status 将指示能量检测失败的原因(TRX_OFF 或 TX_ON)，如果设备处于收发关闭状态(TRX_OFF)或发送使能状态(TX_ON)，则无法进行能量检测。在具体实现中，一般射频芯片会使用特定的寄存器存放当前的信道状态以及信道的能量值。

注意：在 Zstack 协议栈中，用户往往会提前指定信道的使用，以便于 ZigBee 网络的管理和维护。

6. 射频收发器的激活与关闭

为了满足低功耗要求，在不需要无线数据收发时，可以选择关闭底层射频收发器。IEEE 802.15.4 标准定义了两个相关的原语：收发器状态设置请求原语(PLME-SET-TRX-STATE. request)和收发器状态设置确认原语(PLME-SET-TRX-STATE.confirm)。

(1) 收发器状态设置请求原语由 MAC 子层产生。其语法如下：

```
PLME-SET-TRX-STATE.request(
                    Status
                )
```

其参数为需要设置的目标状态，包括射频接收打开(RX_ON)、发送打开(TX_ON)、收发关闭(TRX_OFF)和强行收发关闭(FORCE_TRX_OFF)。

(2) 物理层在接收到收发器状态设置确认原语后，将射频设置为对应的状态，并通过设置确认原语返回后才出结果。其语法如下：

```
PLME-SET-TRX-STATE.confirm(
                    Status
                )
```

其中，参数 status 的取值为 SUCCESS、RX_ON、TRX_OFF、TX_ON、BUSY_RX 或 BUSY_TX。

7. 空闲信道评估

由于 IEEE 802.15.4 标准的 MAC 子层采用的是 CSMA/CA 机制访问信道，故需要探测当前的物理信道是否空闲，物理层提供的空闲信道评估(Clear Channel Assessment，CCA)检测功能就是专门为此而定义的。此功能定义的两个与之相关的原语为 CCA 请求原语(PLME-CCA.request)和 CCA 确认原语(PLME-CCA.confirm)。

CCA 请求原语由 MAC 子层产生，语法为 PLME-CCA.request()，是一个无参的请求原语，用于向物理层询问当前的信道状况。在物理层收到该原语后，如果当前的射频收发状态设置为接收状态，则将进行 CCA 操作(读取物理芯片中相关的寄存器状态)。

CCA 确认原语由物理层产生，语法如下：

```
PLME-CCA.confirm(
                    Status
                )
```

通过 CCA 确认原语返回信道空闲或者信道繁忙状态。如果当前射频收发器处于关闭状态或者发送状态，则 CCA 确认原语将对应返回 TRX_OFF 或 TX_ON。

8. 链路质量指示

高层的协议往往需要依据底层的链路质量来选择路由，物理层在接收一个报文的时候，可以顺带返回当前的 LQI 值，物理层主要通过底层的射频硬件支持来获取 LQI。MAC 软件产生的 LQI 值可以用信号接收强度指示器(RSSI)来表示。

9. 物理层属性参数的获取与设置

在 ZigBee 协议栈里面，每一层协议都维护着一个信息库(PAN information base，PIB)用于管理该层，里面具体存放着与该层相关的一些属性参数，如最大报文长度等。在高层可以通过原语获取或者修改下一层的信息库里面的属性参数。IEEE 802.15.4 物理层也同样维护着这样一个信息库，并提供以下四个相关原语：

(1) 属性参数获取请求原语(PLME-GET.request)。

(2) 属性参数获取确认原语(PLME-GET.confirm)。

(3) 属性参数设置请求原语(PLME-SET.request)。

(4) 属性参数设置确认原语(PLME-SET.confirm)。

5.2.2　MAC 层

前述物理层负责信道的分配，而 MAC 层负责无线信道的使用方式，它们是构建 ZigBee 协议底层的基础。

1. MAC 功能概述

IEEE 802.15.4 标准定义 MAC 子层具有以下几项功能：

(1) 采用 CSMA/CA 机制来访问信道。

(2) PAN(Personal Area Network，个域网)的建立和维护。

(3) 支持 PAN 网络的关联(即加入网络)和解除关联(退出网络)。

(4) 协调器产生网络信标帧，普通设备根据信标帧与协调器同步。

(5) 处理和维护保证 GTS(Guaranteed Time Slot，同步时隙)。

(6) 在两个对等 MAC 实体间提供可靠链路。

2. MAC 层服务规范

MAC 层包括 MAC 层管理服务(MLME)和数据服务(MCPS)。MAC 层参考模型如图 5-5 所示。

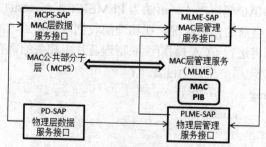

图 5-5　MAC 层参考模型

MAC 管理服务可以提供调用 MAC 层管理功能的服务接口，同时还负责维护 MAC PAN 信息库(MAC PIB)。

MAC 数据服务可以提供调用 MAC 公共部分子层(MCPS)提供的数据服务接口，为网络层数据添加协议头，从而实现 MAC 层帧数据。

除了以上两个外部接口外，在 MCPS 和 MLME 之间还隐含了一个内部接口，用于 MLME 调用 MAC 管理服务。

MAC 子层具体功能的实现如下所述。

1) CSMA/CA 的工作原理

CSMA/CA 机制实际是在发送数据帧之前对信道进行预约，以免造成信道碰撞问题。CSMA/CA 提供两种方式来对无线信道共享访问，工作流程分别如下：

(1) 送出数据前，监听信道的使用情况，维持一段时间后，再等待一段随机的时间后信道依然空闲，送出数据。由于每个设备采用的随机时间不同，所以可以减少冲突的机会。

(2) 送出数据前，先送一段小小的请求传送 RTS 报文给目标端，等待目标端回应 CTS 报文后才开始传送。利用 RTS/CTS 握手程序，确保传送数据时不会碰撞。

2) PAN 的建立和维护

在一个新设备上电的时候，如果设备不是协调器，它将通过扫描发现已有的网络，然后选择一个网络进行关联。如果是一个协调器设备，则扫描已有网络，选择空余的信道与合法的 PANID(Personal Area Network ID)，然后构建一个新网络。

若一个设备在通信过程中，与其关联的协调器失去同步，则也需要通过扫描通知其协调器。为了实现这些功能，IEEE 802.15.4 标准专门定义了四种扫描：ED 信道扫描(ED SCAN)、主动信道扫描(Active SCAN)、被动信道扫描(Passive SCAN)和孤立信道扫描(Orphan channel SCAN)。相关原语为请求原语 MLME-SCAN.request(其参数为扫描类型、扫描信道和扫描时间)和确认返回原语 MLME-SCAN.confirm(用于返回扫描结果)。

3) 关联和解除关联

"关联"即设备加入一个网络，"解除关联"即设备从这个网络中退出。对于一般的设备(路由器或者终端节点)，在启动完成扫描后，已经得到附近各个网络的参数，下一步就是选择一个合适的网络与协调器进行关联。在关联前，上层需要设置好相关的 PIB 参数(调用 PIB 参数设置原语)，如物理信道的选择，PAN ID、协调器地址等。

4) 信标帧

在信标帧使能的网络中，一般设备通过协调器信标帧的同步来得知协调器里是否有发送给自己的数据；另外，为了减少设备的功耗，设备需要知道信道何时进入不活跃时段，这样，设备可以在不活跃时段关闭射频，而在协调器广播信标帧时打开射频。所有这些操作都需要通过信标帧实现精确同步。

5.2.3　MAC 帧的结构

MAC 帧即 MAC 协议数据单元(MPDU)，是由一系列字段按照特定的顺序排列而成的。设计目标是在保持低复杂度的前提下实现在噪声信道上的可靠数据传输。MAC 层帧结构分为一般格式和特定格式。

1. MAC 帧一般格式

MAC 帧的一般格式,即所有的 MAC 帧都由三部分组成:MAC 帧头(MHR)、MAC 有效载荷和 MAC 帧尾(MFR),如图 5-6 所示。

字节数:2	1	0/2	0/2/8	0/2	0/2/8	可变长度	2
帧控制	帧序号	目的PAN标识码	目的地址	源PAN标识码	源地址	帧有效载荷	FCS
		地址信息					
MAC帧头（MHR）		MAC有效载荷					MAC帧尾（MFR）

图 5-6　MAC 帧的一般格式

MAC 帧头部分由帧控制字段和帧序号字段组成;MAC 有效载荷由地址信息和特定帧(例如数据帧、命令帧、信标帧、确认帧)的有效载荷组成,MAC 有效载荷的长度与特定帧类型相关(例如确认帧的有效载荷部分长度为 0);MAC 帧尾是校验序列(FCS)。图 5-6 中的各部分解释介绍如下:

(1) 帧控制。帧控制字段的长度为 16 位,共分为 9 个子域。帧控制字段的格式如图 5-7 所示。

0~2	3	4	5	6	7~9	10~11	12~13	14~15
帧类型	安全使能	数据待传	确认请求	网内/网际	预留	目的地址模式	预留	源地址模式

图 5-7　帧控制字段

① 帧类型子域占 3 位,000 表示信标帧,001 表示数据帧,010 表示确认帧,011 表示 MAC 命令帧,其他取值预留。

② 安全使能子域占 1 位,0 表示 MAC 层没有对该帧做加密处理;1 表示该帧使用了 MACPIB 中的密钥进行保护。

③ 数据待传子域占 1 位,1 表示在当前帧之后,发送设备还有数据要传送给接收设备,接收设备需要再发送数据请求命令来索取数据;0 表示发送数据帧的设备没有更多的数据要传送给接收设备。

④ 确认请求子域占 1 位,1 表示接收设备在接收到该数据帧或命令帧后,如果判断其为有效帧,就要向发送设备反馈一个确认帧;0 表示接收设备不需要反馈确认帧。

⑤ 网内/网际子域占 1 位,表示该数据帧是否在同一 PAN 内传输。如果该指示位为 1 且存在源地址和目的地址,则 MAC 帧中将不包含源 PAN 标识码字段;如果该指示位为 0 且存在源地址和目的地址,则 MAC 帧中将包含 PAN 标识码和目的 PAN 标识码。

⑥ 目的地址模式子域占 2 位,00 表示没有目的 PAN 标识码和目的地址,01 预留,10 表示目的地址是 16 位短地址,11 表示目的地址是 64 位扩展地址。如果目的地址模式为 00 且帧类型域指示该帧不是确认帧或信标帧,则源地址模式应非零,暗指该帧是发送给 PAN 协调器的,PAN 协调器的 PAN 标识码与源 PAN 标识码一致。

⑦ 源地址模式子域占 2 位,00 表示没有源 PAN 标识码和源地址,01 预留,10 表示源地址是 16 位短地址,11 表示源地址是 64 位扩展地址。如果源地址模式为 00 且帧类型域指示该帧不是确认帧,则目的地址模式应非零,暗指该帧是由与目的 PAN 标识码一致的 PAN 协调器发出的。

(2) 帧序号。序号是 MAC 层为每帧制定的唯一顺序标识码，帧序号字段长度为 8 位。其中信标帧的序号是信标序号(BSN)。数据帧、确认帧或 MAC 命令帧的序号是数据信号(DSN)。

(3) 目的 PAN 标识码。目的 PAN 标识码字段长度为 16 位，它指定了帧的期望接收设备所在 PAN 的标识。只有帧控制字段中目的地址模式不为 0 时，帧结构中才存在目的 PAN 标识码字段。

(4) 目的地址字段。目的地址是帧的期望接收设备的地址。只有帧控制字段中目的地址模式非 00 时，帧结构中才存在目的地址字段。

(5) 源 PAN 标识码。源 PAN 标识码字段长度为 16 位，它制定了帧发送设备的 PAN 标识码。只有当帧控制字段中源地址模式值不为 0，并且网内/网际指示位等于 0 时，帧结构中才包含有源 PAN 标识字段。一个设备的 PAN 标识码是初始关联到 PAN 时获得的，但是在解决 PAN 标识码冲突时可能会改变。

(6) 源地址字段。源地址是帧发送设备的地址。只有帧控制字段中的源地址模式非 00 时，帧结构才存在源地址字段。

(7) 帧有效载荷字段。有效载荷字段的长度是可变的，因帧类型的不同而不同。如果帧控制字段中的安全使能位为 1，则有效载荷长度是受到安全机制保护的数据。

(8) FCS 字段。FCS 字段是对 MAC 帧头和有效载荷计算得到的 16 位 CRC 校验码。

2. MAC 帧特定格式

MAC 帧特定格式包括信标帧、数据帧、确认帧和命令帧。

1) 信标帧

信标帧实现网络中设备的同步工作和休眠，建立 PAN 主协调器。信标帧的格式如图 5-8 所示，包括 MAC 帧头、有效载荷和帧尾。

字节：2	1	4	2	可变长度	可变长度	可变长度	2
帧控制	序号	地址信息	超帧配置	GTS	待处理地址	信标有效载荷	FCS
MAC帧头（MHR）			MAC有效载荷				MAC帧尾（MFR）

图 5-8 信标帧的格式

其中帧头由帧控制、序号和地址信息组成，信标帧中的地址信息只包含源设备的 PAN ID 和地址。负载数据单元由四部分组成，即超帧配置、GTS、待处理地址和信标有效载荷，具体描述如下。

(1) 超帧配置：超帧指定发送信标的时间间隔、是否发送信标以及是否允许关联。信标帧中超帧描述字段规定了这个超帧的持续时间、活跃部分持续时间以及竞争访问时段持续时间等信息。

(2) GTS(分配字段)：GTS 配置字段长度是 8 位，其中 0～2 位是 GTS 描述计数器子域，位 3～6 预留，位 7 是 GTS 子域。GTS 分配字段将无竞争时段划分为若干个 GTS，并把每个 GTS 具体分配给每个设备。

(3) 待处理地址：待处理地址列出了与协调者保存的数据相对应的设备地址。一个设备如果发现自己的地址出现在待转发数据目标地址字段里，则意味着协调器存有属于它的数据，所以它就会向协调器发出传送数据的 MAC 帧请求。

(4) 信标帧有效载荷：信标帧载荷数据为上层协议提供数据传输接口。

2) 数据帧

数据帧用来传输上层发到 MAC 子层的数据。它的负载字段包含了上层需要传送的数据。数据负载传送至 MAC 子层时，被称为 MAC 服务数据单元。它的首尾被分别附加了 MAC 帧头(MHR)和 MAC 帧尾(MFR)信息。数据帧的格式如图 5-9 所示。

字节：2	1	4	可变长度	2
帧控制	序号	地址信息	数据帧负载	FCS
MAC帧头（MHR）			MAC负载	MAC帧尾（MFR）

图 5-9　数据帧的格式

3) 确认帧

确认帧的格式如图 5-10 所示，由 MHR 和 MFR 组成。其中确认帧的序号应该与被确认帧的序号相同，并且负载长度为 0。

字节：2	1	2
帧控制	序号	FCS
MAC帧头（MHR）		MAC帧尾（MFR）

图 5-10　确认帧的格式

4) 命令帧

命令帧用于组建 PAN 网络，传输同步数据等，命令帧的格式如图 5-11 所示。其中命令帧标识字段指示所使用的 MAC 命令，其取值范围为 0x01～0x09。

字节：2	1	4	1	可变长度	2
帧控制	序号	地址信息	命令帧标识	命令有效载荷	FCS
MAC帧头（MHR）			MAC负载		MAC帧尾（MFR）

图 5-11　命令帧的格式

(1) MAC 帧头部分。MAC 命令帧的帧头部分包括帧控制字段、帧序号字段和地址信息字段。

(2) 命令帧标识字段指示所使用的 MAC 命令，各帧标识的命令名称如图 5-12 所示。

命令帧标识	命令名称	命令帧标识	命令名称
0x01	关联请求	0x06	孤立通知
0x02	关联响应	0x07	信标请求
0x03	解关联通知	0x08	协调器重排列
0x04	数据请求	0x09	GTS请求
0x05	PAN ID冲突通知	0x0A ~ 0xFF	预留

图 5-12　MAC 命令帧标识

5.3　ZigBee 网络层

ZigBee 网络层的主要作用是负责网络的建立、允许设备加入或离开网络、路由的发现和维护。

5.3.1　功能概述

ZigBee 网络层主要实现网络的建立、路由的实现以及网络地址的分配。ZigBee 网络层的不同功能由不同的设备完成。其中 ZigBee 网络中的设备有三种类型，即协调器、路由器和终端节点，分别实现不同的功能。

(1) 协调器具有建立新网络的能力。

(2) 协调器和路由器具备允许设备加入网络或者离开网络、为设备分配网络内部的逻辑地址、建立和维护邻居表等功能。

(3) ZigBee 终端节点只需要有加入或离开网络的能力即可。

5.3.2　服务规范

网络层内部由两部分组成，分别是网络层数据实体(NLDE)和网络层管理实体(NLME)，如图 5-13 所示。

网络层数据实体通过访问服务接口 NLDE-SAP 为上层提供数据服务。网络层管理实体通过访问服务接口 NLME-SAP 为上层提供网络层的管理服务，另外还负责维护网络层信息库。

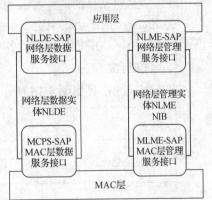

图 5-13　网络层参考模型

1. 网络层数据实体(NLDE)

NLDE 可提供数据服务以允许一个应用在两个或多个设备之间来传输应用协议，这些设备必须在同一个网络中。NLDE 可提供以下服务类型：

(1) 通用的网络协议数据单元(NPDU)。NLDE 可以通过附加一个适当的协议头，并从应用支持子层 PDU 中产生 NPDU。

(2) 特定的拓扑路由。NLDE 能够传输给 NPDU 一个适当的设备，这个设备可以是最终的传输目的地，也可以是交流链中通往最终目的地的下一个设备。

2. 网络层管理实体(NLME)

NLME 提供一个管理服务来允许一个应用和协议栈相连接，具体用来提供以下服务：

(1) 配置一个新设备。网络层管理实体可以依据应用操作的要求来完全配置协议栈。设置配置包括开始设备作为 ZigBee 协调器或加入一个存在的网络。

(2) 开始一个网络。网络层管理实体可以建立一个新的网络。

(3) 加入或离开一个网络。网络层管理实体可以加入或者离开一个网络，使 ZigBee 的协调器和路由器能够允许终端节点离开网络。

(4) 分配地址。使 ZigBee 协调器和路由器可以分配地址给新加入网络的设备。

(5) 邻居表发现。可以发现、记录和报告设备的一跳邻居表的相关信息。

(6) 路由的发现。可以通过网络来发现以及记录传输路径，并记录在路由表中。

(7) 接收控制。当接收者活跃时，网络层管理实体可以控制接收时间的长短并使 MAC 子层同步或直接接收。

5.3.3　帧结构

网络层协议数据单元(NPDU)即网络层帧的结构，如图 5-14 所示。

字节: 2	2	2	1	1	0/8	0/8	0/1	变长	变长
帧控制	目的地址	源地址	广播半径域	广播序列号	IEEE目的地址	IEEE源地址	多点传送控制	源路由帧	帧的有效载荷
网络层帧报头									网络层的有效载荷

图 5-14　网络层数据帧的格式

网络层协议数据单元(NPDU)结构由网络层帧报头和网络层的有效载荷两部分组成。网络层帧报头包含帧控制、地址信息、广播半径域、广播序列号、多点传送控制等信息，其中地址信息包括目的地址、源地址、IEEE 目的地址和 IEEE 源地址。

在 ZigBee 网络协议中定义了两种类型的帧结构，即网络层数据帧和网络层命令帧。下面主要介绍网络层数据帧内的各个子域。

1) 帧控制域

帧控制域的格式如图 5-15 所示。

0～1	2～5	6～7	8	9	10	11	12	13～15
帧类型	协议版本	发现路由	广播标记	安全	源路由	IEEE目的地址	IEEE源地址	保留

图 5-15　帧控制域的格式

帧控制域的各子域详细说明如下：

(1) 帧类型子域占 2 位，00 表示数据帧，01 表示命令帧，10～11 保留。

(2) 协议版本子域占 4 位，为 ZigBee 网络层协议标准的版本号。在一个特殊设备中使用的协议版本应作为网络层属性 nwkProtocolVersion 的值，在 Zstack-CC2530-2.5.1A 中版本号为 2。

(3) 发现路由子域占 2 位，00 表示禁止路由发现，01 表示使能路由发现，10 表示强制路由发现，11 保留。

· 广播标记子域占 1 位，0 表示为单播或者广播，1 表示组播。

· 安全子域占 1 位，当该帧为网络层安全操作使能时(即加密时)，安全子域的值为 1；当安全子域在另一层执行或者完全失败时(即未加密时)，值为 0。

- 源路由子域占 1 位，1 表示源路由子帧在网络报头中存在。如果源路由子帧不存在，则源路由子域值为 0。
- IEEE 目的地址为 1 时，网络帧报头包含整个 IEEE 目的地址。
- IEEE 源地址为 1 时，网络帧报头包含整个 IEEE 源地址。

2) 目的地址域

目的地址域长度为 2 个字节。如果帧控制域的广播标志子域值为 0，那么目的地址域值为 16 位的目的设备网络地址或者广播地址。如果广播标志子域值为 1，则目的地址域为 16 位目的组播的 Group ID。

3) 源地址域

在网络层帧中必须有源地址域，其长度是 2 个字节，其值是源设备的网络地址。

4) 广播半径域

广播半径域总是存在的，它的长度为 1 字节。当设备每接收一次帧数据时，广播半径即减 1，广播半径限定了传输半径的范围。

5) 广播序列号域

每个帧中都包含序列号域，其长度是 1 字节。每发送一个新的帧，序列号值即加 1。帧的源地址域和序列号域是 1 对，在限定了序列号 1 字节的长度内是唯一的标识符。

6) IEEE 目的地址域

如果存在 IEEE 目的地址域，它将包含在网络层地址头中的目的地址域的 16 位网络地址相对应的 64 位 IEEE 地址中。如果该 16 位网络地址是广播或者组播地址，那么 IEEE 目的地址不存在。

7) IEEE 源地址域

如果存在 IEEE 源地址域，则它将包含在网络层地址头中的源地址域的 16 位网络地址相对应的 64 位 IEEE 地址中。

8) 多点传送控制域

多点传送控制域是 1 字节长度，且只有广播标志子域值是 1(即组播)时才存在，其结构如图 5-16 所示。

0~1	2~4	5~7
多播模式	非成员半径	最大非成员半径

图 5-16　多点传送控制域的结构

9) 源路由帧域

源路由帧域只有在帧控制域的源路由子域的值是 1 时，才存在源路由帧域。它分为三个子域：应答计数器(1 个字节)、应答索引(1 个字节)以及应答列表(可变长)。

(1) 应答计数器子域表示包含在源路由帧转发列表中的应答数值。

(2) 应答索引子域表示传输数据包的应答列表子域的下一转发索引。这个域被数据包的发送设备初始化为 0，且每转发一次就加 1。

(3) 应答列表子域是节点的短地址列表，用来为源路由数据包寻找目的转发节点。

10) 帧的有效载荷域

帧的有效载荷域的长度是可变的，包含的是上层的数据单元信息。

5.4　ZigBee 应用层

ZigBee 的应用层由应用支持子层(APS)、ZigBee 设备对象、ZigBee 应用框架(AF)、ZigBee 设备模板和制造商定义的应用对象等组成。

5.4.1　基本概念

1. 节点地址和端点号

节点地址：地址类型有两种，64 位 IEEE 地址(即 MAC 地址，是全球唯一的)和 16 位网络地址(又称短地址或网络短地址，是设备加入网络后，由网络中的协调器分配给设备的网络短地址)。

端点号：端点号(也简称端点)是 ZigBee 协议栈应用层的入口，它是为实现一个设备描述而定义的一组群集。每个 ZigBee 设备可以最多支持 240 个端点，即每个设备上可以定义 240 个应用对象，端点 0 被保留用于设备对象(ZDO)接口，端点 255 被保留用于广播，端点 241～245 被保留用于将来扩展使用。

2. 间接通信和直接通信

间接通信：指各个节点通过端点的"绑定"建立通信关系，这种通信方式不需要知道目标节点的地址信息，包括 IEEE 地址或网络短地址，Zstack 底层将自动从栈的绑定表中查找目标设备的具体网络地址并将其发送出去。绑定是指两个节点在应用层上建立起来的一条逻辑链路。

直接通信：该方式不需要节点之间通过绑定建立联系，它使用节点地址作为参数，调用适当的应用接口来实现通信。直接通信的关键点之一在于节点地址的获得(获取 IEEE 地址或网络短地址)。由于协调器的网络短地址是固定为 0x0000 的，因此直接通信常用于设备和协调器之间的通信。

3. 簇

簇(cluster)可以由用户自定义，用于代表消息的类型。当一个任务接收到消息后，会对消息进行处理，但不同的应用有不同的消息，簇是为了将这些消息区分开而定义的。

4. 设备发现

在 ZigBee 网络中，一个设备通过发送广播或者带有特定单播地址的查询，从而发现另一设备的过程称为设备发现。设备发现有两种类型：第一种是根据 IEEE 地址；第二种是短地址已知的单播发现和短地址未知的广播发现。接收到查询广播或单播发现信息的设备，根据 ZigBee 设备类型的不同做出不同方式的响应。

- ZigBee 终端设备：根据请求发现类型的不同，发送自己的 IEEE 地址或短地址。
- ZigBee 路由器：发送所有与自己连接的设备的 IEEE 地址或者短地址作为响应。

• ZigBee 协调器：发送 IEEE 地址或者短地址，或与它连接的设备的 IEEE 地址或短地址作为响应。

5. 服务发现

在 ZigBee 网络中，某设备为发现另一终端设备提供服务的过程称为服务发现。服务发现可以通过对某一给定设备的所有端点发送服务查询来实现，也可以通过服务特性匹配来实现。

服务发现过程是 ZigBee 协议栈中设备实现服务接口的关键。通过对特定端点的描述符的查询请求和对某种要求的广播查询请求等，可以使应用程序获得可用的服务。

6. 绑定

绑定是一种两个(或多个)应用设备之间信息流的控制机制，在 Zstack 协议栈中被称为源绑定。所有需要绑定的设备都必须执行绑定机制。绑定允许应用程序发送一个数据包而不需要知道目标地址。应用支持子层从它的绑定表中确定目标地址，然后将数据继续向目标应用或者目标组发送。

5.4.2　应用支持子层

应用支持子层(APS)负责应用支持子层协议数据单元 APDU 的处理、数据传输管理和维护绑定列表。应用支持子层(APS)通过一组通用的服务为网络层和应用层之间提供接口，这一组服务可以被 ZigBee 设备对象和制造商定义的应用对象使用，包括应用支持子层数据服务(APSDE)和应用支持子层管理服务(APSME)，如图 5-17 所示。

(1) 应用支持子层数据服务(APSDE)通过应用支持子层数据服务访问接口(APSDE-SAP)提供应用层数据单元(APDU)的处理服务，即 APDU 要取得应用层 PDU，并为应用层 PDU 加入合适的协议头生成 APSDU。

(2) 应用支持子层管理服务(APSME)通过应用支持子层管理服务访问接口提供设备发现、设备绑定和应用层数据库的管理等服务，主要提供应用程序与协议栈进行交互的管理服务和对

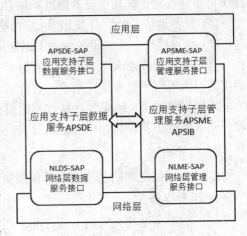

图 5-17　应用支持子层的参考模型

象的绑定服务。另外，还提供应用层信息库(AIB)管理，即从设备的 AIB 中获取和设置参数的能力；安全管理，即使用密钥来建立与其他设备的可靠关系。

5.4.3　应用框架

ZigBee 设备中应用对象驻留的环境称为应用框架(Application Framework，AF)。在应用框架中，应用程序可以通过 APSDE-SAP 发送、接收数据，通过"设备对象公共接口"实现应用对象的控制与管理。应用支持子层数据服务接口(APSDE-SAP)提供的数据服务包

括数据传输请求、确认、指示等原语。

- 数据请求原语用于在对等的应用实体间实现数据传输。
- 确认原语报告"数据请求原语"执行的结果。
- 指示原语用来指示 APS 向目的应用对象的数据传送。

ZigBee 应用框架给各个用户自定义的应用对象提供了模板式的活动空间，为每个应用对象提供了键值匹配(KVP)服务和报文(MSG)服务。

1. ZigBee 协议栈模板

每个 ZigBee 设备都与一个特定的模板有关，这些模板定义了设备的应用环境、设备类型以及用于设备间通信的簇，比如应用环境为智能家居，那么就可以建立一个智能家居的模板。不过 ZigBee 模板不是随意定义的，它们的定义由 ZigBee 联盟负责。ZigBee 联盟定义了三种模板，分别为 ZigBee 协议栈模板、ZigBeePRO 模板以及特定网络模板，在 Zstack 协议栈中使用了这三种模板。

ZigBee 的三种类型的模板可以按使用限制分为：私有、公开和共用。每个模板都有一个模板标识符，此标识符必须是唯一的。如果需要定义满足特定需要的模板，则开发商必须向 ZigBee 联盟申请模板标识符。建立模板应考虑到能够覆盖一定的应用范围，不至于造成模板标识符的浪费。申请模板标识符后，可以为模板定义设备描述、簇标识符和服务类型(键值匹配和报文服务)属性。

单个的 ZigBee 设备可以支持多个模板，提供定义的簇标识符和设备描述符。这些簇标识符和端点标识符通过设备地址和端点地址来实现。

(1) 设备地址：包含有 IEEE 地址和短地址的无线收发装置。

(2) 端点地址：代表设备中的不同应用端点。一个设备中最多可以有 240 个端点。

在设备中怎样部署端点由应用程序开发者决定，应保证结构简单，能够满足服务发现的需要。应用程序被安置在端点，它有一个简单描述符。通过简单描述符和服务发现机制才能实现服务发现、绑定及功能互补的设备之间的信息交换。服务发现是建立在模板标识符、输入簇标识符表和输出簇标识符表的基础上的。

2. 功能描述

ZigBee 应用框架的功能可以简单概括为组合事务、接收和拒绝。

1) 组合事务

应用框架帧结构允许将若干个单独的事务组合在一个帧内，这一组事务称为组合事务。只有共享相同服务类型和簇标识符的事务才能组合事务帧。组合事务帧的长度不能超过最大允许长度。

当接收到组合事务帧时，设备将按顺序处理每一个事务。对于需要应答的事务，将分别构造和发送响应帧。发送的组合事务响应帧长度应在 APS 帧允许的长度之内，如果超过允许的长度，则应将这个组合响应帧分成若干个响应帧。

2) 接收和拒绝

应用框架首先从 APS 接收的帧进行过滤处理，然后，检查该帧的目的端点是否处于活动状态。如果目的端点处于非活动状态，则将该帧丢弃；如果目的端点处于活动状态，则应用框架将检查帧中的模板标识符是否与端点的模板标识符匹配。如果匹配，将帧的载荷传送给该端点，否则丢弃该帧。

5.4.4　设备对象

在 ZigBee 协议中，应用程序可以通过端点 0 与 ZigBee 堆栈的其他层通信，从而实现对各层的初始化和配置，附属在端点 0 的对象(端点 0 负责的功能集)被称为 ZigBee 设备对象(ZigBee Device Object，ZDO)。

ZDO 提供应用对象、模板和应用支持子层(APS)之间的接口，标识一类基本功能。它处在应用框架和应用支持子层(APS)之间，满足 ZigBee 协议栈中所有应用操作的公共需求。ZDO 通过端点 0，利用 APSDE_SAP 实现数据服务，利用 APSME_SAP 实现管理服务。这些公共接口在应用框架中提供设备管理、发现、绑定和安全功能。

1. 设备对象描述

ZigBee 设备对象(ZDO)使用应用支持子层(APS)和网络层提供的服务实现 ZigBee 协调器、路由器和终端设备的功能。ZDO 的功能包括：初始化应用支持子层、网络层和其他 ZigBee 设备层；汇聚来自端点应用的信息，以实现设备和服务发现、网络管理、绑定管理、安全管理、节点管理等功能。它执行端点号为 1~240 的应用端点的初始化。ZDO 包括以下五个功能：

(1) 设备发现和服务发现，该对象在所有设备中都必须实现。

(2) 网络管理，该对象在所有设备中都必须实现。

(3) 绑定管理，可选。

(4) 安全管理，可选。

(5) 节点管理，可选。

这些对象在应用支持层和网络层的支持下实现以下功能。

1) 设备发现和服务发现

ZDO 支持在一个 PAN 中的设备和服务发现。ZigBee 协调器、ZigBee 路由器和 ZigBee 终端节点的具体功能如下：

(1) 对于即将进入睡眠状态下的 ZigBee 终端节点，ZDO 的设备发现和服务发现功能将它的 IEEE 地址、短地址、活动端点、简单描述符、节点描述符和功率描述符等上载并保持在其连接的协调器或者路由器上，以便能够在这些设备处于睡眠状态时实现设备发现和服务发现。

(2) 对于 ZigBee 协调器或路由器，它们代替与其连接的、处于睡眠状态的子设备，对设备发现和服务发现请求做出响应。

(3) 对于所有的 ZigBee 设备，应支持来自其他设备的设备发现和服务发现，能够实现本地应用程序需要的设备发现和服务发现请求。例如：ZigBee 协调器或路由器基于 IEEE 地址的单播查询，被询问的设备返回其 IEEE 地址，也可包括与其连接的设备的网络地址；ZigBee 协调器或者路由器也可以发出基于网络地址的广播查询，被询问的设备返回其短地址，在需要的情况下也可以包括与其连接的设备的网络地址。

服务发现有以下几种方式：

(1) 基于网络地址与活动端点的查询，被询问的设备回答设备的端点号。

(2) 基于网络地址或者广播地址，与包括在 Profile ID(端点的剖面 ID)中的服务匹配；或者还可以使用端点的输入/输出簇，特定的设备将 Profile ID 与其活动端点逐一进行匹配检查，然后使用原语作出回答。

(3) 根据网络地址、节点描述或者功率描述的查询，特定的设备返回其节点描述符及其端点。

(4) 基于网络地址、端点号和简单描述符的查询，该地址的设备返回简单描述符及其端点。

(5) 基于网络地址、符合描述符或用户描述符的查询。该功能是可选的，如果设备支持该功能，则被查询的设备发送自己的符合描述符或者用户描述符。

2) 安全管理

安全管理确定是否使用安全功能，如果使用安全功能，则必须完成建立密钥、传输密钥和认证工作。安全管理涉及如下操作：

(1) 从信任中心处获得主密钥。

(2) 建立与信任中心之间的链路密钥。

(3) 以安全的方式从信任中心获得网络密钥。

(4) 为网络中确定为信息目的地的设备建立链路密钥和主密钥。

(5) ZigBee 路由器可以通知信任中心有设备与网络建立了连接。

3) 网络管理

这项功能按照预先的配置或者设备安装时的设置，将设备启动为协调器、路由器或终端设备。如果是路由器或终端设备，则设备应具备选择连接的 PAN 及执行信道扫描功能。如果是协调器或者路由器，则它将具备选择未使用的信道，以建立一个新的 PAN 功能。在网络没有建立时，最先启动的为协调器。网络管理的功能如下：

(1) 给出需要扫描的信道类表，缺省的设置是工作波段的所有信道。

(2) 管理扫描过程，以确定邻居网络，识别其协调器和路由器。

(3) 选择信道，启动一个新的 PAN，或者选择一个已存在的网络并与这个网络建立连接。

(4) 支持重新与网络建立连接。

(5) 支持直接加入网络，或通过代理加入。

(6) 支持网络管理实体，允许外部的网络管理。

4) 绑定管理

绑定管理完成如下功能：

(1) 配置建立绑定表的存储空间，空间的大小由应用程序或者安装过程中的参数确定。

(2) 处理绑定请求，在 APS 绑定表中增加或者删除绑定表项。

(3) 支持来自外部应用程序的接触绑定请求。

(4) 协调器支持终端设备的绑定请求。

5) 节点管理

对于 ZigBee 协调器和路由器，节点管理涉及以下操作：

(1) 允许远方管理命令实现网络发现。

(2) 提供远方管理命令，以获取路由表和绑定表。

（3）提供远方管理命令，以使设备或另一个设备离开网络。

（4）提供远方管理命令，以获取远方设备邻居的 LQI。

2. 设备对象行为

ZigBee 网络中的设备类型有三种：协调器、路由器和终端节点。每一种设备的设备对象行为都不同。

注意：这里要区分"ZigBee 设备"和"ZigBee 设备对象"。"ZigBee 设备"是 ZigBee 网络中的硬件节点，这些硬件节点分为协调器、路由器和终端节点三种不同的类型；而"ZigBee 设备对象"是 ZigBee 协议栈中端点 0 的一系列功能的集合。

1）ZigBee 协调器

初始化工作首先将配置属性值复制到网络管理对象，为各种描述符赋初始值等。然后，应用程序使用 NLME_NETWORK_DISCOVERY.request 服务原语，按照配置的信道开始扫描。扫描完成后，服务原语 NLME_NETWORK_DISCOVERY.confirm 提供了临近区域中存在的 PAN 的详细情况列表，应用程序需要比较并从中选择出没有被使用的信道，然后按照配置属性设置和 NIB 属性值，通过 NLME_NETWORK_FORMATION.request 服务，按照配置的参数并在选定的信道上启动 ZigBee 网络。最后，应用程序利用返回原语 NLME_NETWORK_FORMATION.confirm 中的状态判断网络是否成功地建立起来，如图 5-18 所示。

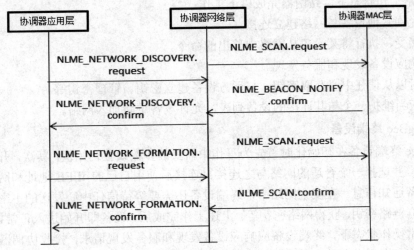

图 5-18　初始化过程

此外，按照预先的配置设置 NIB 中的参数，初始化完成后，进入正常操作状态。在正常操作状态下，协调器主要完成以下功能：

（1）接受设备加入到网络，或者将一个设备与网络断开连接。

（2）响应其他设备请求的设备服务和服务发现，包括对自己的请求和对自己的处于睡眠状态的子设备的请求。

（3）支持 ZigBee 设备间的绑定功能等。

（4）保证绑定项的数目不能超过属性规定值。

（5）维护当前连接设备列表，接收孤立扫描，实现孤立设备与网络重新连接。

(6) 接收和处理终端设备的通知请求等工作。

(7) 在允许使用安全功能且协调器兼作信任中心的情况下，信任中心可完成如下工作：

① 根据预先指定的规则，允许一个新的设备与网络连接后留在网络中，或者强迫该设备离开网络。如果信任中心允许该设备留在网络中，则与该设备建立主密钥，除非该设备与信任中心之间通过其他方式建立了主密钥。一旦交换了主密钥，信任中心就与该设备建立链路密钥。最后，信任中心应为该设备提供网络密钥。

② 信任中心通过提供公共密钥的方式，支持任意两个设备之间建立链路密钥。信任中心一旦接收到设备的应用主密钥请求，即产生一个主密钥，并传输给两个设备。

③ 信任中心应当根据某一策略周期性地更新网络密钥，并将新的网络密钥传送给每个设备。

2) ZigBee 路由器

ZigBee 路由器的初始化与 ZigBee 协调器类似，首先将配置属性值复制到网络管理对象，为各种描述符赋初始值等。然后开始执行网络发现操作，发现在附近区域中存在的 PAN 的详细情况，包括邻居及其链路质量等。选择一个合适的协调器或者路由器建立连接，连接建立后，设备便作为路由器启动开始工作，最后转入正常操作状态。

设备连接的网络工作在安全方式下，则在作为路由器开始工作之前，还需要从信任中心获取、建立各种密钥，并设置 NIB 中的安全属性，完成后才能转入正常操作状态。

在正常工作状态下，路由器完成以下工作：

(1) 允许其他设备与网络建立连接。

(2) 接受、执行将某设备从网络中移出的命令。

(3) 响应设备发现和服务发现。

(4) 可以从信任中心获取密钥，与远方设备建立密钥、管理密钥等。

(5) 应当维护一个与其连接的设备列表，允许设备重新加入网络。

3) ZigBee 终端设备

ZigBee 终端设备在初始化时首先为工作中需要的参数设置初始值；其次，开始发现网络的操作，并选择一个合适的网络与之连接；连接后使用自己的 IEEE 地址和网络地址发出终端设备通知信息。在安全网络中，终端设备还需要等待信任中心发送的主密钥，与信任中心建立链路密钥，获得网络密钥等。上述工作完成后，设备即开始进入正常操作状态。

在正常操作状态下，终端设备应响应设备发现和服务发现请求，接收协调器发出的通知信息，检查绑定表中是否存在与它匹配的项等。在安全的网络中还应完成各种密钥的获取、建立和管理工作。

第 6 章　Zstack 协议栈

Zstack 协议栈是德州仪器(TI)公司为 ZigBee 提供的一个解决方案，结合 CC2530F256 芯片可以完整的实现 ZigBee 开发。本章将对 Zstack 协议栈进行分层剖析，以介绍其运作原理，这是进行 Zstack 应用开发的基础。

6.1　Zstack 软件架构

Zstack 协议栈符合 ZigBee 协议结构，由物理层、MAC 层、网络层和应用层组成。如本书前面所述，物理层和 MAC 层由 IEEE 802.15.4 定义，网络层和应用层由 ZigBee 联盟定义。

Zstack 协议栈可以从 TI 的官方网站下载，其下载网址为 www.ti.com，下载完成后，双击可执行程序即可安装(最好以管理员身份运行)。使用 IAR 8.10 版本打开 Zstack-CC2530-2.5.0 中的 SampleApp 工程，其协议栈代码文件夹如图 6-1 所示。

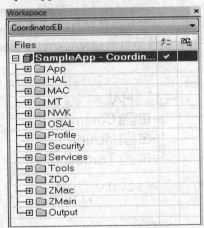

图 6-1　协议栈代码文件夹

其中部分层的功能如下：

· APP：应用层目录，用户可以根据需求添加自己的任务。这个目录中包含了应用层和项目的主要内容，在协议栈里面一般是以操作任务实现的。

· HAL：硬件驱动层，包括与硬件相关的配置、驱动以及操作函数。

· OSAL：协议栈的操作系统。

· Profile：AF(应用程序框架)层目录，包含 AF 层处理函数。

· Security&Services：安全服务层目录，包含安全层和服务层处理函数，比如加密。

- Tools：工程配置目录，包括空间划分及 Zstack 相关配置信息。
- ZDO：ZDO 设备对象目录。
- ZMac：MAC 层目录，包括 MAC 层参数及 MAC 层的 LIB 库函数回调处理函数。
- Zmain：主函数目录，包括入口函数及硬件配置文件。
- Output：输出文件目录，由 IAR 自动生成。

Zstack 协议栈的结构与 ZigBee 协议栈的各层关系如表 6-1 所示。

表 6-1　Zstack 协议栈的结构与 ZigBee 协议栈的各层关系对比

Zstack	ZigBee 协议栈结构
APP 层、OSAL	应用层
ZDO 层	ZDO、APS 层(应用支持子层)
Profile	AF 层(应用程序框架)
NWK	NWK(网络层)
ZMAC、MAC	MAC
HAL 、MAC	物理层
Security&Services	安全服务提供商

6.2　HAL 层分析

ZigBee 的 HAL 层提供了开发板所有硬件设备(例如 LED、LCD、KEY、UART 等)的驱动函数及接口。HAL 文件夹为硬件平台的抽象层，包含 Common、Include 和 Target 三个文件夹，如图 6-2 所示。

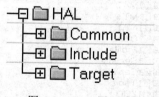

图 6-2　HAL 层目录

6.2.1　Common 文件夹

Common 文件夹下包含有 hal_assert.c 和 hal_drivers.c 两个文件。其中 hal_assert.c 是声明文件，用于调试，而 hal_drivers.c 是驱动文件，如图 6-3 所示。

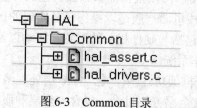

图 6-3　Common 目录

1. hal_assert.c

在 hal_assert.c 文件中包含两个重要的函数:halAssertHandler() 和 halAssertHazardLights()。

(1) halAssertHandler() 函数为硬件系统检测函数。如果定义了 ASSERT_RESET 宏,系统将调用 HAL_SYSTEM_RESET 复位,否则将调用 halAaaertHazardLights() 执行闪烁 LED 命令。halAssertHandler() 函数如下:

【代码 6-1】　void halAssertHandler(void)

```
void halAssertHandler(void){
    #ifdef ASSERT_RESET            // 如果定义了 ASSERT_RESET 宏定义
    HAL_SYSTEM_RESET();            // 系统复位
    #elif !defined   ASSERT_WHILE
    halAssertHazardLights();       // 当检测到错误时,LED 灯闪烁命令函数
    #else
    while(1);
    #endif
}
```

(2) halAssertHazardLights() 函数控制 LED 灯闪烁,根据不同的硬件平台定义的 LED 的个数来决定闪烁的 LED 的不同。例如,CC2430 和 CC2530 所使用的硬件平台不同,决定了闪烁的 LED 不同,其主要代码如下:

【代码 6-2】　void halAssertHazardLights(void)

```
#if (HAL_NUM_LEDS >= 1)        // 如果硬件平台定义的 LED 的个数为 1
HAL_TOGGLE_LED1();             // 则 LED1 闪烁
#if (HAL_NUM_LEDS >= 2)        // 如果硬件平台定义的 LED 的个数为 2
HAL_TOGGLE_LED2();             // 则 LED2 闪烁
#if (HAL_NUM_LEDS >= 3)        // 如果硬件平台定义的 LED 的个数为 3
HAL_TOGGLE_LED3();             // 则 LED3 闪烁
#if (HAL_NUM_LEDS >= 4)        // 如果硬件平台定义的 LED 的个数为 4
HAL_TOGGLE_LED4();             // 则 LED4 闪烁
#endif
#endif
#endif
#endif
```

2. hal_drivers.c

hal_drivers.c 文件中包含了与硬件相关的初始化和事件处理函数。此文件中有四个比较重要的函数:硬件初始化函数 Hal_Init()、硬件驱动初始化函数 HalDriverInit()、硬件事件处理函数 Hal_ProcessEvent() 和询检函数 Hal_ProcessPoll()。

(1) Hal_Init() 函数是硬件初始化函数,其功能是通过"注册任务 ID 号"以实现在 OSAL 层注册,从而允许硬件驱动的消息和事件由 OSAL 处理。其函数内容如下:

【代码6-3】 Hal_Init()

```
void Hal_Init( uint8 task_id ){
    Hal_TaskID = task_id;   // 注册任务 ID
}
```

(2) HalDriverInit()函数被 main()函数调用，用于初始化与硬件设备有关的驱动。HalDriverInit()函数的具体功能如下：

【代码6-4】 HalDriverInit()

```
void HalDriverInit (void) {
    // 如果定义了定时器，则初始化定时器
    #if (defined HAL_TIMER) && (HAL_TIMER == TRUE)
        // 在 Zstack-CC2530-2.5.0 版本中移除了定时器的初始化，但不影响 Zstack 的运行。
        #error "The hal timer driver module is removed."
    #endif
        // 如果定义了 ADC，则初始化 ADC
    #if (defined HAL_ADC) && (HAL_ADC == TRUE)
        HalAdcInit();
    #endif
        // 如果定义了 DMA，则初始化 DMA
    #if (defined HAL_DMA) && (HAL_DMA == TRUE)
        HalDmaInit();
    #endif
        // 如果定义了 AES，则初始化 AES
        #if (defined HAL_AES) && (HAL_AES == TRUE)
        HalAesInit();
    #endif
        // 如果定义了 LCD，则初始化 LCD
    #if (defined HAL_LCD) && (HAL_LCD == TRUE)
        HalLcdInit();
    #endif
        // 如果定义了 LED，则初始化 LED
        #if (defined HAL_LED) && (HAL_LED == TRUE)
        HalLedInit();
    #endif
        // 如果定义了 UART，则初始化 UART
    #if (defined HAL_UART) && (HAL_UART == TRUE)
        HalUARTInit();
    #endif
        // 如果定义了 KEY，则初始化 KEY
    #if (defined HAL_KEY) && (HAL_KEY == TRUE)
```

```
    HalKeyInit();
#endif
    // 如果定义了 SPI，则初始化 SPI
#if (defined HAL_SPI) && (HAL_SPI == TRUE)
    HalSpiInit();
#endif
    // 如果定义了 USB，则初始化 USB，只限 CC2531
#if (defined HAL_HID) && (HAL_HID == TRUE)
    usbHidInit();
#endif
}
```

(3) Hal_ProcessEvent()函数在 APP 层中的任务事件处理中被调用，用于对相应的硬件事件做出处理，具体包括系统消息事件、LED 闪烁事件、按键处理事件和睡眠模式等。

【代码 6-5】　Hal_ProcessEvent()

```
uint16 Hal_ProcessEvent( uint8 task_id, uint16 events )
{
    uint8 *msgPtr;
    (void)task_id;    //变量不启用
    if ( events & SYS_EVENT_MSG )
    {    // 系统消息事件
        msgPtr = osal_msg_receive(Hal_TaskID);
        while (msgPtr)
        {
            osal_msg_deallocate( msgPtr );
            msgPtr = osal_msg_receive( Hal_TaskID );
        }
        return events ^ SYS_EVENT_MSG;
    }
    if ( events & HAL_LED_BLINK_EVENT )
    {    // LED 闪烁事件
        #if (defined (BLINK_LEDS)) && (HAL_LED == TRUE)
        HalLedUpdate();
        #endif
        return events ^ HAL_LED_BLINK_EVENT;
    }
    if (events & HAL_KEY_EVENT)
    {    // 按键处理事件
        #if (defined HAL_KEY) && (HAL_KEY == TRUE)
        HalKeyPoll();
```

```
    if (!Hal_KeyIntEnable)
    {
        osal_start_timerEx( Hal_TaskID, HAL_KEY_EVENT, 100);
    }
    #endif
    return events ^ HAL_KEY_EVENT;
}
// 睡眠模式
#ifdef POWER_SAVING
    if ( events & HAL_SLEEP_TIMER_EVENT )
    {
        halRestoreSleepLevel();
        return events ^ HAL_SLEEP_TIMER_EVENT;
    }
    #endif
    return 0;
}
```

(4) Hal_ProcessPoll()函数在 main()函数中被 osal_start_system()调用，用来对可能产生的硬件事件进行询检。函数原型如下：

【代码 6-6】　Hal_ProcessPoll()

```
void Hal_ProcessPoll ()
{
    #if (defined HAL_TIMER) && (HAL_TIMER == TRUE)    // 定时器询检
    // 在 Zstack-CC2530-2.5.1a 版本中移除了定时器的初始化，但不影响 Zstack 的运行。
    #error "The hal timer driver module is removed."
    #endif
    #if (defined HAL_UART) && (HAL_UART == TRUE)    // UART 询检
      HalUARTPoll();
    #endif
    #if (defined HAL_SPI) && (HAL_SPI == TRUE)    // SPI 询检
      HalSpiPoll();
    #endif
    #if (defined HAL_HID) && (HAL_HID == TRUE)    // USB 询检(仅限 CC2530)
      usbHidProcessEvents();
    #endif
    #if defined( POWER_SAVING )    // 如果定义了休眠模式
      ALLOW_SLEEP_MODE();    // 允许在下一个事件到来之前进入休眠模式
    #endif
}
```

硬件驱动初始化函数 HalDriverInit()和硬件事件处理函数 Hal_ProcessEvent()是 ZigBee 协议栈固有的，一般不需要做出较大范围的修改，只需要直接使用即可。

6.2.2　Include 文件夹

Include 文件夹主要包含各个硬件模块的头文件，主要内容是与硬件相关的常量定义以及函数声明，如图 6-4 所示。

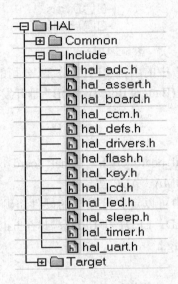

图 6-4　Include 目录

Include 文件夹各个头文件的具体类型如表 6-2 所示。

表 6-2　Include 目录下头文件类型

头 文 件	说　明	头 文 件	说　明
hal_.adch	ADC 驱动文件	hal_assert.h	调试头文件
hal_board.h	板级配置头文件	hal_ccm.h	安全接口头文件
hal_defs.h	宏定义	hal_drivers.h	驱动通用头文件
hal_flash.h	flash 接口文件	hal_key.h	按键驱动头文件
hal_lcd.h	LCD 驱动头文件	hal_led.h	LED 驱动头文件
hal_sleep.h	休眠/省电模式头文件	hal_timer.h	定时器驱动头文件
hal_uart.h	串口驱动头文件		

6.2.3　Target 文件夹

Target 文件夹目录下包含了某个设备类型下的硬件驱动文件、硬件开发板上的配置文件、MCU 信息和数据类型。本书采用的硬件平台为 CC2530，因此本节以硬件设备类型 CC2530EB(EB 是版本号，表示的是评估版)为例进行讲解。在 CC2530EB 文件夹下包含了三个子文件夹，分别是 Config、Drivers、Includes，如图 6-5 所示。

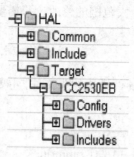

图 6-5　Target 文件夹

注意： 上述"CC2530EB"中的字符"EB"是 TI 公司的 Zstack 在某个硬件实现上的版本号。例如，"BB"是电池版(Battery Board)，"DB"是开发版(Development Board)，"EB"是评估版(Evaluate Board)。

1. Config 文件夹

Config 文件夹中包含了 hal_board_cfg.h，在 hal_board_cfg.h 中定义了硬件 CC2530 硬件资源的配置，比如 GPIO、DMA、ADC 等。

在 hal_board_cfg.h 文件中可以定义开发板的硬件资源。以 LED 为例，TI 官方的 CC2530EB 版本定义了两个 LED：LED1 和 LED2，其在 hal_board_cfg.h 中定义如下：

【代码 6-7】 hal_board_cfg.h

```
// 有关 LED1 的宏定义
#define LED1_BV          BV(0)
#define LED1_SBIT        P1_0
#define LED1_DDR         P1DIR
#define LED1_POLARITY    ACTIVE_HIGH
// 如果定义了 HAL_BOARD_CC2530EB_REV17，则定义 LED2 和 LED3
#if defined (HAL_BOARD_CC2530EB_REV17)
   // 有关 LED2 的宏定义
   #define LED2_BV          BV(1)
   #define LED2_SBIT        P1_1
   #define LED2_DDR         P1DIR
   #define LED2_POLARITY    ACTIVE_HIGH
   // 有关 LED3 的宏定义
   #define LED3_BV          BV(4)
   #define LED3_SBIT        P1_4
   #define LED3_DDR         P1DIR
   #define LED3_POLARITY    ACTIVE_HIGH
#endif
```

LED 宏定义完成之后，设置 LED 的打开和关闭，其代码在 hal_board_cfg.h 文件中，代码如下：

【代码 6-8】 hal_board_cfg.h

```
/* 如果定义了 HAL_BOARD_CC2530EB_REV17 且没有定义 HAL_PA_LNA 和
   HAL_PA_LNA_CC2590，则定义 LED 的状态 */
#if defined (HAL_BOARD_CC2530EB_REV17) && !defined (HAL_PA_LNA) &&
       !defined (HAL_PA_LNA_CC2590)

  // 打开 LED1～LED3
  #define HAL_TURN_OFF_LED1()        st( LED1_SBIT = LED1_POLARITY (0); )
  #define HAL_TURN_OFF_LED2()        st( LED2_SBIT = LED2_POLARITY (0); )
  #define HAL_TURN_OFF_LED3()        st( LED3_SBIT = LED3_POLARITY (0); )
  #define HAL_TURN_OFF_LED4()        HAL_TURN_OFF_LED1()

  // 关闭 LED1～LED3
  #define HAL_TURN_ON_LED1()         st( LED1_SBIT = LED1_POLARITY (1); )
  #define HAL_TURN_ON_LED2()         st( LED2_SBIT = LED2_POLARITY (1); )
  #define HAL_TURN_ON_LED3()         st( LED3_SBIT = LED3_POLARITY (1); )
  #define HAL_TURN_ON_LED4()         HAL_TURN_ON_LED1()

  // 改变 LED1～LED3 的状态
  #define HAL_TOGGLE_LED1()          st( if (LED1_SBIT) { LED1_SBIT = 0; }
                                         else { LED1_SBIT = 1;} )
  #define HAL_TOGGLE_LED2()          st( if (LED2_SBIT) { LED2_SBIT = 0; }
                                         else { LED2_SBIT = 1;} )
  #define HAL_TOGGLE_LED3()          st( if (LED3_SBIT) { LED3_SBIT = 0; }
                                         else { LED3_SBIT = 1;} )
  #define HAL_TOGGLE_LED4()          HAL_TOGGLE_LED1()
```

LED 的设置根据开发板的不同，可以设置不同的 LED，其设置过程如上所述。

2. Drivers 文件夹

在 Drivers 文件夹中定义了硬件资源的驱动文件，如图 6-6 所示。

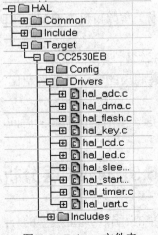

图 6-6 Drivers 文件夹

它所定义的硬件资源具体类型如表 6-3 所示。

表 6-3　硬件资源驱动文件

文　件	说　明	文　件	说　明
hal_adc.c	ADC 驱动	hal_uart.c	串口驱动
hal_key.c	按键驱动	hal_dma.c	DMA 驱动
hal_lcd.c	LCD 驱动	hal_startup.c	启动代码初始化
hal_led.c	LED 驱动	hal_sleep.c	睡眠/电源管理
hal_timer.c	定时器驱动	hal_flash.c	闪存驱动

其中，以最常用的 LED 为例，在 hal_lcd.c 文件中提供了两个封装好的函数，在应用层可以直接调用，以控制 LED，这两个函数是：

　　　HalLedSet (uint8 leds, uint8 mode)

　　　HalLedBlink (uint8 leds, uint8 numBlinks, uint8 percent, uint16 period)

(1) HalLedSet()函数用来控制 LED 的亮灭，该函数的原型如下：

　　　HalLedSet (uint8 leds, uint8 mode);

其中：

　　① 参数 leds，指 LED 的名称，取值可以是：HAL_LED_1、HAL_LED_2、HAL_LED_3 或 HAL_LED_4。

　　② 参数 mode，指 LED 的状态，取值可以为以下几种情况。

打开 LED：HAL_LED_MODE_ON。

关闭 LED：HAL_LED_MODE_OFF。

改变 LED 状态：HAL_LED_MODE_TOGGLE。

以上数据定义在 hal_led.h 文件中。

(2) HalLedBlink()函数是用来控制 LED 闪烁的，函数原型如下：

　　　HalLedBlink (uint8 leds, uint8 numBlinks, uint8 percent, uint16 period)

其中：

　　① 参数 leds，指 LED 的名称，参数可以为 HAL_LED_1、HAL_LED_2、HAL_LED_3 或 HAL_LED_4。

　　② 参数 numBlinks，指闪烁次数。

　　③ 参数 percent，指 LED 亮和灭的所用事件占空比，例如亮和灭所用的事件比例为 1∶1，则占空比为 100/2 = 50。

　　④ 参数 period，指 LED 闪烁一个周期所需要的时间，以毫秒为单位。

6.3　NWK 层分析

Zstack 的 NWK 层负责的功能有：节点地址类型的分配、协议栈模板、网络拓扑结构、网络地址的分配和选择等。在 Zstack 协议栈中，NWK 层的结构如图 6-7 所示。

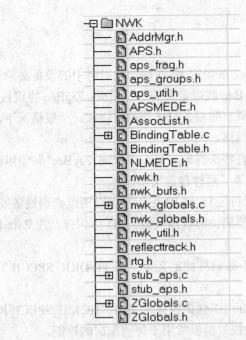

图 6-7　NWK 层结构

6.3.1　节点地址类型的选择

Zstack 中地址类型有两种：64 位 IEEE 地址和 16 位网络地址(在 Zstack 中也称短地址或网络短地址)。

(1) 64 位 IEEE 地址：即 MAC 地址(也称"长地址"或"扩展地址")，是一个全球唯一的地址，一经分配将跟随设备一生，通常由制造商在设备出厂或安装时设置，这些地址由 IEEE 组织来维护和分配。

(2) 16 位网络地址：是设备加入网络后，由网络中的协调器分配给设备的地址(也称"短地址")，它在网络中是唯一的，用来在网络中鉴别设备和发送数据。对于协调器，网络地址固定为 0x0000。

Zstack 协议栈声明了读取 IEEE 地址和网络地址的函数，函数的声明可以在 NLMEDE.h 文件中看到，但是具体的函数实现是非开源的，在使用的时候直接调用即可。

【代码 6-9】　NLMEDE.h

```
// 读取父节点的网络地址
uint16 NLME_GetCoordShortAddr(void);
// 读取父节点的物理地址
void NLME_GetCoordExtAddr(byte*);
// 读取节点本身的网络地址
uint16 NLME_GetShortAddr(void);
// 读取自己的物理地址
byte *NLME_GetExtAddr(void);
```

6.3.2　协议栈模板

Zstack 协议栈模板由 ZigBee 联盟定义,在同一个网络中的设备必须符合相同的协议栈模板。Zstack 协议栈使用了 ZigBee 联盟定义的三种模板：ZigBee 协议栈模板、ZigBeePRO 协议栈模板和特定网络模板。所有的设备只要遵循该协议,一般情况下,即使使用不同厂商的不同设备,同样可以形成网络。

另外,开发者为了开发具有特殊性的产品,可以向 ZigBee 联盟申请自定义的模板,在 Zstack 协议栈中,开发者申请了两种自定义模板。

协议栈模板由一个 ID 标识符区分,此 ID 标识符可以通过查询设备发送的信标帧获得。在设备加入网络之前,首先需要确认协议栈模板的 ID 标识符。在 Zstack 协议栈中,各种模板的 ID 标识符的定义如下：

• "特定网络"模板的 ID 标识符被定义为 "NETWORK_SPECIFIC",且模板 ID 标识符为 0。

• "ZigBee 协议栈"模板的 ID 标识符被定义为 "HOME_SPECIFIC",且模板 ID 标识符为 1。其中,"ZigBee 协议栈"模板常用于智能家居的控制。

• "ZigBeePRO 协议栈"模板的 ID 标识符被定义为 "ZIGBEEPRO_SPECIFIC",且模板 ID 标识符为 2。

• 自定义模板的 ID 标识符被定义为 "GENERIC_STAR" 和 "GENERIC_TREE",且模板 ID 标识符被分别定义为 3 和 4。从模板 ID 标识符的定义来看,这两个自定义模板分别是为星型网络和树型网络专门定义的。

三种模板的配置在 nwk_globals.h 文件中,代码如下：

【代码 6-10】 nwk_globals.h

```
// "特定网络"模板 ID
#define NETWORK_SPECIFIC          0
// ZigBee 协议模板 ID
#define HOME_CONTROLS             1
#define ZIGBEEPRO_PROFILE         2
  // 自定义模板 ID
#define GENERIC_STAR              3
#define GENERIC_TREE              4
// 如果定义了 ZIGBEEPRO,那么协议栈为 ZIGBEEPRO 模板
#if defined ( ZIGBEEPRO )
#define STACK_PROFILE_ID          ZIGBEEPRO_PROFILE
#else
// 如果没有定义 ZIGBEEPRO,那么协议栈为 ZIGBEE 模板
#define STACK_PROFILE_ID          HOME_CONTROLS
#endif
```

6.3.3　网络参数配置

网络参数配置包括对网络类型参数、网络深度和网络中每一级可以容纳的节点个数的配置。

- 网络类型即网络的拓扑结构，包括星型网络、树型网络和网状型网络。
- 网络深度即路由级别，协调器位于深度 0，协调器的一级子节点(即协调器的直属子节点)位于深度 1，协调器的二级子节点(即协调器直属子节点的子节点)位于深度 2，……，依次类推，在 Zstack 协议栈中定义 MAX_NODE_DEPTH 为网络的最大深度。
- 网络中每一级可以容纳的节点个数，即在 Zstack 协议栈中规定的每一级的路由可以挂载的路由器或终端节点的个数。

1. 网络类型参数和网络深度的设置

在 Zstack 协议栈中星型网络、树型网络和网状型网络三种网络类型的定义在 nwk_globals.h 文件中，其代码如下：

【代码 6-11】 nwk_globals.h——网络类型的定义

```
/**********定义网络类型**********/
#define NWK_MODE_STAR          0    // 星型网
#define NWK_MODE_TREE          1    // 树型网
#define NWK_MODE_MESH          2    // 网状网
```

在 Zstack 协议栈中定义的三种网络拓扑结构分别在不同的模板下定义，且每一种模板下都定义了该网络的网络深度，具体定义在 nwk_globals.h 文件中，其代码如下：

【代码 6-12】 nwk_globals.h——网络类型和网络深度的定义

```
// 如果协议栈模板为 ZigBeePRO 模板
#if ( STACK_PROFILE_ID == ZIGBEEPRO_PROFILE )
// 则网络的最大深度为 20
    #define MAX_NODE_DEPTH          20
    // 定义网络类型为网状网络
    #define NWK_MODE                NWK_MODE_MESH
    #define SECURITY_MODE           SECURITY_COMMERCIAL
    #if ( SECURE != 0   )
    #define USE_NWK_SECURITY        1    // true or false
#define SECURITY_LEVEL          5
#else
    #define USE_NWK_SECURITY        0    // true or false
    #define SECURITY_LEVEL          0
#endif
// 如果协议栈模板定义为 ZigBee 协议栈模板
    #elif ( STACK_PROFILE_ID == HOME_CONTROLS )
    #define MAX_NODE_DEPTH              5    // 则网络的最大深度为 5
```

```
    // 定义网络类型为网状网络
    #define NWK_MODE              NWK_MODE_MESH
    #define SECURITY_MODE         SECURITY_COMMERCIAL
    #if   ( SECURE != 0 )
    #define USE_NWK_SECURITY      1    // true or false
    #define SECURITY_LEVEL        5
  #else
    #define USE_NWK_SECURITY      0    // true or false
    #define SECURITY_LEVEL        0
  #endif
// 如果模板为星型网络的自定义模板
#elif ( STACK_PROFILE_ID == GENERIC_STAR )
    #define MAX_NODE_DEPTH        5    // 则网络的最大深度为5
    // 定义网络类型为星型网络
    #define NWK_MODE              NWK_MODE_STAR
    #define SECURITY_MODE         SECURITY_RESIDENTIAL
    #if    ( SECURE != 0  )
    #define USE_NWK_SECURITY      1    // true or false
    #define SECURITY_LEVEL        5
  #else
    #define USE_NWK_SECURITY      0    // true or false
    #define SECURITY_LEVEL        0
  #endif
    // 如果网络模板为特定网络模板
#elif ( STACK_PROFILE_ID == NETWORK_SPECIFIC )
    #define MAX_NODE_DEPTH        5 // 则网络的最大深度为5
// 定义网络类型为网状型网络
    #define NWK_MODE              NWK_MODE_MESH
    #define SECURITY_MODE         SECURITY_RESIDENTIAL
    #if    ( SECURE != 0  )
    #define USE_NWK_SECURITY      1    // true or false
    #define SECURITY_LEVEL        5
  #else
    #define USE_NWK_SECURITY      0    // true or false
    #define SECURITY_LEVEL        0
  #endif
#endif
```

2. 每一级可以容纳的节点个数的配置

在 Zstack 协议栈中，每一级路由可以容纳的节点的个数的配置分为以下两种情况：

(1) 一个路由器或者一个协调器可以连接的子节点的最大个数。

(2) 一个路由器或者一个协调器可以连接的具有路由功能的节点的最大个数。

如果前者用 C 来表示，后者用 R 来表示，那么 R 为 C 的一个子集。另外，这两个参数的设置与协议栈模板有关系，具体配置在 nwk_globals.c 文件中，其代码如下：

【代码 6-13】 nwk_globals.c

```
// 如果协议规范为 ZigBeePRO 模板
#if ( STACK_PROFILE_ID == ZIGBEEPRO_PROFILE )
// 则定义 MAX_ROUTERS 为默认值
    byte CskipRtrs[1] = {0};
    // 定义 MAX_ROUTERS 为默认值
    byte CskipChldrn[1] = {0};
    // 如果协议规范为 ZigBee 模板
#elif ( STACK_PROFILE_ID == HOME_CONTROLS )
    // 则定义协调器和每级路由器下携带的路由器节点个数为 6
    byte CskipRtrs[MAX_NODE_DEPTH+1] = {6, 6, 6, 6, 6, 0};
    // 定义协调器和每级路由器可以携带的节点个数为 20 个
    byte CskipChldrn[MAX_NODE_DEPTH+1] = {20, 20, 20, 20, 20, 0};
    // 如果协议模板为自定义 GENERIC_STAR 模板
#elif ( STACK_PROFILE_ID == GENERIC_STAR )
    // 则定义协调器和每级路由器下携带的路由器节点个数为 5
    byte CskipRtrs[MAX_NODE_DEPTH+1] = {5, 5, 5, 5, 5, 0};
    //则定义协调器和每级路由器下携带的节点个数为 5
    byte CskipChldrn[MAX_NODE_DEPTH+1] = {5, 5, 5, 5, 5, 0};
    // 如果协议规范为自定义 GENERIC_STAR 规范
#elif ( STACK_PROFILE_ID == NETWORK_SPECIFIC )
    // 则定义协调器和每级路由器下携带的路由器节点个数为 5
    byte CskipRtrs[MAX_NODE_DEPTH+1] = {5, 5, 5, 5, 5, 0};
    // 定义协调器和每级路由器下携带的路由器节点个数为 5
    byte CskipChldrn[MAX_NODE_DEPTH+1] = {5, 5, 5, 5, 5, 0};
```

以上代码定义中将 C 和 R 分别定义为 CskipChldrn 和 CskipRtrs 数组中的元素值。在数组中元素 0 表示协调器下面挂载的节点或路由器节点的个数，元素 1 表示路由器 1 级下面挂载的节点或路由器节点的个数。依次类推，元素 n 表示 n 级路由器下面挂载的节点或路由器节点的个数。例如 CskipChldrn 数组中的第一个元素为 20，那么 C = 20；CskipRtrs 数组中的第一个元素为 6，那么 R = 6。

这两个参数的设置，有时会影响网络地址的分配。在 ZigBee 网络中，网络地址的分配是由网络中的协调器来完成的。在网状型网络中，网络地址的分配是由协调器随机地分配的。但是在树型网络中，网络地址的分配遵循了一定的算法。

在 ZigBeePRO 协议栈模板中定义的 CskipChldrn 和 CskipRtrs 数组为默认值，其定义代码如下：

【代码 6-14】 ZigBeePRO 定义的 CskipChldrn 和 CskipRtrs

```
// 如果协议规范为 ZigBeePRO 模板
#if ( STACK_PROFILE_ID == ZIGBEEPRO_PROFILE )
    // 则定义 MAX_ROUTERS 为默认值
    byte CskipRtrs[1] = {0};
    // 定义 MAX_ROUTERS 为默认值
    byte CskipChldrn[1] = {0};
```

当在协议栈模板中使用的 CskipChldrn 和 CskipRtrs 数组为默认值时，网络地址遵循随机分配机制，对新加入的节点使用随机地址分配，即当一个节点加入时，首先将接收到父节点的随机分配的网络地址，然后产生"设备声明"(包含分配到的网络地址和 IEEE 地址)发送至网络中的其余节点。如果另一个节点有着同样的网络地址，则通过路由器广播"网络状态—地址冲突"至网络中的所有节点。所有发生网络地址冲突的节点更改自己的网络地址，然后再发起"设备声明"检测新的网络地址是否冲突。

终端设备不会广播"地址冲突"，它们的父节点会帮助完成这个过程。如果一个终端设备发生了"地址冲突"，则它们的父节点发送"重新加入"消息至终端设备，并要求其更改网络地址。然后，终端设备再发起"设备声明"检测新的网络地址是否冲突。

3. 树型网络中网络地址分配的算法

在 ZigBee 的树型网络中，网络地址分配算法需要以下三个参数：

(1) 网络的最大深度，在 Zstack 协议中被定义为 MAX_NODE_DEPTH，在此算法中用 L 表示。

(2) 路由器或协调器可以连接的子节点的最大个数，在 Zstack 协议栈中被定义为 CskipChldrn 数组中元素的值，在此算法中用 C 表示。

(3) 路由器或协调器可以连接的具有路由功能的子节点的最大个数，在 Zstack 协议栈中被定义为 CskipRtrs 数组中的元素的值，在此算法中用 R 表示。

以上三个参数设置完成后，如果需要计算深度为 d 的网络地址偏移量 Cskip(d)，则有如下计算公式：

$$Cskip(d) = \begin{cases} \dfrac{1 + C - R - C \times R^{L-d-1}}{1 - R} & R \neq 1 \\ 1 + C \times (L - d - 1) & R = 1 \end{cases}$$

若 L = 6，C = 20，R = 6，那么计算深度 d = 1 的网络地址偏移量 Cskip(1)为 5181(十六进制为 143D)，协调器网络地址为 0x0000，那么协调器下第一个路由器的网络地址为 0x0001，第二个路由器的网络地址为 0x0001 + 0x143D = 0x143E。

6.4　Tools 配置和分析

Tools 文件夹为工程设置文件目录，比如信道、PANID、设备类型的设置，如图 6-8 所示为 Tools 文件夹。

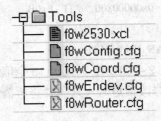

图 6-8　Tools 文件夹

在 Tools 文件夹中包含了五个子文件，分别是 f8w2530.xcl 文件、f8wConfig.cfg 文件、f8wCoord.cfg 文件、f8wEndev.cfg 文件和 f8wRouter.cfg 文件。其中 f8w2530.xcl 为 CC2530 的配置文件，使用 Zstack 协议栈时不用修改此项，在这里不做讲解。

1. f8wConfig.cfg 文件

f8wConfig.cfg 文件为 Zstack 协议栈的配置文件，在此文件中设置 ZigBee 使用的信道和 ZigBee 网络 PANID。其代码如下：

【代码 6-15】 f8wConfig.cfg

```
// 信道设置
//          0      : 868 MHz      0x00000001
//          1 - 10 : 915 MHz      0x000007FE
//          11 - 26 : 2.4 GHz     0x07FFF800
// -DMAX_CHANNELS_868MHz          0x00000001
// -DMAX_CHANNELS_915MHz          0x000007FE
// -DMAX_CHANNELS_24GHz           0x07FFF800
// 以下为信道 11-26 的设置
// -DDEFAULT_CHANLIST=0x04000000   // 26 - 0x1A
// -DDEFAULT_CHANLIST=0x02000000   // 25 - 0x19
// -DDEFAULT_CHANLIST=0x01000000   // 24 - 0x18
// -DDEFAULT_CHANLIST=0x00800000   // 23 - 0x17
// -DDEFAULT_CHANLIST=0x00400000   // 22 - 0x16
// -DDEFAULT_CHANLIST=0x00200000   // 21 - 0x15
// -DDEFAULT_CHANLIST=0x00100000   // 20 - 0x14
// -DDEFAULT_CHANLIST=0x00080000   // 19 - 0x13
// -DDEFAULT_CHANLIST=0x00040000   // 18 - 0x12
// -DDEFAULT_CHANLIST=0x00020000   // 17 - 0x11
// -DDEFAULT_CHANLIST=0x00010000   // 16 - 0x10
// -DDEFAULT_CHANLIST=0x00008000   // 15 - 0x0F
// -DDEFAULT_CHANLIST=0x00004000   // 14 - 0x0E
// -DDEFAULT_CHANLIST=0x00002000   // 13 - 0x0D
// -DDEFAULT_CHANLIST=0x00001000   // 12 - 0x0C
```

```
// -DDEFAULT_CHANLIST=0x00000800    // 11 - 0x0B
    // 网络 PANID 的设置
    -DZDAPP_CONFIG_PAN_ID=0xFFFF
```

ZigBee 工作在 2.4 GHz，在 2.4 GHz 上定义了 16 个信道，即 11～26 号信道，以上是工作在 25 号信道上的。当需要修改信道时，只需要将所需信道的注释符"//"去掉，而将原来使用的信道注释掉即可。

当网络 PANID 设置为 0xFFFF 时，即协调器建立网络时将在 0x0000～0xFFFF 之间随机选择一个数作为网络的 PANID。如果网络的 PANID 为 0x0000～0xFFFF 之间指定的一个数，则协调器建立网络时将会以选定的 PANID 作为网络 PANID 建立网络。例如：

【代码 6-16】　f8wConfig.cfg

```
    // 网络 PANID 的设置
    -DZDAPP_CONFIG_PAN_ID=0x1234
```

代码 6-16 中设定网络 PANID 为 0x1234，那么协调器建立网络后，将会选择 0x1234 作为网络 PANID。

2. f8wCoord.cfg 文件

f8wCoord.cfg 文件是 Zstack 协议栈协调器设备类型配置文件，其功能是将程序编译成具有协调器和路由器的双重功能(这是因为协调器需要同时具有网络建立和路由器的功能)，其代码如下：

【代码 6-17】　f8wCoord.cfg

```
    /* 协调器设置 */
    // 协调器功能
    -DZDO_COORDINATOR
    // 路由器功能
    -DRTR_NWK
```

3. f8wRouter.cfg 文件

f8wRouter.cfg 文件为路由器配置文件，此文件将程序编译成具有路由器的功能，其代码如下：

【代码 6-18】　f8wRouter.cfg

```
    /* 路由器设置 */
    -DRTR_NWK
```

4. f8wEndev.cfg 文件

f8wEndev.cfg 文件为终端节点的配置文件，在此文件中既没有编译协调器的功能也没有编译路由器的功能，因此，此文件一般不需要配置。

6.5　Profile 层分析

Profile 对应 ZigBee 软件架构中的应用程序框架 AF 层，其结构如图 6-9 所示。Profile

文件夹下面包含两个文件：AF.c 和 AF.h。

图 6-9   Profile 文件

AF 层提供应用支持子层 APS 到应用层的接口，AF 层主要提供两种功能：端点的管理和数据的发送与接收。

6.5.1   端点的管理

在 ZigBee 协议中每个设备都被看作一个节点，每个节点都有物理地址(长地址)和网络地址(短地址)，长地址或短地址用来作为其他节点发送数据的目的地址。另外，每一个节点都有 241 个端点，其中端点 0 预留，端点 1～240 被应用层分配，每个端点是可寻址的。端点的主要作用可以总结为以下两个方面：

(1) 数据的发送和接收。当一个设备发送数据时，必须指定发送目的节点的长地址或短地址以及端点来进行数据的发送和接收，并且发送方和接收方所使用的端点号必须一致。

(2) 绑定。如果设备之间需要绑定，那么在 Zigbee 的网络层必须注册一个或者多个端点来进行数据的发送和接收以及绑定表的建立。

端点的实现由端点描述符来完成，每一个端点描述符由一个结构体来实现，在端点描述符中又包含了一个简单描述符，它们的定义在 AF.h 中，具体讲解如下。

1. 端点描述符

节点中的每一个端点都需要一个端点描述符，此端点描述符结构体定义在 AF.h 文件中，代码如下：

【代码 6-19】 endPointDesc_t

```
typedef struct {
    byte endPoint;
    byte *task_id;
    SimpleDescriptionFormat_t *simpleDesc;
    afNetworkLatencyReq_t    latencyReq;
} endPointDesc_t;
```

其中，endPointDesc_t 结构体中每个成员所代表的含义如表 6-4 所示。

表 6-4   endPointDesc_t 结构体成员

结构体成员	含　　义
endPoint	端口号：1～240，由用户定义，用来接收数据
task_id	任务 ID 的指针，当接收到一个消息时，此 ID 号指示消息传递的目的地
simpleDesc	指向 ZigBee 端点简单描述符的指针
latencyReq	必须用 noLatencyReqs 来填充

2. 简单描述符

每一个端点必有一个 Zigbee 简单描述符,其他设备通过查询这个端点的简单描述符来获得设备的一些信息,端点的简单描述符结构体在 AF.h 文件中定义。

【代码6-20】 SimpleDescriptionFormat_t

```
typedef struct{
        byte            EndPoint;
        uint16          AppProfId;
        uint16          AppDeviceId;
        byte            AppDevVer:4;
        byte            Reserved:4;
        byte            AppNumInClusters;
        cId_t           *pAppInClusterList;
        byte            AppNumOutClusters;
        cId_t           *pAppOutClusterList;
} SimpleDescriptionFormat_t;
```

其中,SimpleDescriptionFormat_t 结构体中每个成员所代表的含义如表 6-5 所示。

表 6-5　SimpleDescriptionFormat_t 结构体成员含义

结构体成员	含　义
EndPoint	端口号:1~240,由用户定义,用来接收数据
AppProfId	定义了端点支持的 Profile ID,其值为 0x0000~0xFFFF
AppDeviceId	端点支持的设备 ID 号,其值为 0x0000~0xFFFF
AppDevVer	端点上设备执行的设备描述版本:由用户定义
Reserved	保留
AppNumInClusters	端点支持的输入簇个数
pAppInClusterList	指向输入簇列表的指针
AppNumOutClusters	端点支持的输出簇个数
pAppOutClusterList	指向输出簇列表的指针

在实际数据收发的过程中,参与通信的两个设备之间简单描述符的输入/输出簇要相对应,即发送方的输出簇对应接收方的输入簇。例如,在 Zstack 官方的例程 SampleAPP 中,发送方所用的输入/输出簇都为 SampleApp_ClusterList[],具体代码如下:

【代码6-21】 收发双方的输入/输出簇

```
const cId_t   SampleApp_ClusterList[SAMPLEAPP_MAX_CLUSTERS] = {
    SAMPLEAPP_PERIODIC_CLUSTERID,
    SAMPLEAPP_FLASH_CLUSTERID
};
```

3．端点的注册

在端点配置成功后，需要在 AF 层注册端点，用到的函数是 afRegister()，此函数在 AF.c 文件中定义，应用层将调用此函数注册一个新的端点到 AF 层，其函数原型如下：

【代码 6-22】　afRegister

> afStatus_t　afRegister(endPointDesc_t　*epDesc)

参数描述：epDesc——指向端点描述符的指针。

返回值：afStatus_t——如果注册成功则返回 ZSuccess，否则返回 ZcomDef.h 中定义的错误。

6.5.2　数据的发送和接收

Zstack 协议栈数据的发送和接收是通过数据发送和接收 API 来实现的，数据发送和接收的 API 在 AF 层定义。

1．数据的发送

数据的发送只要通过调用数据发送函数即可实现，数据发送函数为 AF_DataRequest()，此函数在 AF.c 文件中定义，数据发送函数原型如下：

【代码 6-23】　AF_DataRequest()

> afStatus_t AF_DataRequest(afAddrType_t *dstAddr, endPointDesc_t *srcEP,
>
> uint16 cID, uint16 len, uint8 *buf, uint8 *transID,
>
> uint8 options, uint8 radius)

其中的各参数描述如下：

- destAddr——指向发送目的的地址指针，地址类型为一个结构体。
- srcEP——指向目的端点的端点描述符指针。
- cID——发送端点的输出簇 ID。
- len——发送字节数。
- buf——指向发送数据缓存的指针。
- transID——发送序列号指针，如果消息缓存发送，这个序列号将增加 1。
- options——发送选项，options 的详细配置如表 6-6 所示。其中 options 可以由表 6-6 中的一项或几项相或得到。
- radius：最大条数半径。

表 6-6　options 选项

名　称	值域	描　述
AF_ACK_REQUEST	0x10	APS 层应答确认请求，只使用在单播模式中
AF_DISCV_ROUTE	0x20	如果要使设备发现路由，则将一直使能此选项
AF_SKIP_ROUTING	0x80	如果使用这个选项，则将导致设备跳过路由直接发送消息
AF_EN_SECURITY	0x40	保留

返回值是一个 afStatus_t 类型的数据，发送成功将返回"Zsuccess"，发送失败将返回 ZcomDef.h 中定义的"Errors"。

当设备要发送数据时，在应用层直接调用此函数即可，发送信息代码如下：

【代码 6-24】 发送信息

```
void MySendtest_SendPeriodicMessage(void)
{
    // 发送的数据
    char theMessageData[] = "LED1";
    if( AF_DataRequest(    // 发送目的地址
                        &MySendtest_Periodic_DstAddr,
                        // 发送的端点描述符
                        &MySendtest_epDesc,
                        // 簇 ID 号
                        MySendtest_PERIODIC_CLUSTERID,
                         // 发送的字节长度
                        (uint16)osal_strlen( theMessageData) + 1,
                        // 发送的数据
                        (uint8 *)theMessageData,
                        // 发送的数据 ID 序号
                        & MyfirstAppCoordManage_TransID,
                        // 设置路由发现
                        AF_DISCV_ROUTE,
                        // 设置路由域
        AF_DEFAULT_RADIUS ) == ZSUCCESS ) {       }
    else{    }
}
```

2. 发送数据的目的地址

发送函数 AF_DataRequest()中的第一个参数是发送目的地址的信息，目的地址的信息为一个结构体，此结构体在 AF.h 中定义。

【代码 6-25】 afAddrType_t

```
typedef struct{
    union{
        uint16        shortAddr;
        ZLongAddr_t extAddr;
    } addr;
    afAddrMode_t addrMode;
    byte endPoint;
    uint16 panId;
} afAddrType_t;
```

其中，结构体 afAddrType_t 中有四个成员，每个成员所代表的含义如表 6-7 所示。

表 6-7　afAddrType_t 结构体成员

成　员	描　述
addr	目的地址，union 类型，16 位短地址或 64 位长地址
addrMode	地址模式，枚举类型，有四种模式
endPoint	端点信息
panId	网络 PANID

其中，addrMode 被定义为枚举类型 afAddrMode_t，afAddrMode_t 成员定义了发送信息的四种地址模式，afAddrMode_t 在 AF.h 中定义。

【代码 6-26】　afAddrMode_t

```
typedef enum{
    // 间接寻址
    afAddrNotPresent = AddrNotPresent,
    afAddr16Bit = Addr16Bit,          // 单点寻址，指定短地址
    afAddr64Bit = Addr64Bit,          // 单点寻址，指定长地址
    afAddrGroup = AddrGroup,          // 组寻址
    afAddrBroadcast = AddrBroadcast   // 广播寻址
} afAddrMode_t;
```

由以上定义可知，四种发送模式分别为间接寻址、单点寻址、组寻址和广播寻址。

1) 间接寻址

间接寻址多用于绑定。当应用程序不知道数据包的目标地址时，将寻址模式设定为 AddrNotPresent。Zstack 底层将自动从堆栈的绑定表中查找目标设备的具体网络地址，这称为源绑定。如果在绑定表中找到多个设备，则向每个设备都发送一个数据包的拷贝。

2) 单点寻址

单点寻址是标准的寻址模式，是点对点的通信，它将数据包发送给一个已知网络地址的网络设备。单点寻址有两种设置方式：Addr16Bit 和 Addr64Bit。

当寻址方式设置为 Addr16Bit 时，afAddrType_t 中的目标地址 addr 应设置为 shortAddr。当寻址方式设置为 Addr64Bit 时，afAddrType_t 中的目标地址 addr 应设置为 extAddr。以下是单点寻址 Addr16Bit 方式，其地址分配如代码 6-27 所示。

【代码 6-27】　单点寻址

```
afAddrType_t    MySendtest_Single_DstAddr;
// 寻址方式为 Addr16Bit
MySendtest_Single_DstAddr.addrMode = afAddr16Bit;
// 设置端点号
MySendtest_Single_DstAddr.endPoint = MySendtest_ENDPOINT;
// 目标地址 addr 为协调器的短地址
MySendtest_Single_DstAddr.addr.shortAddr = 0x0000;
```

3) 组寻址

当应用程序需要将数据包发送给网络上的一组设备时，使用组寻址模式。此时，地址模式设置为 afAddrGroup，并且地址信息结构体 afAddrType_t 中的目标地址 addr 应设置为组 ID。在使用这个功能之前，必须在网络中定义组。

以下代码 6-28 描述的为组寻址地址的分配方式：

【代码 6-28】 组寻址

```
afAddrType_t        MySendtest_Danbo_DstAddr;
// 寻址方式为组寻址
MySendtest_Danbo_DstAddr.addrMode = afAddrGroup;
// 设置端点号
MySendtest_Danbo_DstAddr.endPoint = MySendtest_ENDPOINT;
// 设置目标地址 addr 为组 ID 号
MySendtest_Danbo_DstAddr.addr.shortAddr = MySendtest_FLASH_GROUP;
```

4) 广播寻址

当应用程序需要将数据包发送给网络中的每一个设备时，使用广播寻址模式。此时将地址模式设置为 AddrBrodcast，地址信息结构体 afAddrType_t 中的目标地址 addr 可以设置为以下广播地址中的一种。

- 0xFFFF：如果目的地址为 0xFFFF，则数据包将被传送到网络上的所有设备，包括睡眠中的设备。对于睡眠中的设备，数据包将被保留在其父节点，直到它苏醒后主动到父节点查询，或者直到消息超时丢失此数据包。0xFFFF 是广播模式目标地址的默认值。

- 0xFFFD：如果目的地址为 0xFFFD 时，则数据包将被传送到网络上所有空闲时打开接收的设备，即除了睡眠中的所有设备。

- 0xFFFC：如果目的地址为 0xFFFC，则数据包将发送给所有的路由器，其中也包括协调器。

- 0xFFFE：如果目的地址为 0xFFFE，则应用层将不指定目标设备，而是通过协议栈读取绑定表获得相应额度的目标设备的短地址。

以下代码 6-29 描述的为广播寻址地址的分配方式：

【代码 6-29】 广播寻址

```
afAddrType_t        MySendtest_Periodic_DstAddr;
// 设置广播地址模式
MySendtest_Periodic_DstAddr.addrMode = afAddrBroadcast;
// 设置端点
MySendtest_Periodic_DstAddr.endPoint = MySendtest_ENDPOINT;
// 设置广播地址目的地址短地址，默认值
MySendtest_Periodic_DstAddr.addr.shortAddr = 0xFFFF;
```

3. 数据的接收

数据包被发送到一个登记注册过的端点，在应用层通过 OSAL 事件处理函数中的接收

信息事件 AF_INCOMING_MSG_CMD 来处理数据的接收。其中数据的接收是通过在 AF 层定义的结构体 afIncomingMSGPacket_t 来进行的，此结构体定义在 AF.h 文件中。

【代码 6-30】　afIncomingMSGPacket_t

```
typedef struct{
    osal_event_hdr_t    hdr;
    uint16    groupId;
    uint16    clusterId;
    afAddrType_t    srcAddr;
    uint16    macDestAddr;
    uint8    endPoint;
    uint8    wasBroadcast;
    uint8    LinkQuality;
    uint8    correlation;
    int8    rssi;
    uint8    SecurityUse;
    uint32    timestamp;
    afMSGCommandFormat_t    cmd;
} afIncomingMSGPacket_t;
```

其中，每个成员所代表的含义如表 6-8 所示。

表 6-8　afIncomingMSGPacket_t 结构体

成　员	描　　述	成　员	描　　述
hdr	OSAL 消息队列，接收消息事件为 AF_INCOMING_MSG_CMD	groupId	消息的组 ID，如果组 ID 号为 0，即没有设置组寻址
clusterId	消息的簇 ID	srcAddr	源地址信息
macDestAddr	目的地址的短地址	endPoint	端点
wasBroadcast	当寻址方式为广播寻址时为 TRUE	LinkQuality	接收数据帧的链路质量
correlation	接收数据帧的原始相关值	rssi	RF 接收功率
SecurityUse	保留	timestamp	MAC 时隙
cmd	接收的应用层数据		

在 Zstack 中，数据的接收过程是通过 afIncoming MSGPacket_t 结构体中的 clusterId 来判断是否为所需要接收的数据。以下代码 6-31 为代码 6-24 的接收部分，首先判断接收的输入簇 ID 是否为发送函数的输出簇 ID，然后再判断接收到的数据是否为 LED1，如果是 LED1，则执行 LED1 闪烁命令。

【代码 6-31】　数据的接收

```
void SampleApp_MessageMSGCB( afIncomingMSGPacket_t *pkt )
```

```
{
    uint16   flashTime;
    // 数据的接收通过判断 clusterId
    switch ( pkt->clusterId )
    {   // 判断接收的输入簇 ID
        case SAMPLEAPP_PERIODIC_CLUSTERID:
          // 判断是否接收到 "LED1"
          if((pkt->cmd.Data[0] == 'L')&&(pkt->cmd.Data[1] == 'E')
              &&(pkt->cmd.Data[2] == 'D')&&(pkt->cmd.Data[3] == '1'))
          {
              // LED1 闪烁
              HalLedBlink( HAL_LED_1, 4, 50, 500 );
          }
          break;
        // 判断接收的簇 ID
        case SAMPLEAPP_FLASH_CLUSTERID:
            break;
    }
}
```

6.6　ZDO 层分析

ZDO(ZigBee Device Objects，即 ZigBee 设备对象)层提供了 ZigBee 设备管理功能，包括网络建立、发现网络、加入网络、应用端点的绑定和安全管理服务。

ZDP(ZigBee Device Profile，即 ZigBee 设备规范)描述了 ZDO 内部一般性的 ZigBee 设备功能是如何实现的，其定义了相关的命令和相应的函数。ZDP 为 ZDO 和应用程序提供了如下功能：

(1) 设备网络启动。

(2) 设备和服务发现。

(3) 终端设备绑定、辅助绑定和解除绑定服务。

(4) 网络管理服务。

本书只重点介绍 ZDO 网络设备的启动和绑定服务。

6.6.1　ZDO 网络设备启动

1. ZDApp_Init()

ZigBee 网络设备的启动是通过 ZDApp_Init()函数来实现的，ZDApp_Init()函数在 ZDApp.c 中定义。ZDApp_Init()函数代码分析如下：

【代码 6-32】 ZDApp_Init

```
void ZDApp_Init( uint8 task_id )
{
    // 保存  task ID
    ZDAppTaskID = task_id;
    // 初始化 ZDO 网络设备短地址
    ZDAppNwkAddr.addrMode = Addr16Bit;
    ZDAppNwkAddr.addr.shortAddr = INVALID_NODE_ADDR;
    // 获得长地址信息
    (void)NLME_GetExtAddr();
    // 检测到手工设置 SW_1 则会设置 devState = DEV_HOLD，从而避开网络初始化
    ZDAppCheckForHoldKey();
    // 通过判断预编译器来开启一些函数功能
    ZDO_Init();
    // 在 AF 层注册端点描述符
    afRegister( (endPointDesc_t *)&ZDApp_epDesc );
    // 初始化用户描述符
    #if defined( ZDO_USERDESC_RESPONSE )
    ZDApp_InitUserDesc();
    #endif
    // 设备是否启动
    if ( devState != DEV_HOLD )
    {
        ZDOInitDevice( 0 );
    }
    else
    {
        HalLedBlink ( HAL_LED_4, 0, 50, 500 );
    }  // 闪灯命令
    ZDApp_RegisterCBs();
}
```

在判断设备是否启动时，需要检测 devState，在协调器的启动过程中，对 devState 的判断是根据是否定义了 HOLD_AUTO_START 选项来进行的，因为在协调器的程序中没有定义 HOLD_AUTO_START，所以初始化 devStat=DEV_INIT，具体代码如下：

```
#if defined( HOLD_AUTO_START )
    devStates_t devState = DEV_HOLD;
#else
    devStates_t devState = DEV_INIT;
#endif
```

2. ZDOInitDevice()

ZDOInitDevice()函数用于开启设备,其函数原型如下:

> uint8　ZDOInitDevice(uint16 startDelay);

参数 startDelay 为设备启动延时(毫秒)。

返回值有以下三种。

(1) ZDO_INITDEV_RESTORED_NETWORK_STATE,网络状态为"恢复"。

(2) ZDO_INITDEV_NEW_NETWORK_STATE,网络状态为"初始化"。

(3) ZDO_INITDEV_LEAVE_NOT_STARTED,网络状态为"未启动"。

6.6.2　终端设备绑定、辅助绑定和解除绑定

绑定是指两个节点在应用层上建立起来的一条逻辑链路。在同一个节点上可以建立多个绑定服务,分别对应不同种类的数据包,此外,绑定也允许有多个目标设备。绑定的 API 函数在 ZDO 层定义,绑定服务包括终端设备绑定、辅助绑定和解除绑定。本节中重点讲解两种绑定方式:终端设备绑定和辅助绑定。

1. 终端设备绑定

终端设备绑定是通过协调器来实现的,绑定双方需要在一定的时间内同时向协调器发送绑定请求,通过协调器来建立绑定服务。终端设备绑定不仅仅用于"终端节点"之间的绑定,还可以用于路由器与路由器之间的绑定。其具体过程如下:

(1) 协调器首先需要调用 ZDO_RegisterForZDOMsg()函数在应用层注册绑定请求信息 End_Device_Bind_req。

(2) "需要绑定的节点"即"本地节点"调用 ZDP_EndDeviceBindReq()函数发送终端设备绑定请求至协调器;"需要被绑定的节点"即"远程节点"必须在规定时间内(在 Zstack 协议栈中规定为 6 秒),调用 ZDP_EndDeviceBindReq()函数发送终端设备绑定请求至协调器。

(3) 协调器接收到该请求信息后,调用 ZDO_MatchEndDeviceBind()函数处理终端设备绑定请求。

(4) 终端设备绑定请求信息处理完毕后,协调器将调用 ZDP_EndDeviceBindRsp()函数将反馈信息发送给"本地节点"和"远程节点"。

(5) "本地节点"和"远程节点"收到协调器的反馈信息后,两者之间将建立起绑定。

1) ZDO_RegisterForZDOMsg()

协调器调用 ZDO_RegisterForZDOMsg()函数(一般是在用户任务初始化时调用)在应用层注册设备绑定请求信息 End_Device_Bind_req,其函数原型如下:

> ZStatus_t　ZDO_RegisterForZDOMsg(uint8 taskID, uint16 clusterID);

参数描述:

- taskID——任务 ID 号;
- clusterID——需要注册的信息,在这里取 End_Device_Bind_req。

返回值:Zstatus_t 是定义在 ZcomDef.h 中的数据类型,本质上是无符号的 8 位整型数,用于描述函数的返回状态。函数执行成功返回 Zsuccess,失败则返回 Error。

2) ZDP_EndDeviceBindRep()

"本地节点"和"远程节点"调用 ZDP_EndDeviceBindRep()函数建立和发送一个终端设备绑定请求，在绑定建立之后，"本地节点"与"远程节点"之间可以相互通信。此函数原型如下：

> afStatus_t　ZDP_EndDeviceBindReq(zAddrType_t *dstAddr, uint16 LocalCoordinator,
>
> 　　byte endpoint, uint16 ProfileID, byte NumInClusters, cId_t *InClusterList, byte
>
> 　　NumOutClusters, cId_t *OutClusterList, byte SecurityEnable);

参数描述：

- dstAddr——目的地址；
- LocalCoordinator——本地节点 16 位短地址；
- endPoint——应用端点；
- ProfileID——应用规范 ID；
- NumInClusters——输入簇个数；
- InClusterList——输入簇列表；
- NumOutClusters——输出簇个数；
- OutClusterList——输出簇列表；
- SecurityEnable——安全使能位。

返回值：函数成功返回 Zsuccess，失败则返回 Error。

3) ZDP_EndDeviceBindRsp()

协调器调用 ZDP_EndDeviceBindRsp()函数来响应终端设备的绑定请求信息，其函数原型如下：

> afStatus_t　ZDP_EndDeviceBindRsp(TransSeq, dstAddr, Status, SecurityEnable);

参数描述：

- TransSeq——传输序列号；
- dstAddr——目的地址；
- Status——成功或其他值(ZDP_SUCCESS 或 ZDP_INVALID_REQTYPE 等)；
- SecurityEnable——安全使能。

返回值：与 Zstatus_t 一样，afStatus_t 是定义在 ZcomDef.h 中的数据类型，本质上是无符号的 8 位整型数。函数成功返回 Zsuccess，失败则返回 Error。

2. 辅助绑定

任何一个设备和一个应用程序都可以通过无线信道向网络上的另一个设备发送一个 ZDO 消息，帮助其他节点建立一个绑定记录，这称为辅助绑定。辅助绑定是在消息发向的设备上建立一个绑定条目。其绑定过程如下：

(1) 协调器首先在 ZDO 层注册 Bind_Rsp 消息事件；

(2) 待绑定节点在 ZDO 层注册 Bind_Req 消息事件；

(3) 协调器调用 ZDP_BindReq()函数发起绑定请求；

(4) 待绑定节点接收到绑定请求后，处理绑定请求，建立绑定表，并且通过调用函数 ZDP_SendData()发送响应消息至协调器；

(5) 协调器接收到绑定反馈消息后调用函数 ZDMatchSendState()处理绑定反馈信息。

1) ZDP_BindReq()

通过调用 ZDP_BindReq()函数创建和发送一个绑定请求，使用此函数来请求 ZigBee 协调器基于簇 ID 绑定的应用。其函数原型如下：

afStatus_t ZDP_BindReq(dstAddr, SourceAddr, SrcEP, ClusterID, DestinationAddr,
DstEP, SecurityEnable);

参数描述：
- dstAddr——目的地址；
- SourceAddr——发出请求信息的设备的 64 位长地址；
- SrcEP——发出请求信息的应用的端点；
- ClusterID——请求信息要绑定的簇 ID；
- DestinationAddr——接收请求信息的设备的 64 位长地址；
- DstEP——接收请求信息的应用的端点；
- SecurityEnable——信息的安全使能。

返回值：函数成功返回 Zsuccess，失败则返回 Error。

2) ZDP_BindRsp()

调用函数 ZDP_BindRsp 来响应绑定请求，函数原型如下：

afStatus_t ZDP_BindRsp(TransSeq, dstAddr, Status, SecurityEnable);

参数描述：
- TransSeq——传输序列号；
- dstAddr——目的地址；
- Status——成功或其他值(如果成功：ZDP_SUCCESS)；
- SecurityEnable——信息的安全使能。

返回值：函数成功返回 Zsuccess，失败则返回 Error。

3. 解除绑定

解除绑定即通过发送一个信息来请求 ZigBee 协调器移除一个绑定，协调器通过解除绑定信息来响应移除请求。

1) 解除绑定请求

解除绑定请求通过调用函数 ZDP_UnbindReq()来实现这个过程。其函数原型如下：

ZDP_UnbindReq(dstAddr, SourceAddr, SrcEP, ClusterID, DestinationAddr,
DstEP, SecurityEnable);

参数描述：
- dstAddr——目的地址；
- SourceAddr——发出请求信息的设备的 64 位长地址；
- SrcEP——发出请求信息的应用的端点；
- ClusterID——请求信息要绑定的簇 ID；
- DestinationAddr——接收请求信息的设备的 64 位长地址；
- DstEP——接收请求信息的应用的端点；

- SecurityEnable——信息安全使能。

返回值：函数成功返回 ZSuccess，失败则返回 Error。

2) 解除绑定响应

通过调用 ZDP_UnbindRsp()来响应解除绑定请求。其函数原型如下：

    afStatus_t ZDP_UnbindRsp(TransSeq, dstAddr, Status, SecurityEnable);

参数描述：

- TransSeq——传输序列号；
- dstAddr——目的地址；
- Status——成功或其他值(如果成功：ZDP_SUCCESS)；
- SecurityEnable——信息的安全使能。

返回值：函数成功返回 Zsuccess，失败则返回 Error。

6.7　API 函　数

Zstack 协议栈依靠协议栈内部的 OS(即 OSAL)才能运行起来，OSAL 提供的服务和管理包括：信息管理、任务同步、时间管理、中断管理、任务管理、内存管理、电源管理以及非易失存储管理。下面介绍这些服务和管理的 API 函数。

6.7.1　信息管理 API

信息管理API为任务和处理单元之间的信息交换提供了一种具有不同处理环境的机制(例如，在一个控制循环中调用中断服务常规程序或函数)。这个 API 中的函数可以使任务分配或回收信息缓冲区，给其他任务发送命令信息以及接收回复信息。

1. osal_msg_allocate()

这个函数被一个任务调用去分配一个信息缓冲，这个任务/函数将填充这个信息并且调用 osal_msg_send()发送信息到另外一个任务中。其函数原型如下：

    uint8 *osal_msg_allocate(uint16 len);

参数描述：

- len——信息的长度。

返回值：是指向一个信息分配的缓冲区的指针。一个空值的返回表明信息分配操作失败。

2. osal_msg_deallocate()

此函数用来回收一个信息缓冲区，在完成处理一个接收信息后这个函数被一个任务(或处理机单元)调用。其函数原型如下：

    uint8　osal_msg_deallocate(byte *msg_ptr);

参数描述：

- msg_ptr——指向必须回收的信息缓冲的指针。

返回值：指示了操作的结果。即：

- Zsuccess——分配成功；
- INVALID_MSG_POINTER——无效的信息指针；
- MSG_BUFFER_NOT_AVAIL——缓冲区队列。

3. osal_msg_send()

此函数的功能是被一个任务调用，给另一个任务或处理单元发送命令或数据信息。其函数原型如下：

```
uint8 osal_msg_send( byte destination_task, byte *msg_ptr);
```

参数描述：

- destination_task——接收信息任务的 ID；
- msg_ptr——指向包含信息的缓冲区的指针。msg_ptr 必须指向 osal_msg_allocate() 分配的一个有效缓冲区。

返回值：是一个字节，表明操作结果。即：

- Zsuccess——分配成功；
- INVALID_MSG_POINTER——无效的信息指针；
- INVALID_TASK：destination_task——无效的。

4. osal_msg_receive()

此函数被一个任务调用来检索一条已经收到的命令信息。调用 osal_msg_deallocate() 处理信息之后，必须回收信息缓冲区。其函数原型如下：

```
uint8 *osal_msg_receive( byte task_id );
```

参数描述：

- task_id——调用任务(信息指定的)的标识符。

返回值：为一个指向包含该信息的缓冲区的指针，如果没有已接收的信息，返回值为空(NULL)。

6.7.2 任务同步 API

任务同步 API 使得任务等待事件发生，并在等待期间返回控制。这个 API 中的函数可以用来为一个任务设置事件，无论设置了什么事件都通知任务。

通过 osal_set_event()这个函数调用，为一个任务设置事件的标志。其函数原型如下：

```
uint8 osal_set_event(byte task_id, UINT16 event_flag );
```

参数描述：

- task_id——设置事件的任务的标识符。
- event_flag——两个字节的位图且每个位详述了一个事件。这仅有一个系统事件 (SYS_EVENT_MSG)，其余的事件/位是通过接收任务来规定的。

返回值：指示了操作的结果。即：

- Zsuccess——成功；
- INVALID_TASK——无效事件。

6.7.3 定时器管理 API

定时器管理 API 使 Zstack 内部的任务和外部的应用层任务都可以使用定时器。API 提供了启动和停止一个定时器的功能，这定时器可设定递增的一毫秒。

1. osal_start_timer()

启动一个定时器时调用此函数。当定时器终止时，给定的事件位将设置。这个事件通过 osal_start_timer 函数调用，将在任务中设置。其函数原型如下：

uint8 osal_start_timer(UINT16 event_id, UINT16 timeout_value);

参数描述：

- event_id——用户确定事件的 ID，当定时器终止时，该事件将被触发；
- timeout_value——定时器事件设置之前的时长(以毫秒为单位)。

返回值：指示了操作的结果。即：

- Zsuccess：成功；
- NO_TIMER_AVAILABLE——没有能够启动定时器。

2. osal_start_timerEx()

此函数类似于 osal_start_timer()，增加了 taskID 参数。允许访问这个调用程序为另一个任务设置定时器。其函数原型如下：

uint8 osal_start_timerEx(byte tasked, UINT16 event_id, UINT16 timeout_value);

参数描述：

- taskID——定时器终止时，获得该事件任务的 ID；
- event_id——用户确定事件的位，当定时器终止时，该事件将被触发；
- timeout_value——定时器事件设置之前的时长(以毫秒为单位)。

返回值：指示了操作的结果。即：

- Zsuccess——成功；
- NO_TIMER_AVAILABLE——没有能够启动定时器。

3. osal_stop_timer()

此函数用来停止一个已启动的定时器，如果成功，函数将取消定时器并阻止设置调用程序中与定时器相关的事件。使用 osal_stop_timer()函数，意味着在调用 osal_stop_timer()的任务中定时器正在运行。其函数原型如下：

uint8 osal_stop_timer(UINT16 event_id);

参数描述：

- event_id——要停止的计时器的标识符。

返回值：指示了操作的结果。即：

- Zsuccess——关闭定时器成功；
- INVALID_EVENT_ID——无效事件。

4. osal_stop_timerEx()

此函数功能是在不同的任务中中止定时器的，与 osal_stop_timer 相似，只是指明了任务 ID。其函数原型如下：

> uint8 osal_stop_timerEx(byte task_id, UINT16 event_id);

参数描述：

- task_id——停止定时器所在的任务 ID；
- event_id——将要停止的计时器的标识符。

返回值：指示了操作的结果。即：

- Zsuccess——关闭定时器成功；
- INVALID_EVENT_ID——无效事件。

5. osal_GetSystemClock()

此函数功能为读取系统时钟。其函数原型如下：

> uint32 osal_GetSystemClock(void);

返回值：系统时钟，以毫秒为单位。

6.7.4　中断管理 API

中断管理 API 可以使一个任务与外部中断相互交流。API 中的函数允许和每个中断去联络一个具体的服务流程。中断可以启用或禁用，在服务例程内部，可以为其他任务设置事件。

1. osal_int_enable()

此函数的功能是启用一个中断，中断一旦启用将调用与该中断相联系的服务例程。其函数原型如下：

> uint8 osal_int_enable(byte interrupt_id);

参数描述：

- interrupt_id——指明要启用的中断。

返回值：指示操作结果。即：

- Zsuccess——开启中断成功。
- INVALID_INTERRUPT_ID——无效中断。

2. osal_int_disable()

此函数的功能是禁用一个中断，当禁用一个中断时，与该中断相联系的服务例程将不被调用。其函数原型如下：

> uint8 osal_int_disable(byte interrupt_id)

参数描述：

- interrupt_id——指明要禁用的中断。

返回值：指示操作结果。即：

- Zsuccess——关闭中断成功；
- INVALID_INTERRUPT_ID——无效中断。

6.7.5　任务管理 API

在 OSAL 系统中，API 常用于添加和管理任务。每个任务由初始化函数和时间处理函数组成。

1. osal_init_system()

此函数功能为初始化 OSAL 系统。在使用任何其他 OSAL 函数之前必须先调用此函数启动 OSAL 系统。其函数原型如下：

　　　　uint8 osal_init_system(void);

返回值：返回 Zsuccess 表示成功。

2. osal_start_system()

此函数是任务系统中的主循环函数。它将仔细检查所有的任务事件，并且为含有该事件的任务调用任务事件处理函数。如果有特定任务的事件，则这个函数将为该任务调用事件处理例程来处理事件。相应任务的事件处理例程一次处理一个事件。一个事件被处理后，剩余的事件将等待下一次循环。如果没有事件，则这个函数使处理器程序处于睡眠模式。其函数原型如下：

　　　　uint8 osal_start_system(void);

返回值：返回 Zsuccess 表示成功。

6.7.6　内存管理 API

内存管理 API 代表一个简单的内存分配系统。这些函数允许动态存储内存分配。

1. osal_mem_alloc()

此函数是一个内存分配函数，如果分配内存成功，则返回一个指向缓冲区的指针。其函数原型如下：

　　　　void　* osal_mem_alloc(uint16 size);

函数描述：

- size——要求的缓冲区字节数值。

返回值：

- 指向新分配的缓冲区的空指针(应指向目的缓冲类型)。
- 如果没有足够的内存可分配，则将返回 NULL 指针。

2. osal_mem_free()

此函数用于释放存储空间，便于被释放的存储空间的再次使用，仅在内存已经通过调用 osal_men_alloc()被分配后才有效。其函数原型如下：

　　　　void osal_mem_free(void *ptr);

参数描述：

- ptr——指向要释放的缓冲区的指针。这个缓冲区必须在之前调用 osal_mem_alloc() 时已被分配，为以前分配过的空间。

6.7.7　电源管理 API

当安全关闭接收器或外部硬件时，电源管理 API 为应用程序或任务提供了告知 OSAL

的方法，使处理器转入睡眠状态。

电源管理 API 有两个函数：osal_pwrmgr_device()和 osal_pwrmgr_task_state()。第一个函数是设置设备的模式；第二个为电源状态管理。

1. osal_pwrmgr_device()

当升高电源或需要改变电源时(例如：电池支持的协调器)，该函数应由中心控制实体(比如 ZDO)调用。其函数原型如下：

    void osal_pwrmgr_state(byte pwrmgr_device);

参数描述：

• pwrmgr_device——改变和设置电源的节省模式。它有两个常量：PWRMGR_ALWAYS_ON 为没有省电模式，设备可能使用主电源供电；PWRMGR_BATTERY 为打开省电模式。

2. osal_pwrmgr_task_state()

每个任务都将调用此函数。此函数的功能是用来表决是否需要 OSAL 电源保护或推迟电源保护。当一个任务被创建时，默认情况下电源状态设置为保护模式。如果该任务一直想保护电源，就不必调用此函数。其函数原型如下：

    uint8 osal_pwrmgr_task_state(byte task_id, byte state);

参数描述：

• state——改变一个任务的电源状态。它有两个常量： PWRMGR_CONSERVE 为打开省电模式，所有事件必须允许，事件初始化时，此状态为默认状态；PWRMGR_HOLD 为关闭省电模式。

返回值：表示操作状态的值。即：

• Zsuccess——成功；

• INVALID_TASK——无效事件。

6.8　APP 层分析

ZigBee 的应用层是面向用户的，Zstack 是一个半开源的 ZigBee 协议栈，但是它提供了各层的 API 函数供用户在应用层调用，从而实现用户所需要的功能。APP 层为 Zstack 协议栈的应用层，是面向用户开发的。在这一层用户可以根据自己的需求建立所需要的项目，添加用户任务，并通过调用 API 函数实现项目所需要的功能。

这里以 TI 官方的 SampleAPP 为例来讲解 APP 层，该例程实现了协调器与路由器和终端设备的简单通信。打开工程，可以看到 APP 层的目录结构如图 6-10 所示。

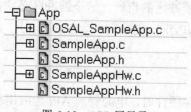

图 6-10　APP 层目录

APP 层目录下面包含着五个文件，分别是 OSAL_SampleApp.c、SampleApp.c、SampleApp.h、SampleAppHw.c 和 SampleAppHw.h，各文件的功能如下：

- OSAL_SampleApp.c 文件的主要功能是注册用户任务以及任务处理函数。
- SampleApp.c 文件的主要功能是对用户的任务进行初始化，以及调用 API 函数实现项目中所需要的功能。
- SampleApp.h 文件的主要功能是定义端点所需要的各种参数。
- SampleAppHw.c 和 SampleAppHw.h 文件的主要功能是作为设备类型判断的辅助文件，也可以将两个文件的内容写入 SampleApp.c 文件和 SampleApp.h 文件中。

以下小节主要讲解 OSAL_SampleApp.c、SampleApp.c、SampleApp.h 三个文件的内容。

6.8.1　OSAL_SampleApp.c 文件

OSAL_SampleApp.c 文件功能包括任务数组定义和任务初始化函数(其中包括注册用户自己的任务)，代码如下：

【代码 6-33】　OSAL_SampleApp.c

```
// 任务数组定义和初始化
const pTaskEventHandlerFn tasksArr[] = {
    macEventLoop,              // MAC 层处理函数(用户不用考虑)
    nwk_event_loop,            // NWK 层处理函数(用户不用考虑)
    Hal_ProcessEvent,          // 硬件抽象层处理函数(用户可以考虑)
#if defined( MT_TASK )
    MT_ProcessEvent,           // MT 层处理函数(用户不用考虑)
#endif
    APS_event_loop,            // APS 层处理函数(用户不用考虑)
#if defined ( ZIGBEE_FRAGMENTATION )
    APSF_ProcessEvent,         // APSF 处理函数(用户不用考虑)
#endif
    ZDApp_event_loop,          // ZDO 层处理函数(用户可以考虑)
#if defined ( ZIGBEE_FREQ_AGILITY ) || defined ( ZIGBEE_PANID_CONFLICT )
    ZDNwkMgr_event_loop,       // ZDNwkMgr 处理函数(用户不用考虑)
#endif
    SampleApp_ProcessEvent;
};  // 用户自己添加的任务处理函数
// 定义常量存储当前任务数
const uint8 tasksCnt = sizeof( tasksArr ) / sizeof( tasksArr[0] );
uint16 *tasksEvents;           // 定义指针，指向存储任务事件列表
void osalInitTasks( void )
{  // 任务初始化函数
    uint8 taskID = 0;
```

```
        // 为各任务分配空间
        tasksEvents = (uint16 *)osal_mem_alloc( sizeof( uint16 ) * tasksCnt);
        osal_memset(tasksEvents, 0, (sizeof( uint16 ) * tasksCnt));    // 初始化
        macTaskInit(taskID++ );              // MAC 层任务初始化
        nwk_init( taskID++ );                // 网络层任务初始化
        Hal_Init( taskID++ );                // 硬件抽象层任务初始化
        #if defined( MT_TASK )
            MT_TaskInit( taskID++ );         // MT 层任务初始化
        #endif
        APS_Init( taskID++ );                // APS 层任务初始化
        #if defined ( ZIGBEE_FRAGMENTATION )
            APSF_Init( taskID++ );           // APSF 任务初始化
        #endif
            ZDApp_Init( taskID++ );          // ZDO 层任务初始化
        #if defined ( ZIGBEE_FREQ_AGILITY ) || defined ( ZIGBEE_PANID_CONFLICT )
            ZDNwkMgr_Init( taskID++ );       // ZDNwkMgr 任务初始化
        #endif
            SampleApp_Init( taskID );
    }    // 用户添加的任务初始化
```

在上述代码中，有以下三个重要的变量：

(1) taskArr 数组，该数组的每一项都是一个函数指针，指向了事件的处理函数。

(2) taskCnt 变量，保存任务总个数。

(3) taskEvent 指针，指向了任务事件的首地址。

taskEvent 和 taskArr[]中的顺序是一一对应的，taskArr[]中的第 i 个事件处理函数对应 taskEvent 中的第 i 个任务事件。

6.8.2　SampleApp.c 文件

SampleApp.c 文件做了两件事情：一是对用户的任务进行初始化；二是调用事件处理函数使协调器控制路由器和终端设备进行 LED 闪烁。

1. 任务的初始化

SampleApp.c 中的 SampleApp_Init()函数是任务初始化函数，主要处理以下几个内容：

(1) 赋予任务 ID 号。

(2) 设置寻址方式。

(3) 端点描述符的初始化。

(4) 调用函数 afRegister()在 AF 层注册端点。

(5) 调用函数 RegisterForKeys()注册按键事件。

(6) 如果定义 "LCD_SUPPORTED"，则在 LCD 上显示开机画面。

SampleApp_Init()函数的主要代码如下：

【代码 6-34】　SampleApp_Init()

```
void SampleApp_Init( uint8 task_id )
{
    SampleApp_TaskID = task_id;                    // 任务 ID 号赋值
    SampleApp_NwkState = DEV_INIT;                 // 网络状态为初始化状态
    SampleApp_TransID = 0;                         // 传输序列号赋值
    //本例程中既没定义 BUILD_ALL_DEVICES 也没定义 HOLD_AUTO_START,
      因此本段代码可以略去不看*******/
    #if defined ( BUILD_ALL_DEVICES )
       if ( readCoordinatorJumper() )
          zgDeviceLogicalType = ZG_DEVICETYPE_COORDINATOR;
       else
          zgDeviceLogicalType = ZG_DEVICETYPE_ROUTER;
    #endif // BUILD_ALL_DEVICES
    #if defined ( HOLD_AUTO_START )
       ZDOInitDevice(0);
    #endif
    /************设置寻址方式*********************/
    // 设置寻址方式为广播寻址
    SampleApp_Periodic_DstAddr.addrMode = (afAddrMode_t)AddrBroadcast;
    SampleApp_Periodic_DstAddr.endPoint = SAMPLEAPP_ENDPOINT;        // 设置端点号
    // 设置地址模式为 16 位短地址模式
    SampleApp_Periodic_DstAddr.addr.shortAddr = 0xFFFF;
    // 设置寻址方式为组寻址方式
    SampleApp_Flash_DstAddr.addrMode = (afAddrMode_t)afAddrGroup;
    SampleApp_Flash_DstAddr.endPoint = SAMPLEAPP_ENDPOINT;           // 设置端点号
       // 设置地址模式为 16 位短地址，其值为组 ID 号
    SampleApp_Flash_DstAddr.addr.shortAddr = SAMPLEAPP_FLASH_GROUP;
    /***************设置寻址方式******************/
    /****************端点描述符的初始化****************/
    SampleApp_epDesc.endPoint = SAMPLEAPP_ENDPOINT;                  // 设置端点号
    SampleApp_epDesc.task_id = &SampleApp_TaskID;                    // 设置任务 ID
    // 设置简单描述符
    SampleApp_epDesc.simpleDesc
           = (SimpleDescriptionFormat_t *)&SampleApp_SimpleDesc;
    SampleApp_epDesc.latencyReq = noLatencyReqs;
    /****************端点描述符的初始化****************/
    afRegister( &SampleApp_epDesc );                                 // 在 AF 层注册端点
    RegisterForKeys( SampleApp_TaskID );                            // 注册按键事件
```

```
SampleApp_Group.ID = 0x0001;                                    // 设置组寻址的组 ID 号
osal_memcpy( SampleApp_Group.name, "Group 1", 7  );            // 设置组名
aps_AddGroup( SAMPLEAPP_ENDPOINT, &SampleApp_Group );          // 在 APS 层添加组
// 在 LCD 上显示开机画面
#if defined ( LCD_SUPPORTED )
    HalLcdWriteString( "SampleApp", HAL_LCD_LINE_1 );
#endif
    }
```

2. 事件的处理

SampleApp_ProcessEvent()函数是对应用户任务的事件处理函数。当应用层接收到消息时，先判断消息类型。消息类型分为两类：一是系统消息事件；二是用户自定义事件。

系统消息事件包括以下几种：

(1) 按键事件。

(2) 接收消息事件。

(3) 消息接收确认事件。

(4) 网络状态改变事件。

(5) 绑定确认事件。

(6) 匹配响应事件。

在 SampleApp 中没有列出所有的系统消息事件，只给出了按键事件、接收消息事件、网络状态改变事件。事件处理函数如下：

【代码 6-35】 SampleApp_ProcessEvent()

```
uint16 SampleApp_ProcessEvent( uint8 task_id, uint16 events ){
    afIncomingMSGPacket_t *MSGpkt;        // 定义接收到的消息
    (void)task_id;                        // 为了避免编译时出现警告，将 task_id 屏蔽掉
    if ( events & SYS_EVENT_MSG )
    {  // 如果事件为系统消息事件
        // 接收来自 SampleApp_TaskID 任务的消息
        MSGpkt = (afIncomingMSGPacket_t *)osal_msg_receive( SampleApp_TaskID );
        while ( MSGpkt )
        {
            switch ( MSGpkt->hdr.event)
            {  // 当接收的消息有事件发生时，判断事件的类型
                case   KEY_CHANGE:                          // 按键事件
                    调用按键事件处理函数
                    SampleApp_HandleKeys(((keyChange_t*)MSGpkt)->state,
                                        ((keyChange_t*)MSGpkt)->keys);
                break;
                case   AF_INCOMING_MSG_CMD:                  // 接收消息事件
```

```
                    SampleApp_MessageMSGCB( MSGpkt );        // 调用接收消息处理函数
                break;
                case   ZDO_STATE_CHANGE:   // 状态改变事件
                    SampleApp_NwkState = (devStates_t)(MSGpkt->hdr.status);
                    if ( ( SampleApp_NwkState == DEV_ZB_COORD)|| (SampleApp_NwkState ==
                        DEV_ROUTER) || (SampleApp_NwkState == DEV_END_DEVICE) )
                    {
                        HalLedSet( HAL_LED_1,  HAL_LED_MODE_ON );   // 打开 LED1
                        // 启用定时器，开启定时事件.
                        osal_start_timerEx( SampleApp_TaskID,
                                SAMPLEAPP_SEND_PERIODIC_MSG_EVT,
                                SAMPLEAPP_SEND_PERIODIC_MSG_TIMEOUT );
                    }
                    else{ }
                    break;
                default:   break;
                }
                osal_msg_deallocate( (uint8 *)MSGpkt );             // 释放内存
                // 等待下一个数据帧的到来
                MSGpkt = (afIncomingMSGPacket_t *)osal_msg_receive( SampleApp_TaskID );
            }
            return (events ^ SYS_EVENT_MSG);
        } // 返回没有处理完的事件
        if ( events & SAMPLEAPP_SEND_PERIODIC_MSG_EVT )
        {   //  定时事件
            SampleApp_SendPeriodicMessage();                      // 发送数据函数
            // 设置一个定时器，开启定时事件，当计数器溢出时，定时事件发生
            osal_start_timerEx( SampleApp_TaskID, SAMPLEAPP_SEND_PERIODIC_MSG_EVT,
                (SAMPLEAPP_SEND_PERIODIC_MSG_TIMEOUT + (osal_rand() & 0x00FF)) );
            // 返回没有处理完的事件
            return (events ^ SAMPLEAPP_SEND_PERIODIC_MSG_EVT);
        }
        return 0;
    }
```

1) 按键事件

当有按键事件发生时，调用按键事件处理函数 SampleApp_HandleKeys()来处理按键事件。在 SampleApp 例程中按键处理函数处理了以下两件事情：

(1) 如果检测到 SW1 按下，则将向网络中的其他设备发送 LED 闪烁命令。

(2) 如果检测到 SW2 按下，则检测组 ID 号为 SAMPLEAPP_FLASH_GROUP 的组是否已经注册。如果已经注册，那么调用 aps_RemoveGroup()将其在 APS 层删除；如果没有注册，则调用 aps_AddGroup()在 APS 层注册。

【代码 6-36】　SampleApp_HandleKeys()

```
void SampleApp_HandleKeys( uint8 shift, uint8 keys )
{
    (void)shift;
    if ( keys & HAL_KEY_SW_1 )
    {   // 如果检测到 SW1 按下
        // 发送调用 SampleApp_SendFlashMessage()发送灯闪烁命令
        SampleApp_SendFlashMessage( SAMPLEAPP_FLASH_DURATION );
    }
    if ( keys & HAL_KEY_SW_2 )
    {   // 如果检测到 SW2 按下
        aps_Group_t   *grp;
        // 在 APS 层寻找组 ID 号为 SAMPLEAPP_FLASH_GROUP 的组
        grp = aps_FindGroup( SAMPLEAPP_ENDPOINT, SAMPLEAPP_FLASH_GROUP );
        if ( grp )
        {   // 如果该组已经注册
            // 将组 ID 号为 SAMPLEAPP_FLASH_GROUP 的组删除
            aps_RemoveGroup( SAMPLEAPP_ENDPOINT, SAMPLEAPP_FLASH_GROUP );
        }
        else
        {
            // 如果没有注册，将组 ID 号为 SAMPLEAPP_FLASH_GROUP 的组在 APS 层中注册
            aps_AddGroup( SAMPLEAPP_ENDPOINT, &SampleApp_Group );
        }
    }
}
```

2) LED 闪烁命令的发送

当按键 SW1 按下之后，调用函数 SampleApp_SendFlashMessage()发送 LED 闪烁命令，其中发送的内容为 LED 闪烁的周期时间。

【代码 6-37】　SampleApp_SendFlashMessage()

```
void SampleApp_SendFlashMessage( uint16 flashTime )
{
    uint8 buffer[3];
    // 记录闪烁次数，没调用用此函数依次 SampleAppFlashCounter 的值将加 1
    buffer[0] = (uint8)(SampleAppFlashCounter++);
    buffer[1] = LO_UINT16( flashTime );            // 闪烁周期的低字节
```

```
    buffer[2] = HI_UINT16( flashTime );              // 闪烁周期的高字节
    // 调用发送函数
    if ( AF_DataRequest( &SampleApp_Flash_DstAddr, &SampleApp_epDesc,
        SAMPLEAPP_FLASH_CLUSTERID, 3, buffer, &SampleApp_TransID,
        AF_DISCV_ROUTE,   AF_DEFAULT_RADIUS ) == afStatus_SUCCESS ) {      }
    else
    {     }
}
```

3) 接收消息事件

如果有接收消息事件发生，则调用函数 SampleApp_MessageMSGCB(MSGpkt)对接收的消息进行处理。一般的接收消息事件是通过用户定义的端点输入簇和输出簇来处理的。在 LED 闪烁命令的发送函数中的输出簇为 SAMPLEAPP_FLASH_CLUSTERID，所以接收到的消息事件的输入簇 SAMPLEAPP_FLASH_CLUSTERID 即为收到的 LED 闪烁命令，其主要函数如下：

【代码 6-38】 SampleApp_ MessageMSGCB ()

```
    void SampleApp_MessageMSGCB( afIncomingMSGPacket_t *pkt )
{
    uint16 flashTime;
    switch ( pkt->clusterId )
    {   // 提取接收信息的输入/输出簇
    case   SAMPLEAPP_PERIODIC_CLUSTERID:              // 周期广播簇
        break;
    case   SAMPLEAPP_FLASH_CLUSTERID:                 // LED 闪烁命令簇
        // 赋值给闪烁周期 flashTime
        flashTime = BUILD_UINT16(pkt->cmd.Data[1], pkt->cmd.Data[2] );
        HalLedBlink( HAL_LED_1, 4, 50, flashTime / 4 );   // LED 闪烁
        break;
    }
}
```

4) 网络状态改变事件

当有网络状态改变事件发生后，会调用函数 SampleApp_NwkState()来处理网络状态改变事件。在 SampleApp 例程中，网络状态改变事件主要处理了以下事件：

(1) 判断设备类型，根据编译的选项判断设备是作为协调器启动还是路由器或终端设备启动。

(2) 当协调器网络建立成功后或路由器、终端设备加入网络成功后调用函数 HalLedSet()点亮 LED1。

通过调用 osal_start_timerEx()设置一个定时事件。当达到设定的定时时间后，将会发生用户自定义的定时事件 SAMPLEAPP_SEND_PERIODIC_MSG_EVT。

【代码6-39】　启动定时事件

```
SampleApp_NwkState = (devStates_t)(MSGpkt->hdr.status);
// 判断设备类型
if ( ( SampleApp_NwkState == DEV_ZB_COORD)
        || (SampleApp_NwkState == DEV_ROUTER)
        || (SampleApp_NwkState == DEV_END_DEVICE) )
{
    // 网络建立成功后或设备加入网络后点亮 LED1
    HalLedSet( HAL_LED_1，HAL_LED_MODE_ON );
    // 设置定时事件 SAMPLEAPP_SEND_PERIODIC_MSG_EVT
    osal_start_timerEx( SampleApp_TaskID, SAMPLEAPP_SEND_PERIODIC_MSG_EVT,
            SAMPLEAPP_SEND_PERIODIC_MSG_TIMEOUT );
}
else{
    }
break;
```

当定时时间达到函数 osal_start_timerEx()所设定的定时事件后，系统将会跳入用户自定义的定时事件，在定时事件中处理了以下两件事情：

(1) 调用发送函数 SampleApp_SendPeriodicMessage()发送一个命令。

(2) 继续设定定时事件 SAMPLEAPP_SEND_PERIODIC_MSG_EVT。

因此，此用户自定义的定时事件在每隔设定的 SAMPLEAPP_SEND_PERIODIC_MSG_TIMEOUT 时间后将会调用发送函数 SampleApp_SendPeriodicMessage()发送一个命令，其主要代码如下：

【代码6-40】　定时事件处理

```
if ( events & SAMPLEAPP_SEND_PERIODIC_MSG_EVT )
{
    SampleApp_SendPeriodicMessage();    // 周期发送函数
    // 设置定时事件
    osal_start_timerEx( SampleApp_TaskID, SAMPLEAPP_SEND_PERIODIC_MSG_EVT,
        (SAMPLEAPP_SEND_PERIODIC_MSG_TIMEOUT + (osal_rand() & 0x00FF)) );
    // 返回没有处理完的事件
    return (events ^ SAMPLEAPP_SEND_PERIODIC_MSG_EVT);
}
```

6.8.3　SampleApp.h 文件

在 SampleApp.h 文件中定义了端点描述符内容、端点的简单描述符内容、自定义的定时事件以及定时时间、组寻址的组 ID 号等，以便于 SampleApp.c 文件使用。其主要代码如下：

【代码 6-41】 SampleApp.h

```
#define SAMPLEAPP_ENDPOINT        20        // 端点 ID 号为 20
#define SAMPLEAPP_PROFID          0x0F08    // 端点的剖面 ID 为 0x0F08
#define SAMPLEAPP_DEVICEID        0x0001    // 端点的设备 ID 号为 0x0001
#define SAMPLEAPP_DEVICE_VERSION  0         // 端点的设备版本号 0
#define SAMPLEAPP_FLAGS           0         // FLAG 默认为 0
#define SAMPLEAPP_MAX_CLUSTERS    2         // 最大输入/输出簇个数
#define SAMPLEAPP_PERIODIC_CLUSTERID  1     // 输入/输出簇 ID
#define SAMPLEAPP_FLASH_CLUSTERID     2     // 输入/输出簇 ID
#define SAMPLEAPP_SEND_PERIODIC_MSG_TIMEOUT  5000   // 定时时间
#define SAMPLEAPP_SEND_PERIODIC_MSG_EVT  0x0001     // 用户自定义的定时事件
#define SAMPLEAPP_FLASH_GROUP     0x0001    // 组寻址的组 ID
#define SAMPLEAPP_FLASH_DURATION  1000      // 灯闪烁周期时间
```

6.9　OSAL 运行机制

OSAL 是 Zsatck 协议栈的操作系统，其主要作用是：实现任务的注册、初始化以及任务的开始；任务间的消息交换；任务同步和中断处理。本节将通过一个按键触发数据传输的"Zstack 数据传输"示例来详细讲解 OSAL 任务运行机制。

6.9.1　OSAL 概述

Zsatck 协议栈包含了 ZigBee 协议所规定的基本功能，这些功能大部分是通过函数的形式(即模块化)实现的。为了便于管理这些函数集，Zstack 协议栈中加入了实时操作系统，称为 OSAL(Operating System Abstraction Layer，操作系统抽象层)。

OSAL 主要提供以下功能：

(1) 任务注册、初始化和启动。

(2) 任务间的同步、互斥。

(3) 中断处理。

(4) 存储器分配和管理。

在学习 Zstack 之前，首先要学习 OSAL 操作系统，学习 OSAL 操作系统需要了解与 OSAL 操作系统有关的常用术语。OSAL 常用的术语如下所述。

任务：也称作一个线程，是一个简单的程序。该程序可以认为 CPU 完全只属于自己。实时应用程序设计的过程，包括如何把问题分割成多个任务，每个任务都是整个应用的某一部分，并被赋予一定的优先级，有自己的一套 CPU 寄存器和堆栈空间，一般将任务设计为一个无限循环。每个任务可以有四种状态：就绪态、运行态、挂起态(即等待某一事件发生)以及被中断态。

多任务运行："多任务运行"其实是一种"假象"，实际上只有一个任务在运行，CPU 可以使用任务调度策略将多个任务进行调度，每个任务执行特定的时间，时间到了以后，就进行任务的切换。由于每个任务执行的时间很短，任务之间的切换很频繁，因此造成了多任务同时运行的"假象"。

资源：任何一个任务所占用的实体都可以称为资源，如一个变量、数组和结构体等。

共享资源：至少被两个任务使用的资源称为共享资源，为了防止共享资源被破坏，每个任务在操作共享资源时，必须保证是独占该资源。

内核：在多任务系统中，内核负责管理各个任务，主要包括为每个任务分配 CPU 时间、任务调度和负责任务间的通信。内核提供的基本服务是任务切换，使用内核可以大大简化应用系统的程序设计方法，借助内核提供的任务切换功能，可以将应用程序分为不同的任务来实现。

互斥：在多任务系统中，多个任务在访问数据时具有排他性，即称为互斥。互斥的主要功能是多个任务进行数据访问时，保证每个任务数据访问的唯一性。解决互斥最常用的方法是关中断、使用测试并置位指令、禁止任务切换和使用信号量。其中，在 ZigBee 协议栈内嵌的操作系统中最常用的方法是关中断。

消息队列：消息队列用于任务间传递消息，通常包含任务间同步的信息。通过内核提供的服务，任务或者中断服务程序将一条消息放入消息队列，然后其他任务可以使用内核提供的服务从消息队列中获取属于自己的消息。为了降低消息的开支，通常传递指向消息的指针。

6.9.2　Zstack 数据传输

OSAL 是 Zstack 协议栈的核心。在开发过程中，必须要创建 OSAL 任务来运行应用程序。OSAL 的应用程序一般都在 APP 层，本节将详细讲解在 APP 层通过按键触发 Zstack 的数据的传输。

下面使用 Zstack 协议栈进行数据传输。此数据传输实验将实现以下两个功能：

(1) 协调器负责建立网络，路由器加入网络。

(2) 通过协调器按键控制路由器 LED 的状态，具体实现为 SW1 控制路由器的 LED1 闪烁，SW2 控制路由器的 LED2 闪烁。

打开 TI 官方的 SampleApp 工程，在 SampleApp.c 文件中做如下修改完成按键控制 LED 闪烁。

· 修改 SampleApp_ProcessEvemt() 函数，实现协调器网络建立后点亮 LED1、LED2。

· 修改 SampleApp_HandleKeys() 函数，实现协调器 SW1 和 SW2 按键按下之后，向网络中其他设备发送数据。

· 修改 SampleApp_MessageMSGCB() 函数实现网络中的路由器或其他设备在收到协调器广播的数据后，实现 LED 闪烁命令。

具体操作步骤如下：

(1) 修改 SampleApp_ProcessEvent() 函数。

SampleApp_ProcessEvent() 函数的内容在前面章节里面已经讲解过，为了实现建立网络后，点亮 LED1 和 LED2，需要修改 SampleApp_ProcessEvent() 函数下的网络状态改变事件的代码部分，如图 6-11 所示。

```
// Received whenever the device changes state in the network
case ZDO_STATE_CHANGE:
  SampleApp_NwkState = (devStates_t)(MSGpkt->hdr.status);
  if ( (SampleApp_NwkState == DEV_ZB_COORD)
     || (SampleApp_NwkState == DEV_ROUTER)
     || (SampleApp_NwkState == DEV_END_DEVICE) )
  {
    // Start sending the periodic message in a regular interval.
    osal_start_timerEx( SampleApp_TaskID,
                        SAMPLEAPP_SEND_PERIODIC_MSG_EVT,
                        SAMPLEAPP_SEND_PERIODIC_MSG_TIMEOUT );
  }
  else
  {
    // Device is no longer in the network
  }
  break;
```

图 6-11　SampleApp_ProcessEvent()需修改部分

修改之后的代码如下：

```
switch ( MSGpkt->hdr.event ) {
    case   ZDO_STATE_CHANGE:   // 网络状态改变事件
        SampleApp_NwkState=(devStates_t)MSGpkt->hdr.status; // 提取网络状态的设备类型
        // 判断是否为协调器
        if ( (SampleApp_NwkState == DEV_ZB_COORD)
            ||(SampleApp_NwkState == DEV_ROUTER)
            ||(SampleApp_NwkState == DEV_END_DEVICE))
        {
            HalLedSet(HAL_LED_1, HAL_LED_MODE_ON);      // 点亮 LED1
            HalLedSet(HAL_LED_2, HAL_LED_MODE_ON);
        }  // 点亮 LED2
    break;
        …
    {    // 模块接收到数据信息事件
            osal_msg_deallocate( (uint8 *)MSGpkt );   // 释放消息所在的消息缓冲区
            MSGpkt=(afIncomingMSGPacket_t*) osal_msg_receive(SampleApp_TaskID;
        return (events ^ SYS_EVENT_MSG);
    }  // 返回系统消息事件
    return 0;
}
```

(2) 修改 SampleApp_HandleKeys()函数。

按键处理函数需要完成的具体任务为：按下 SW1，调用发送函数向路由器发送控制 LED1 闪烁命令；按下 SW2，调用发送函数向路由器发送控制 LED2 闪烁命令。需要修改的代码如图 6-12 所示。

```
aps_Group_t *grp;
grp = aps_FindGroup( SAMPLEAPP_ENDPOINT, SAMPLEAPP_FLASH_GROUP );
if ( grp )
{
  // Remove from the group
  aps_RemoveGroup( SAMPLEAPP_ENDPOINT, SAMPLEAPP_FLASH_GROUP );
}
else
{
  // Add to the flash group
  aps_AddGroup( SAMPLEAPP_ENDPOINT, &SampleApp_Group );
}
```

图 6-12　SampleApp_HandleKeys()需修改部分

修改之后的代码如下：

```
void SampleApp_HandleKeys (byte keys )
{   // 处理按键
    if ( keys & HAL_KEY_SW_1 )
    {   // 如果按键 SW1 按下
        // 发送控制 LED1 闪烁指令
        SampleApp_SendFlashMessage(SAMPLEAPP_FLASH_DURATION);
    }
    if ( keys & HAL_KEY_SW_2 )
    {   // 如果按键 SW2 按下
        SampleApp_SendPeriodicMessage();
    }
}// 发送控制 LED2 闪烁指令
```

其中发送函数 SampleApp_SendFlashMessage()需要修改发送的目的地址，其修改后的代码如下：

```
void SampleApp_SendFlashMessage( uint16 flashTime )
{   // 广播打开 LED 灯
    // 发送的数据
    uint8 buffer[3];
    buffer[0] = (uint8)(SampleAppFlashCounter++);
    buffer[1] = LO_UINT16( flashTime );
    buffer[2] = HI_UINT16( flashTime );
    if( AF_DataRequest(&SampleApp_Periodic_DstAddr,   // 发送目的地址
                    &SampleApp_epDesc,   // 发送的端点描述符
                    SAMPLEAPP_FLASH_CLUSTERID,   // 簇 ID 号
                    3, // 发送的字节长度
                    Buffer, // 发送的数据
                    &SampleApp_TransID, // 发送的数据 ID 序号
                    AF_DISCV_ROUTE,   // 设置路由发现
                    AF_DEFAULT_RADIUS ) == afStatus_SUCCESS ) {    } // 设置路由域
```

```
    else    {    }
}
```

发送函数 SampleApp_SendPeriodicMessage()代码不需修改，其代码如下：

```
void SampleApp_SendPeriodicMessage( void )
{   // 广播打开 LED 灯
    if( AF_DataRequest(& SampleApp_Periodic_DstAddr,        // 发送目的地址
                       &SampleApp_epDesc,                   // 发送的端点描述符
                       SAMPLEAPP_PERIODIC_CLUSTERID,        // 簇 ID 号
                       1,                                   // 发送的字节长度
                       (uint8*)&SampleAppPeriodicCounter,   // 发送的数据
                       &SampleApp_TransID,   // 发送的数据 ID 序号
                       AF_DISCV_ROUTE,   // 设置路由发现
                       AF_DEFAULT_RADIUS ) == afStatus_SUCCESS ){   } // 设置路由域
    else {   }
}
```

(3) 修改 SampleApp_MessageMSGCB()函数。

网络中的路由器或终端设备在接收到信息之后，通过对接收簇 ID 的判断来执行 LED 的闪烁命令，需要修改的位置如图 6-13 所示。

```
case SAMPLEAPP_PERIODIC_CLUSTERID:
    break;

case SAMPLEAPP_FLASH_CLUSTERID:
    flashTime = BUILD_UINT16(pkt->cmd.Data[1], pkt->cmd.Data[2] );
    HalLedBlink( HAL_LED_4, 4, 50, (flashTime / 4) );
    break;
```

图 6-13　SampleApp_MessageMSGCB()需修改部分

修改之后的代码如下：

```
void SampleApp_MessageMSGCB( afIncomingMSGPacket_t *pkt )
{
    switch ( pkt->clusterId )
    {
        case SAMPLEAPP_PERIODIC_CLUSTERID:   // 判断接收到的簇 ID
            HalLedBlink( HAL_LED_2, 4, 50, 200 );   // LED2 闪烁
        break;
        case SAMPLEAPP_FLASH_CLUSTERID:   // 判断接收到的簇 ID
            HalLedBlink( HAL_LED_1, 4, 50, 200 );   // LED1 闪烁
        break;
    }
}
```

(4) 实验现象。

选择协调器程序和路由器程序分别下载至协调器设备和路由器设备中，选择程序如图

6-14 所示(CoordinationEB、RouterEB 和 EndDeviceEB 分别代表协调器程序、路由器程序和终端设备节点程序)。

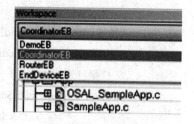

　　程序下载完成之后，按照以下步骤进行操作：

　　(1) 首先启动协调器，等待协调器建立起网络，协调器建立网络完成的现象为 LED1 和 LED2 同时点亮。

　　(2) 其次启动路由器，等待路由器加入网络，路由器加入网络的现象为 LED1 和 LED2 同时点亮。

图 6-14　选择程序

　　(3) 按下协调器设备的按键 SW1，此时会看到路由器设备的 LED1 闪烁。

　　(4) 按下协调器设备的按键 SW2，此时会看到路由器设备的 LED2 闪烁。

　　注意：以上 APP 层的分析是基于 TI 官方的协议栈的，并且此协议栈对应的硬件平台是 TI 的硬件平台。

6.9.3　OSAL 剖析

　　前面章节中的示例是在网络建立后，协调器通过按键触发向路由器发送数据的，需要用户实现的部分都在 APP 层。APP 层通过调用一些 API 函数实现与其他层的交互，这种交互是通过 OSAL 的调度机制来实现的。

　　下面详细讲解 OSAL 对任务和事件的调度。OSAL 对各层的调度分为两部分：系统的初始化和 OSAL 的运行，这两者都是从 main()函数开始的。

　　1. main()函数的运行

　　main()函数是整个协议栈的入口函数，其位置在 Zmain 文件夹下的 Zmian.c 文件中，如图 6-15 所示。

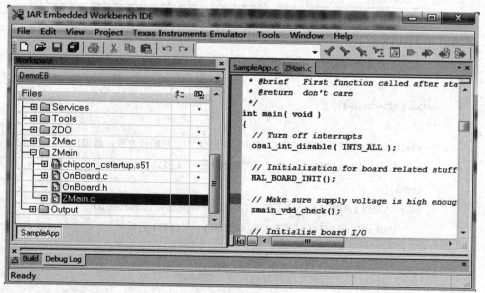

图 6-15　工程主界面

main()函数的代码如下：

【代码 6-42】　main()

```
int main( void ){
    osal_int_disable( INTS_ALL );          // 关闭所有中断
    HAL_BOARD_INIT();                      // 初始化硬件，如 LED 灯
    zmain_vdd_check();                     // 芯片电压检查
    zmain_ram_init();                      // 堆栈初始化
    InitBoard( OB_COLD );                  // 硬件 I/O 的初始化
    HalDriverInit();                       // 初始化硬件模块驱动
    osal_nv_init( NULL );                  // Flash 初始化
    zgInit();                              // 非易失性常量初始化
    ZMacInit();                            // MAC 初始化
    zmain_ext_addr();                      // 确定 IEEE 地址
    #ifndef NONWK
    afInit();                              // AF 初始化
    #endif
    osal_init_system();                    // 操作系统初始化
    osal_int_enable( INTS_ALL );           // 开中断
    InitBoard( OB_READY );                 // 初始化按键
    #ifdef LCD_SUPPORTED
    zmain_lcd_init();                      // LCD 显示初始化
    #endif
    #ifdef WDT_IN_PM1
    WatchDogEnable( WDTIMX );              // 看门狗初始化
    #endif
    osal_start_system();                   // 操作系统运行
    return ( 0 );
}
```

2. 系统的初始化

系统任务的初始化是通过 main() 函数中的 osal_init_system() 函数来进行的，osal_init_system() 函数在 OSAL.c 文件中，其代码如下：

【代码 6-43】　osal_init_system()

```
uint8 osal_init_system( void ) {
    osal_mem_init();                       // 初始化内存分配系统
    osal_qHead = NULL;                     // 初始化消息队列
    #if defined( OSAL_TOTAL_MEM )          // 如果定义 OSAL_TOTAL_MEM
    osal_msg_cnt = 0;                      // 跟踪系统的堆栈使用情况
    #endif
    osalTimerInit();                       // 定时器的初始化
```

```
        osal_pwrmgr_init();                    // 电源管理的初始化
        osalInitTasks();                       // 任务初始化
        osal_mem_kick();                       // 跳过第一个块
        return ( SUCCESS );
    }
```

其中，osalInitTasks()为任务初始化函数，此函数的具体实现在 APP 层，即需要用户实现的函数。调用此函数可将用户的任务与协议栈联系起来，即 osalInitTasks()函数为用户与 OSAL 联系起来的桥梁。

3. OSAL 的运行

main()函数通过调用 osal_start_system()函数(注意，此函数永远不会返回)，使整个 ZigBee 协议栈运行起来。osal_start_system()函数的实现在 OSAL.c 文件中，其代码如下：

【代码 6-43】 osal_ start _system()

```
    void    osal_start_system( void )
    {
        #if !defined ( ZBIT ) && !defined ( UBIT )
            for(;;)    // 无限循环
        #endif
            osal_run_system();              // 询检任务
    }
```

在 osal_start_system()函数中调用了任务询检函数 osal_run_system()，此函数用于按照任务 ID 询检，询检是否有相应的事件发生，其实现在 OSAL.c 文件中，其代码如下：

【代码 6-44】 osal_ run _system()

```
    osal_ run _system(){
        uint8 idx = 0;
        osalTimeUpdate();                      // 加载时间信息
        Hal_ProcessPoll();                     // 串口和时钟信息
        do   {
            if (tasksEvents[idx])              // 最高优先级任务索引号 idx
            {   break;   }
        } while (++idx < tasksCnt);
        if (idx < tasksCnt)
        {
            uint16 events;
            halIntState_t intState;
            HAL_ENTER_CRITICAL_SECTION(intState);     // 进入临界区(关中断)
            events = tasksEvents[idx];                 // 提取需要处理的任务事件
            tasksEvents[idx] = 0;                      // 清除本次任务操作
            HAL_EXIT_CRITICAL_SECTION(intState);       // 退出临界区(开中断)
```

```
    // 通过指针调用任务处理函数将事件传递给事件处理函数
    activeTaskID = idx;
    events = (tasksArr[idx])( idx,    events );
    activeTaskID = TASK_NO_TASK;
    HAL_ENTER_CRITICAL_SECTION(intState);      // 进入临界区(关中断)
    tasksEvents[idx] |= events;                    // 保存未处理的事件
    HAL_EXIT_CRITICAL_SECTION(intState);
  }   // 退出临界区(开中断)
#if defined( POWER_SAVING )
    else {    osal_pwrmgr_powerconserve(); }        // 使系统进入休眠模式
#endif
#if defined (configUSE_PREEMPTION) && (configUSE_PREEMPTION == 0)
    {   osal_task_yield();   }
    #endif
  }
}
```

由代码 6-43 可以分析，OSAL 运行起来后不停地询检有无事件发生，如果检测到某个任务有事件发生，便将此事件传递给该任务的处理函数进行事件的处理。

其中任务和任务处理函数是通过 APP 层的 OSAL_SampleApp.c 文件联系起来的。在 OSAL_SampleApp.c 文件中有两个重要的变量 taskArr 和 taskEvents，其中 taskArr 数组保存了 Zstack 协议栈需要处理的任务，通过 taskEvents 将任务和任务的事件处理函数联系起来。

6.9.4　按键事件剖析

按键事件的实现分为两部分：按键的初始化和按键事件的处理。按键的初始化的主要作用是在用户任务中注册按键事件；按键事件的处理是通过 APP 层对按键的判断来完成的。

1. 按键的初始化

按键属于开发板上的硬件部分，是开发板的硬件资源，所以按键的初始化是在 main() 函数调用的硬件驱动初始化和硬件 I/O 初始化两个函数中进行的。

硬件驱动初始化函数 HalDriverInit()在 HAL 目录下的 hal_drivers.c 文件中，其代码如下：

【代码 6-45】　HalDriverInit()

```
  void HalDriverInit (void)
  {
    #if (defined HAL_TIMER) && (HAL_TIMER == TRUE)
      HalTimerInit();                 // 定时器初始化
    #endif
    #if (defined HAL_ADC) && (HAL_ADC == TRUE)
      HalAdcInit();                      // ADC 初始化
    #endif
```

```
#if (defined HAL_DMA) && (HAL_DMA == TRUE)
    HalDmaInit();                          // DMA 初始化
#endif
#if (defined HAL_FLASH) && (HAL_FLASH == TRUE)
    HalFlashInit();                        // Flash 初始化
#endif
#if (defined HAL_AES) && (HAL_AES == TRUE)
    HalAesInit();                          // *AES 初始化
#endif
#if (defined HAL_LED) && (HAL_LED == TRUE)
    HalLedInit();                          // LED 初始化
#endif
#if (defined HAL_UART) && (HAL_UART == TRUE)
    HalUARTInit();                         // UART 初始化
#endif
#if (defined HAL_KEY) && (HAL_KEY == TRUE)
    HalKeyInit();                          // 按键初始化
#endif
#if (defined HAL_SPI) && (HAL_SPI == TRUE)
    HalSpiInit();                          // *SPI 初始化
#endif
#if (defined HAL_LCD) && (HAL_LCD == TRUE)
    HalLcdInit();                          // *LCD 初始化
#endif
}
```

在 HalDriverInit()函数里，对硬件设备进行一系列的初始化，比如定时器、ADC、LED 灯、按键和 LCD 等。其中，按键的初始化函数 HalKeyInit()具体实现在 hal_key.c 文件中。HalKeyInit()函数中的内容如下：

【代码 6-46】 HalKeyInit()

```
void HalKeyInit( void )
{
    halKeySavedKeys = 0;   // 初始化当前按键状态为 0
    HAL_KEY_SW_6_SEL &= ~(HAL_KEY_SW_6_BIT);   // 设置按键 6I/O 功能
    HAL_KEY_SW_6_DIR &= ~(HAL_KEY_SW_6_BIT);        // 设置按键 6I/O 口为输入
    HAL_KEY_SW_5_SEL &= ~(HAL_KEY_SW_5_BIT);        // 设置按键 5I/O 功能
    HAL_KEY_SW_5_DIR &= ~(HAL_KEY_SW_5_BIT);        // 设置按键 5I/O 口为输入
    pHalKeyProcessFunction   = NULL;            // 设置回调函数指向空
    HalKeyConfigured = FALSE;                   // 按键无配置
}
```

在按键初始化函数 HalKeyInit()中设置了按键 5 和按键 6 的 I/O 功能及输入/输出状态，并且设置按键回调函数指向为空：pHalKeyProcessFunction=NULL。

在主函数 main()中调用代码"InitBoard(OB_COLD)"初始化开发板上的硬件 I/O，InitBoard()函数在 OnBoard.c 文件中，其代码如下：

【代码 6-47】　InitBoard ()

```
void InitBoard( uint8 level )
{
    if ( level == OB_COLD )
    {
        *(uint8 *) 0x0 = 0;
        osal_int_disable( INTS_ALL );    // 关闭中断
        ChkReset();    // 检查 Brown-Out reset
    }
    else {
        HalKeyConfig(HAL_KEY_INTERRUPT_DISABLE, OnBoard_KeyCallback);    // 配置按键
    }
}
```

代码"InitBoard(OB_COLD)"，将按键初始化为查询方式。在 HalKeyConfig()函数传递了两个参数：一是按键的查询方式 HAL_KEY_INTERRUPT_DISABLE，二是 OnBoard_KeyCallback()函数。HalKeyConfig()函数的具体实现在 hal_key.c 文件中，其程序代码如下：

【代码 6-48】　HalKeyConfig ()

```
void HalKeyConfig (bool    interruptEnable,    halKeyCBack_t    cback)
{
    Hal_KeyIntEnable = interruptEnable;       // 按键中断使能为按键初始化为查询方式
    pHalKeyProcessFunction = cback;           // 注册回调函数功能
    if (Hal_KeyIntEnable) {
    PICTL &= ~(HAL_KEY_SW_6_EDGEBIT);              // 清除 P0ICON
    #if (HAL_KEY_SW_6_EDGE == HAL_KEY_FALLING_EDGE) // P0 口下降沿引起中断
    PICTL |= HAL_KEY_SW_6_EDGEBIT;
    #endif
    HAL_KEY_SW_6_ICTL |= HAL_KEY_SW_6_ICTLBIT;          // P0IEN 中断使能
    HAL_KEY_SW_6_IEN |= HAL_KEY_SW_6_IENBIT;           // 端口 0CPU 中断使能
    HAL_KEY_SW_6_PXIFG = ~(HAL_KEY_SW_6_BIT);          // 清中断标志位
    HAL_KEY_JOY_MOVE_ICTL &= ~(HAL_KEY_JOY_MOVE_EDGEBIT);
    #if (HAL_KEY_JOY_MOVE_EDGE == HAL_KEY_FALLING_EDGE)
    HAL_KEY_JOY_MOVE_ICTL |= HAL_KEY_JOY_MOVE_EDGEBIT;
    #endif
    HAL_KEY_JOY_MOVE_ICTL |= HAL_KEY_JOY_MOVE_ICTLBIT;
```

```
        HAL_KEY_JOY_MOVE_IEN |= HAL_KEY_JOY_MOVE_IENBIT;
        HAL_KEY_JOY_MOVE_PXIFG = ~(HAL_KEY_JOY_MOVE_BIT);
        if (HalKeyConfigured == TRUE) {
        osal_stop_timerEx( Hal_TaskID, HAL_KEY_EVENT);   }        // 停止按键事件
        }
        else   {
            HAL_KEY_SW_6_ICTL &= ~(HAL_KEY_SW_6_ICTLBIT);        // SW6 P0IEN 中断禁止
            HAL_KEY_SW_6_IEN &= ~(HAL_KEY_SW_6_IENBIT);          // SW6 中断禁止
            osal_set_event(Hal_TaskID, HAL_KEY_EVENT);
        }        // 设置按键改变定时事件
        HalKeyConfigured = TRUE;   // 按键配置为 TRUE
    }
```

在 HalKeyConfig()函数中，通过代码"pHalKeyProcessFunction=cback"将"OnBoard_KeyCallback"(即函数地址)传递给 pHalKeyProcessFunction，OnBoard_KeyCallback()函数的具体实现在 OnBoard.c 文件中，其代码如下：

【代码 6-49】 OnBoard_KeyCallback()

```
    void OnBoard_KeyCallback ( uint8 keys, uint8 state )
    {
    uint8 shift;
    (void)state;
    shift = (keys & HAL_KEY_SW_6) ? true : false;            // 判断 shift 的值
    if ( OnBoard_SendKeys( keys, shift ) != ZSuccess )
    {  // 发送按键事件
        if ( keys & HAL_KEY_SW_1 ) { }            // Process SW1 here 检测是否 SW1 按下
        if ( keys & HAL_KEY_SW_2 )  { }           // Process SW2 here 检测是否 SW2 按下
            ……
    }
    }
```

OnBoard_KeyCallback()函数的主要工作是将按键时间发送给相应的任务，按键发送是通过 OnBoard_SendKeys(keys，shift)来实现的，按键发送 OnBoard_SendKeys()函数的具体实现在 OnBoard.c 文件中，其程序代码如下：

【代码 6-50】 OnBoard_SendKeys ()

```
    uint8   OnBoard_SendKeys( uint8 keys,   uint8 state ) {
    keyChange_t *msgPtr;
    // 按键事件被注册在 sampleAPP 应用 registeredKeysTaskID = SampleApp_TaskID
    if ( registeredKeysTaskID != NO_TASK_ID )
    {  // 为按键事件在任务中分配信心缓存
        msgPtr = (keyChange_t *)osal_msg_allocate( sizeof(keyChange_t) );
        if ( msgPtr )
```

```
    {
        msgPtr->hdr.event = KEY_CHANGE;        // 事件为按键
        msgPtr->state = state;                 // 按键状态
        msgPtr->keys = keys;                   // 按下的按键
        osal_msg_send( registeredKeysTaskID,   (uint8 *)msgPtr );
    } // 发送消息到任务
    return ( ZSuccess );
} // 返回值
else
return ( ZFailure );
}
```

在 OnBoard_SendKeys()函数中通过 osal_msg_send(registeredKeysTaskID，(uint8*)ms gPtr)将按键事件发送给相应的任务。osal_msg_send()中的第一个参数 registeredKeysTaskID 是任务 ID 号，此任务 ID 号是在 SampleApp_Init(uint8 task_id)初始化中注册的任务 ID "SampleApp_TaskID"，此任务 ID 的传递是通过 APP 层中调用的 RegisterForKeys (SampleApp_TaskID)函数来实现的，此函数的主要任务是注册按键事件，RegisterForKeys() 函数的具体实现在 OnBoard.c 文件中，其代码如下：

【代码 6-51】　RegisterForKeys ()

```
uint8 RegisterForKeys( uint8 task_id ){
    if ( registeredKeysTaskID == NO_TASK_ID )
    {
        registeredKeysTaskID = task_id;   // 按键事件 ID 设置为用户任务 ID
        return ( true );
    }
    else
        return ( false );
}
```

在 RegisterForKeys()函数中将用户的任务 ID 传递给按键事件。当用户任务中有按键发生时，硬件抽象层任务将会把按键事件传递给硬件抽象层事件处理函数进行处理。

2. 按键事件处理

在 APP 层的 OSAL_SampleApp.c 文件中的硬件抽象层事件处理函数 "Hal_ProcessEven()"对用户按键事件做了相应的处理，此函数的具体实现在 hal_drivers.c 文件中，其相关代码如下：

【代码 6-52】　Hal_ProcessEvent ()

```
uint16 Hal_ProcessEvent( uint8 task_id,    uint16 events ) {
    uint8 *msgPtr;
    (void)task_id;
    if ( events & SYS_EVENT_MSG )
```

```
    {  // 系统消息事件
        msgPtr = osal_msg_receive(Hal_TaskID);
        while (msgPtr)
        {
            osal_msg_deallocate( msgPtr );
            msgPtr = osal_msg_receive( Hal_TaskID );
        }
        return events ^ SYS_EVENT_MSG;
    }
    if ( events & HAL_LED_BLINK_EVENT )
    {  // LED 闪烁事件
        #if (defined (BLINK_LEDS)) && (HAL_LED == TRUE)
        HalLedUpdate();
        #endif
        return events ^ HAL_LED_BLINK_EVENT;
    }
    if (events & HAL_KEY_EVENT)
    {  // 如果事件是按键事件
       // 如果定义了 HAL_KEY 并且定义 HAL_KEY==TRUE
        #if (defined HAL_KEY) && (HAL_KEY == TRUE)
            HalKeyPoll(); // 检查按键是否按下
            if (!Hal_KeyIntEnable)
            {  // 如果中断禁止，进行下一轮询
               // 按键定时事件，每 100ms 进行一次轮询，检查按键是否按下
                osal_start_timerEx( Hal_TaskID, HAL_KEY_EVENT, 100);
            }
        #endif
        return events ^ HAL_KEY_EVENT;      }
    #ifdef  POWER_SAVING  // 定时器休眠事件
    if ( events & HAL_SLEEP_TIMER_EVENT )
    {
        halRestoreSleepLevel();
        return events ^ HAL_SLEEP_TIMER_EVENT;
    }
    #endif
    #ifdef CC2591_COMPRESSION_WORKAROUND
    if ( events & PERIOD_RSSI_RESET_EVT )
    {
        macRxResetRssi();
```

```
        return (events ^ PERIOD_RSSI_RESET_EVT);
    }
    #endif
    return 0;
}
```

在硬件抽象层事件处理函数中，由于按键为查询方式，因此通过定时器事件 osal_start_timerEx(Hal_TaskID, HAL_KEY_EVENT, 100)每隔 100ms 就进行一次按键事件的查询，按键事件的发生是通过 HalKeyPoll()来实现的，在 hal_key.c 文件中，HalKeyPoll()的程序代码如下：

【代码 6-53】 HalKeyPoll ()

```
void HalKeyPoll (void)
{
    uint8 keys = 0;
    if ((HAL_KEY_JOY_MOVE_PORT & HAL_KEY_JOY_MOVE_BIT))
    {   keys = halGetJoyKeyInput();   }
    if (!Hal_KeyIntEnable)
    {   // 如果中断没有使能
        if (keys == halKeySavedKeys) // 如果没有按键按下则退出
        {   return;   }
        halKeySavedKeys = keys;
    } // 为了方便下一次比较保存按键状态
    else {   }
    if (HAL_PUSH_BUTTON1())
    {   keys |= HAL_KEY_SW_6;   }
    // 如果有按键按下调用回调函数
    if (keys && (pHalKeyProcessFunction))
    {
        (pHalKeyProcessFunction) (keys, HAL_KEY_STATE_NORMAL);
    }
}
```

在 HalKeyPoll()函数中检查是否有按键按下，如果有按键按下则调用回调函数，即 pHalKeyProcessFunction()。由于是通过 pHalKeyProcessFunction()调用回调函数 OnBoard_SendKeys()将按键事件发送给用户的任务的，所以在 SampleApp.c 文件中的用户任务事件处理函数 SampleApp_ProcessEvent(uint8 task_id, uint16 events)中对消息进行提取分配，其代码如下：

【代码 6-54】 SampleApp_ProcessEvent()

```
uint16 SampleApp_ProcessEvent( uint8 task_id,  uint16 events ){
    // 当一个消息被发送给任务时，SYS_EVENT_MSG，事件会被传递给任务
    //表示有一个消息等待处理。
```

```
afIncomingMSGPacket_t   *MSGpkt;
if ( events & SYS_EVENT_MSG )
{   // 如果事件是系统消息事件
    // 则从消息队列中取出消息
    MSGpkt = (afIncomingMSGPacket_t*)osal_msg_receive(SampleApp_TaskID);
    while ( MSGpkt )
    {   // 当有消息发生时
        switch ( MSGpkt->hdr.event )
        {   // 提取发生的事件
            case ZDO_STATE_CHANGE:        // 网络状态改变事件
                // 提取网络状态的设备类型
                SampleApp_NwkState = (devStates_t)MSGpkt->hdr.status;
                    // 判断是否为协调器
            if ( (SampleApp_NwkState == DEV_ZB_COORD)
                    ||(SampleApp_NwkState == DEV_ROUTER)
                    ||(SampleApp_NwkState == DEV_END_DEVICE))
            {
                    osal_start_timerEx( SampleApp_TaskID,
                        SAMPLEAPP_SEND_PERIODIC_MSG_EVT,
                        SAMPLEAPP_SEND_PERIODIC_MSG_TIMEOUT );
            }
            break;
            case   AF_INCOMING_MSG_CMD:            // 模块接收到数据信息事件
                SampleApp_ProcessMSGData ( MSGpkt );    // 模块接收数据信息处理函数
            break;
            case   KEY_CHANGE:   // 按键事件
                SampleApp_HandleKeys(((keyChange_t*)MSGpkt)->keys );   // 按键处理函数
            break;
             default: break;
        }
        osal_msg_deallocate( (uint8 *)MSGpkt );   // 释放消息所在的消息缓冲区
        MSGpkt = (afIncomingMSGPacket_t*) osal_msg_receive(SampleApp_TaskID);
    }
        return (events ^ SYS_EVENT_MSG);   // 返回系统消息事件
    }
    return 0;
}
```

当有按键事件发生时，将调用按键处理函数 SampleApp_HandleKeys()对相应的按键进行处理，该函数在 SampleApp.c 中，其代码如下：

【代码 6-55】　SampleApp_HandleKeys()

```
void SampleApp_HandleKeys( uint8 shift, uint8 keys )
{
    if ( keys & HAL_KEY_SW_1 )
    {   // 如果按键 SW1 按下
        // 则发送控制 LED1 闪烁指令
        SampleApp_SendFlashMessage(SAMPLEAPP_FLASH_DURATION);
    }
    if ( keys & HAL_KEY_SW_2 )
    {   // 如果按键 SW2 按下
        SampleApp_SendPeriodicMessage(); // 则发送控制 LED2 闪烁指令
    }
}
```

若按下按键 SW1 则调用 SampleApp_SendFlashMessage()；而若按下 SW2 键则调用 SampleApp_SendPeriodicMessage()。

第7章　ZigBee 应用开发与设计

　　ZigBee 无线传感器网络涉及电子、电路、通信、射频等多学科的知识，这对于入门级学习来说，无形中增加了学习难度，很多读者对于 ZigBee 协议、射频电路等知识学了很长的时间，但还是感到不得其解。基于此原因，本章简单介绍一些通过 ZigBee 协议栈进行 ZigBee 无线网络应用程序的开发案例，让读者开启 ZigBee 无线传感器网络的开发之旅。

7.1　数据传输实验

　　既然 ZigBee 协议栈已经实现了 ZigBee 协议，那么用户就可以使用协议栈提供的 API 进行应用程序的开发，在开发过程中完全不必关心 ZigBee 协议的具体实现细节，只需要关心一个核心的问题：应用程序数据从哪里来到哪里去。当用户应用程序需要进行数据通信时，需要按照如下步骤实现：

　　(1) 调用协议栈提供的组网函数、加入网络函数，实现网络的建立与节点的加入；

　　(2) 发送设备调用协议栈提供的无线数据发送函数，实现数据的发送；

　　(3) 接收端调用协议栈提供的无线数据接收函数，实现数据的正确接收。

　　因此，使用协议栈进行应用程序开发时，开发者不需要关心协议栈是具体怎么实现的(例如：每个函数是怎么实现的，每条函数代码是什么意思等)，只需要知道协议栈提供的函数实现什么样的功能，会调用相应的函数来实现自己的应用需求即可。

　　数据传输实验的基本功能是两个 ZigBee 节点进行点对点通信，ZigBee 节点 2 发送"LED"三个字符，ZigBee 节点 1 收到数据后，对接收到的数据进行判断，如果收到的数据是"LED"，则使开发板上的 LED 灯闪烁。数据传输实验原理图如图 7-1 所示。

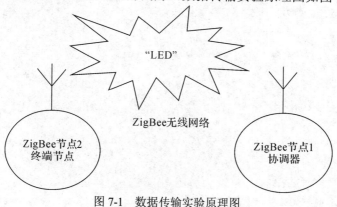

图 7-1　数据传输实验原理图

7.1.1　协调器编程

在 ZigBee 无线传感器网络中有三种设备类型：协调器、路由器和终端节点，设备类型是由 ZigBee 协议栈不同的编译选项来选择的。协调器主要负责网络的组建、维护、控制终端节点的加入等；路由器主要负责数据包的路由选择；终端节点负责数据的采集，不具备路由功能。

在本实验中，ZigBee 节点 1 配置为一个协调器，负责 ZigBee 网络的组建，ZigBee 节点 2 配置为一个终端节点，上电后加入 ZigBee 节点 1 建立的网络，然后发送"LED"给节点 1。具体步骤如下：

(1) 删除范例文件。将 GenericApp 工程中的 GenericApp.h 删除，删除方法是：右键单击 GenericApp.h，在弹出的下拉菜单中选择 Remove 即可，如图 7-2 所示。按照相同的方法删除 GenericApp.c 文件。

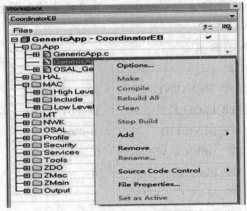

图 7-2　删除 GenericApp.h 文件

(2) 新建源文件。单击 File，在弹出的下拉菜单中选择 New，然后选择 File，如图 7-3 所示。将该文件保存为 Coordinator.h，然后以同样的方法建立一个 Coordinator.c 和 Enddevice.c 文件。然后向该项目中添加源文件，右键单击 APP，在弹出的下拉菜单中选择 Add，然后选择"Add Flies"，如图 7-4 所示，选择刚刚建立的三个文件(Coordinator.h、Coordinator.c 和 Enddevice.c)即可。添加完相关文件以后，GenericApp 工程文件布局如图 7-5 所示。

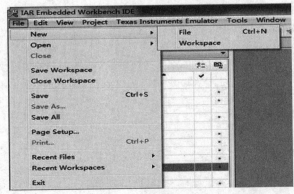

图 7-3　新建源文件

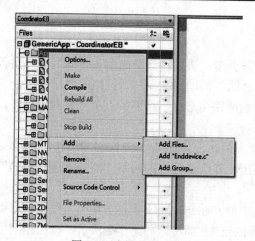

图 7-4　选择"Add Files"

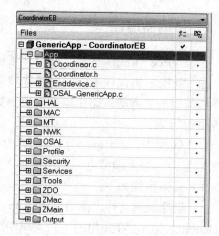

图 7-5　添加完成的 GenericApp 工程文件布局图

（3）编写 Coordinator.h 文件。在 Coordinator.h 文件中输入以下代码：

```
#ifndef    COORDINATOR_H
#define    COORDINATOR_H
#include    "ZComDef.h"
#define    GENERICAPP_ENDPOINT             10
#define    GENERICAPP_PROFID              0x0F04
#define    GENERICAPP_DEVICEID            0x0001
#define    GENERICAPP_DEVICE_VERSION       0
#define    GENERICAPP_FLAGS               0
#define    GENERICAPP_MAX_CLUSTERS         1
#define    GENERICAPP_CLUSTERID            1
extern    void    GenericApp_Init( byte task_id );
extern    UINT16   GenericApp_ProcessEvent( byte task_id，  UINT16 events );
#endif
```

（4）编写 Coordinator.c 文件。在 Coordinator.c 文件中输入以下代码：

```
#include "OSAL.h"
#include "AF.h"
#include "ZDApp.h"
#include "ZDObject.h"
#include "ZDProfile.h"
#include <string.h>
#include "Coordinator.h"
#include "DebugTrace.h"

#if !defined( WIN32 )
    #include "OnBoard.h"
#endif
```

```
#include "hal_lcd.h"
#include "hal_led.h"
#include "hal_key.h"
#include "hal_uart.h"
const cId_t GenericApp_ClusterList[GENERICAPP_MAX_CLUSTERS] =
{
    GENERICAPP_CLUSTERID
};
```

上面代码中的 GENERICAPP_MAX_CLUSTERS 是在 Coordinator.h 文件中定义的宏，这主要是为了跟协议栈里面数据的定义格式保持一致。下面代码中的常量都是以宏定义的形式实现的，用来描述一个 ZigBee 设备节点，称为简单设备描述符。

```
const SimpleDescriptionFormat_t GenericApp_SimpleDesc =
{
    GENERICAPP_ENDPOINT,
    GENERICAPP_PROFID,
    GENERICAPP_DEVICEID,
    GENERICAPP_DEVICE_VERSION,
    GENERICAPP_FLAGS,
    GENERICAPP_MAX_CLUSTERS,
    (cId_t *)GenericApp_ClusterList,
    0,
    (cId_t *)NULL
};
```

下述代码定义了三个变量，一个是节点描述符 GenericApp_epDesc，一个是任务优先级 GenericApp_TaskID，最后一个是数据发送序列号 GenericApp_TransID。

```
endPointDesc_t    GenericApp_epDesc;
byte    GenericApp_TaskID;
byte    GenericApp_TransID;
```

注意： 上述代码中的 endPointDesc_t 结构体，在 AF.h 头文件中已定义，下面是该结构体的定义。在 ZigBee 协议栈中新定义的类型一般以 "_t" 结尾。

```
typedef struct {
    uint8    endPoint;
    uint8    *task_id;
    Simple DescriptionFormat_t    *simpleDesc;
    afNetworkLatencyReq_t    latencyReq;
} endPointDesc_t;
```

下面代码声明了两个函数，一个是消息处理函数 GenericApp_MessageMSGCB，另一个是数据发送函数 GenericApp_SendTheMessage。

```
    void GenericApp_MessageMSGCB( afIncomingMSGPacket_t *pckt );
```

```
        void GenericApp_SendTheMessage( void );
```

下面代码是该任务的任务初始化函数，格式较为固定，读者可以以此作为自己应用程序开发的参考。

```
        void GenericApp_Init( byte task_id )
        {
            //初始化任务优先级(任务优先级由协议栈的操作系统 OSAL 分配)
            GenericApp_TaskID = task_id;
            /*将发送数据包的序号初始化为 0，在 ZigBee 协议栈中，每发送一个数据包，
            该发送序号自动加 1，因此，在接收端可以查看接收数据包的序号来计算丢包率*/
            GenericApp_TransID = 0;
            //对节点描述符进行初始化，格式较为固定，一般不需要修改
            GenericApp_epDesc.endPoint = GENERICAPP_ENDPOINT;
            GenericApp_epDesc.task_id = &GenericApp_TaskID;
            GenericApp_epDesc.simpleDesc
                    = (SimpleDescriptionFormat_t *)&GenericApp_SimpleDesc;
            GenericApp_epDesc.latencyReq = noLatencyReqs;
            /*使用 afRegister 函数将节点描述符进行注册，只有注册以后，
            才可以使用 OSAL 提供的系统服务*/
            afRegister( &GenericApp_epDesc );
        }
```

下面代码是任务处理函数，该函数大部分代码是固定的，读者不需要修改，只需要熟悉这种格式即可。

```
        UINT16 GenericApp_ProcessEvent( byte task_id,   UINT16 events ) {
            afIncomingMSGPacket_t   *MSGpkt;   //定义一个指向接收消息结构体的指针 MSGpkt
            if ( events & SYS_EVENT_MSG )
            {
                /*使用 osal_msg_receive 函数从消息队列上接收消息，该消息中包含了接收到的
                无线数据包(准确地说是包含了指向接收到的无线数据包的指针)*/
                MSGpkt = (afIncomingMSGPacket_t *) osal_msg_receive ( GenericApp_TaskID );
                while ( MSGpkt ) {   //如果数据包不为空
                    switch ( MSGpkt->hdr.event ) {//判断消息类型
                    /*对接收到的消息进行判断，如果是接收到了无线数据，则调用消息处理函数
                     读数据进行相应的处理*/
                    case   AF_INCOMING_MSG_CMD:
                        GenericApp_MessageMSGCB( MSGpkt );
                        break;
                    default:
                        break;
                    }
```

```
        /*接收到的消息处理完后，就需要释放消息所占据的存储空间，因为在 ZigBee 协议栈中，
        接收到的消息是存放在堆上的，所以需要调用 osal_msg_deallocate 函数将其所占据的
        堆内存释放，否则容易引起"内存泄漏" */
        osal_msg_deallocate ( (uint8 *) MSGpkt );
        /*处理完一个消息后，再从消息队列里接收消息，然后对其进行相应的处理，直到所有
        消息都处理完为止*/
        MSGpkt = (afIncomingMSGPacket_t *) osal_msg_receive ( GenericApp_TaskID );
    }
    return (events  ^ SYS_EVENT_MSG);        //返回未处理的任务
    }
    return 0;
    }
```

下述代码为消息处理函数，需要根据具体情况修改。

```
    void GenericApp_MessageMSGCB( afIncomingMSGPacket_t *pkt )
    {
        unsigned char buffer[4]="        ";
        switch ( pkt->clusterId )  {
          case GENERICAPP_CLUSTERID:
            //  将收到的数据拷贝到缓冲区 bufer 中
          osal_memcpy ( buffer,    pkt->cmd.Data, 3);
          /*判断接收到的数据是不是"LED"三个字符，如果是这三个字符，则使 LED2 闪烁，
          如果接收到的不是这三个字符，则点亮 LED2 即可。*/
          if((buffer[0]=='L')||(buffer[1]=='E')||(buffer[2]=='D')){
            HalLedBlink(HAL_LED_2, 0, 50, 500);//调用使某个 LED 闪烁函数
          }
          else  {
            HalLedSet(HAL_LED_2, HAL_LED_MODE_ON);      //调用设置某个 LED 的状态函数
          }
          break;
        }
    }
```

　　(5) 修改 OSAL_GenericApp.c 文件。打开 OSAL_GenericApp.c 文件，将 #include "GenericApp.h" 代码注释掉，然后添加代码 #include "Coordinator.h" 即可。

　　(6) 设置 Enddevice.c 文件编译控制。在 Workspace 下面的下拉列表框中选择 CoordinatorEB，然后右键单击 Enddevice.c 文件，在弹出的快捷菜单中选择 Options 选项，在弹出的对话框中，选择"Exclude from build"复选框，如图 7-6 所示。此时，Enddevice.c 文件呈灰白显示状态。可以打开 Tools 文件夹，可以看到 f8wEndev.cfg 和 f8wRouter.cfg 文件也是呈灰白显示状态的。文件呈灰白状态显示说明该文件不参与编译，ZigBee 协议栈正是使用这种方式实现对源文件编译的控制的。

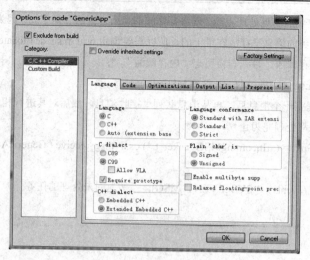

图 7-6　选择"Exclude from build"复选框

（7）ZigBee 协议栈的编译与下载。选择工具栏上的 Make 按钮，即可实现 ZigBee 协议栈的编译。编译完成后，在窗口下方会自动弹出 Message 窗口，显示编译过程中的警告和出错信息。最后，用 USB 下载器将 CC2530_EB 开发板和电脑连接起来，选择工具栏中的 Debug 按钮，即可实现程序的下载。

7.1.2　终端节点编程

下面介绍一下终端节点的程序设计步骤。

（1）在 Workspace 下面的下拉列表框中选择 EndDeviceEB，然后右击 Coordinator.c 文件，在弹出的下拉菜单中选择 Options 选项，在弹出的对话框中，选择"Exclude from build"复选框，如图 7-7 所示。此时，Coordinator.c 文件显示灰白状态。

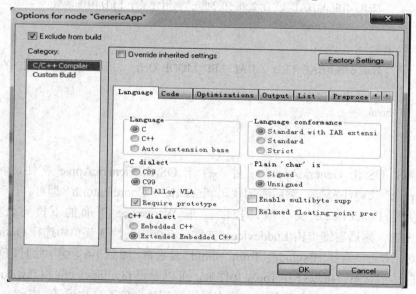

图 7-7　选择"Exclude from build"复选框

(2) 编辑 Enddevice.c 文件。保持 Coordinator.h 文件内容不变，在 Enddevice.c 文件中输入如下代码：

```c
#include "OSAL.h"
#include "AF.h"
#include "ZDApp.h"
#include "ZDObject.h"
#include "ZDProfile.h"
#include <string.h>
#include "Coordinator.h"
#include "DebugTrace.h"
#if !defined( WIN32 )
    #include "OnBoard.h"
#endif
#include "hal_lcd.h"
#include "hal_led.h"
#include "hal_key.h"
#include "hal_uart.h"
```

说明，上述内容是从 GenericApp.c 文件复制得到的，只需要用#include "Coordinator.h" 将#include "GenericApp.h"替换即可。

```c
const cId_t GenericApp_ClusterList[GENERICAPP_MAX_CLUSTERS] = {
    GENERICAPP_CLUSTERID
};
```

上面代码中的 GENERICAPP_MAX_CLUSTERS 是在 Coordinator.h 文件中定义的宏，这主要是为了跟协议栈里面数据的定义格式保持一致。下面代码中的常量都是以宏定义的形式实现的。

```c
const SimpleDescriptionFormat_t  GenericApp_SimpleDesc = {
    GENERICAPP_ENDPOINT,
    GENERICAPP_PROFID,
    GENERICAPP_DEVICEID,
    GENERICAPP_DEVICE_VERSION,
    GENERICAPP_FLAGS,
    0,
    (cId_t *)NULL
    GENERICAPP_MAX_CLUSTERS,
    (cId_t *)GenericApp_ClusterList
};
```

上述数据结构可以用来描述一个 ZigBee 设备节点，跟 Coordinator.c 文件中的定义格式一致。下述代码定义了四个变量，一个是节点描述符 GenericApp_epDesc；又一个是任务优先级 GenericApp_TaskID，再一个是数据发送序列号 GenericApp_TransID；最后一个是保存节点状态的变量 GenericApp_NwkState，该变量的类型是 devStates_t(devStates_t 是一个枚举类型，记录了该设备的状态)。

```
endPointDesc_t    GenericApp_epDesc;
byte    GenericApp_TaskID;
byte    GenericApp_TransID;
devStates_t    GenericApp_NwkState;
```

下面代码声明了两个函数，一个是消息处理函数 GenericApp_MessageMSGCB，另一个是数据发送函数 GenericApp_SendTheMessage。

```
void GenericApp_MessageMSGCB( afIncomingMSGPacket_t *pckt );
void GenericApp_SendTheMessage( void );
```

下面代码是该任务的任务初始化函数，格式较为固定，读者可以以此作为自己应用程序开发的参考。

```
void GenericApp_Init( byte task_id ) {
    //初始化任务优先级(任务优先级由协议栈的操作系统 OSAL 分配)
    GenericApp_TaskID = task_id;
    //将设备状态初始化为 DEV_INIT，表示该节点没有连接到 ZigBee 网络
    GenericApp_NwkState = DEV_INIT;
    /*将发送数据包的序号初始化为 0，在 ZigBee 协议栈中，每发送一个数据包，该发送序号
    自动加1，因此，在接收端可以查看接收数据包的序号来计算丢包率*/
    GenericApp_TransID = 0;
    //对节点描述符进行初始化，格式较为固定，一般不需要修改
    GenericApp_epDesc.endPoint = GENERICAPP_ENDPOINT;
    GenericApp_epDesc.task_id = &GenericApp_TaskID;
    GenericApp_epDesc.simpleDesc = (SimpleDescriptionFormat_t *)&GenericApp_SimpleDesc;
    GenericApp_epDesc.latencyReq = noLatencyReqs;
    /*使用 afRegister 函数将节点描述符进行注册，只有注册以后，才可以使用 OSAL
    提高的系统服务*/
    afRegister( &GenericApp_epDesc );
}
```

下面代码是任务处理函数，该函数大部分代码是固定的，读者不需要修改，只需要熟悉这种格式即可。

```
UINT16 GenericApp_ProcessEvent( byte task_id,    UINT16 events ) {
    afIncomingMSGPacket_t    *MSGpkt;  //定义一个指向接收消息结构体的指针 MSGpkt
    if ( events & SYS_EVENT_MSG ) {
        /*使用 osal_msg_receive 函数从消息队列上接收消息，该消息中包含了接收到的
        无线数据包(准确地说是包含了指向接收到的无线数据包的指针)*/
        MSGpkt = (afIncomingMSGPacket_t    *) osal_msg_receive ( GenericApp_TaskID );
        while ( MSGpkt ) {//如果数据包不为空
        switch ( MSGpkt->hdr.event ) {//判断消息类型
```

/*对接收到的消息进行判断，如果是接收到了无线数据，则调用消息处理函数读数据
进行相应的处理*/

```
case   ZDO_STATE_CHANGE:
//读取节点的设备类型
   GenericApp_Nwkstate=(devStates_t)(MSGpkt->hdr.status);
   /*对节点设备类型进行判断，如果是终端节点(设备类型是 DEV_END_DEVICE)，
   实现无线数据发送*/
   if(GenericApp_Nwkstate==DEV_END_DEVICE){
       GenericApp_SendTheMessage();
   }
   break;
   default:
   break;
   }
   osal_msg_deallocate ( (uint8 *) MSGpkt );
   MSGpkt = (afIncomingMSGPacket_t *) osal_msg_receive ( GenericApp_TaskID );
   }
   return (events   ^ SYS_EVENT_MSG);        //返回未处理的任务
}
return 0;
}
```

下面代码是本实验的关键部分，实现了数据发送。

```
void   GenericApp_SendTheMessage( void ) {
   //定义一个存放发送数据的数组
   unsigned char theMessageData[4] = "LED";
   /*定义了一个 afAddrType_t 类型的变量 my_DstAddr，因为数据发送函数
   AF_DataRequest 的第一个参数就是这种类型的变量。 */
   afAddrType_t   my_DstAddr;
   //将发送地址模式设置为单播模式(Addr16Bit 表示单播)
   my_DstAddr.addrMode = (afAddrMode_t)Addr16Bit;
   //初始化端口号
   my_DstAddr.endpoint = GENERICAPP_ENDPOINT;
   //在 ZigBee 网络中，协调器的网络地址是固定的，为 0x0000，因此，向协调器发送时，可以
   //直接指定协调器的网络地址。
   my_DstAddr.addr.shortAddr = 0x0000;
   //调用数据发送函数 AF_DataRequest 进行无线数据的发送
   AF_DataRequest( &my_DstAddr, &GenericApp_epDesc,
                   GENERICAPP_CLUSTERID,
                   3,
```

```
                            theMessageData,
                            &GenericApp_TransID,
                            AF_DISCV_ROUTE,
        AF_DEFAULT_RADIUS );
        // 调用 HalLedBlink 函数，是终端节点的 LED2 闪烁
        HalLedBlink(HAL_LED_2, 0, 50, 500);
    }
```

(3) 程序调试。按照 7.1.1 节讲解的方法，编译上述代码，然后下载到另一块开发板。打开协调器电源开关，然后打开终端节点电源开关。几秒钟后，会发现协调器的 LED 灯已经闪烁起来了，这说明协调器已经收到了终端节点发送的数据。

7.2　串口收发基础实验

串口是开发板和用户电脑交互的一种工具，正确的使用串口对于 ZigBee 无线网络的学习具有较大的促进作用，使用串口的基本步骤：

(1) 初始化串口，包括设置波特率、中断等；

(2) 向发送缓冲区发送数据或者从接收缓冲区读取数据。

上述方法是使用串口的常用方法，但是由于 ZigBee 协议栈的存在，使得串口的使用略有不同，在 ZigBee 协议栈中已经对串口初始化所需要的函数进行了实现，用户只需要传递几个参数就可以使用串口，此外，ZigBee 协议栈还实现了串口的读取函数和写入函数。因此，用户在使用串口时，只需要掌握 ZigBee 协议栈提供的串口操作相关的三个函数即可。ZigBee 协议栈中提供的与串口操作有关的三个函数如下：

```
uint8   HalUARTOpen(uint8 port,    halUARTCfg_t  *config);
uint8   HalUARTRead (uint8   port,    uint8  *buf,   uint16   len);
uint8   HalUARTWrite(uint8   port,    uint8  *buf,   uint16   len);
```

具体步骤如下：

(1) Coordinator.c 文件的编写。

本节实验还是建立在 7.1 节讲解的点对点数据传输实验所建立的工程基础之上的，主要是对 Coordinator.c 文件进行了一下改动就可以实现串口的收发。修改后的内容如下：

```
#include "OSAL.h"
#include "AF.h"
#include "ZDApp.h"
#include "ZDObject.h"
#include "ZDProfile.h"
#include <string.h>
#include "Coordinator.h"
#include "DebugTrace.h"
```

```
#if !defined( WIN32 )
  #include "OnBoard.h"
#endif

#include "hal_lcd.h"
#include "hal_led.h"
#include "hal_key.h"
#include "hal_uart.h"

const cId_t GenericApp_ClusterList[GENERICAPP_MAX_CLUSTERS] = {
    GENERICAPP_CLUSTERID
};

const SimpleDescriptionFormat_t GenericApp_SimpleDesc = {
    GENERICAPP_ENDPOINT,
    GENERICAPP_PROFID,
    GENERICAPP_DEVICEID,
    GENERICAPP_DEVICE_VERSION,
    GENERICAPP_FLAGS,
    GENERICAPP_MAX_CLUSTERS,
    (cId_t *)GenericApp_ClusterList,
    0,
    (cId_t *)NULL
};
endPointDesc_t GenericApp_epDesc;
byte GenericApp_TaskID;
byte GenericApp_TransID;
unsigned char uartbuf[128];

void GenericApp_MessageMSGCB( afIncomingMSGPacket_t *pckt );
void GenericApp_SendTheMessage( void );
static void rxCB(uint8 port,  uint8 event);

void GenericApp_Init( byte task_id ) {
    halUARTCfg_t uartConfig;
    GenericApp_TaskID = task_id;
    GenericApp_TransID = 0;

    GenericApp_epDesc.endPoint = GENERICAPP_ENDPOINT;
```

```
    GenericApp_epDesc.task_id = &GenericApp_TaskID;
    GenericApp_epDesc.simpleDesc = (SimpleDescriptionFormat_t *)&GenericApp_SimpleDesc;
    GenericApp_epDesc.latencyReq = noLatencyReqs;

    afRegister( &GenericApp_epDesc );
    uartConfig.configured = TRUE;
    uartConfig.baudRate = HAL_UART_BR_115200;
    uartConfig.flowControl = FALSE;
    uartConfig.callBackFunc = rxCB;
    HalUARTOpen(0, &uartConfig);
}
```

ZigBee 协议栈中对串口的配置是使用一个结构体来实现的，该结构体为 halUARTCfg_t。该结构体将串口初始化有关的参数集合在一起，例如波特率、是否打开串口、是否使用流控等。最后使用 HalUARTOpen()函数对串口进行初始化。注意，该函数将 halUARTCfg_t 类型的结构体变量作为参数，因为 halUARTCfg_t 类型的结构体变量已经包含了串口初始化相关的参数，所以，将这些参数传递给 HalUARTOpen()函数，HalUARTOpen()函数使用这些参数对串口进行了初始化。

任务处理函数是一个空函数，因为本实验并没有进行事件处理，所以没有实现任何代码。

```
    UINT16 GenericApp_ProcessEvent( byte task_id, UINT16 events )
    {  }
```

串口读写字符串数据函数 rxCB()代码如下：

```
    static void rxCB(uint8 port, uint8 event){
        //调用 HalUARTRead()函数，从串口读取数据并将其存放在 uartbuf 数组中
        HalUARTRead(0, uartbuf, 16);
        /*使用 osal_memcmp()回调函数判断接收到的数据是否是字符串 "LED"，如果是该字符串，
            在 osal_memcmp()回调函数返回 TRUE。*/
        if(osal_memcmp(uartbuf, "LED", 16)){
            //调用 HalUARTWrite()函数将接收到的字符输出到串口
            HalUARTWrite(0，uartbuf，16);
        }
    }
```

(2) 定义 HAL_UART 宏。

程序编写好后，将程序编译下载到 CC2530-EB 开发板，调试好串口助手，在输入栏输入一串字符串，点击"发送"按钮，接收栏却没有显示任何信息，原因是 ZigBee 协议栈使用了条件编译，需要定义 HAL-UART 宏。打开 Zmain.c 文件，找到 main()函数。其函数原型如下：

```
    int main( void ) {
        osal_int_disable( INTS_ALL );
        HAL_BOARD_INIT();
```

```
zmain_vdd_check();
InitBoard( OB_COLD );
HalDriverInit();
osal_nv_init( NULL );
ZMacInit();
zmain_ext_addr();
zgInit();
#ifndef NONWK
    afInit();
#endif
osal_init_system();
osal_int_enable( INTS_ALL );
InitBoard( OB_READY );
zmain_dev_info();
#ifdef LCD_SUPPORTED
    zmain_lcd_init();
#endif
#ifdef WDT_IN_PM1
    WatchDogEnable( WDTIMX );
#endif
    osal_start_system();
    return 0;
}
```

在 main()函数中可以找到 HalDriverInit()函数的调用，右键单击 HalDriverInit()函数，在弹出的下拉菜单中选择 "Go to definition of HalDriverInit"，如图 7-8 所示，即可跳转到 HalDriverInit()函数的定义处。

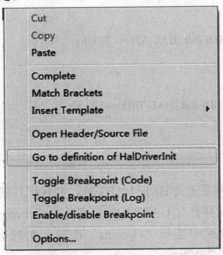

图 7-8　选择 "Go to definition of HalDriverInit"

HalDriverInit()函数的定义如下：

```
void HalDriverInit (void)    {
    #if (defined HAL_TIMER) && (HAL_TIMER == TRUE)
        #error "The hal timer driver module is removed."
    #endif
    #if (defined HAL_ADC) && (HAL_ADC == TRUE)
        HalAdcInit();
    #endif
    #if (defined HAL_DMA) && (HAL_DMA == TRUE)
        HalDmaInit();
    #endif
    #if (defined HAL_AES) && (HAL_AES == TRUE)
        HalAesInit();
    #endif
    #if (defined HAL_LCD) && (HAL_LCD == TRUE)
        HalLcdInit();
    #endif
    #if (defined HAL_LED) && (HAL_LED == TRUE)
        HalLedInit();
    #endif
    #if (defined HAL_UART) && (HAL_UART == TRUE)
        HalUARTInit();
    #endif
    #if (defined HAL_KEY) && (HAL_KEY == TRUE)
        HalKeyInit();
    #endif
    #if (defined HAL_SPI) && (HAL_SPI == TRUE)
        HalSpiInit();
    #endif
    #if (defined HAL_HID) && (HAL_HID == TRUE)
        usbHidInit();
    #endif
}
```

可见，使用 UART 时需要定义 HAL_UART 宏，并且将其赋值为 TRUE，在 IAR 开发环境中，可以使用打开方法打开对 UART 的宏定义。在 GenericApp-Coordinator 工程上右键单击，在弹出的下拉菜单中选择"Options"选项，此时会弹出"Options for node "GenericApp"窗口，如图 7-9 所示。

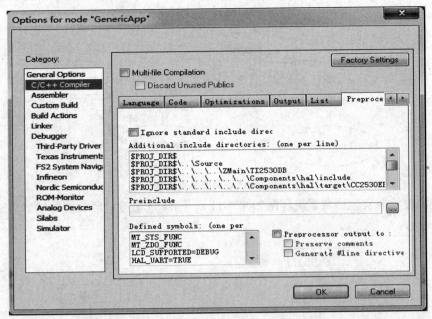

图 7-9　Options for node "GenericApp" 窗口

选择 C/C++ Compiler 标签，在窗口右边的选项卡中选择 Preprocessor 选项，然后在 Defined symbols 下拉列表框中输入 "HAL_UART=TRUE"，最后单击 "OK" 按钮即可。

此时，将程序编译下载到 CC2530-EB 开发板，正确设置串口调试助手，从发送栏中输入 "LED"，然后单击 "Send" 按钮，在接收栏就可以接收到开发板发送过来的数据。

注意：这种方法适用于其他模块，如 LCD 模块，如果用户不需要 LCD 显示数据，则可以选择 C/C++ Compiler 标签，在窗口右边选择 Preprocessor 选项，然后在 Defined symbols 下拉列表框中输入 "HAL_LCD=FALSE"，这样在编译时就不会编译与 LCD 有关的程序了。因为单片机的存储器资源十分有限，所以才适用条件编译来控制不同的模块是否参与编译。

7.3　无线温度检测实验

经过前面的学习，基本实现了利用 ZigBee 协议栈进行数据传输的目标，在无线传感器网络中，大多数传感节点负责数据的采集工作，如温度、湿度、压力、烟雾浓度等信息，现在的问题是，传感器的数据如何与 ZigBee 无线网络结合起来构成真正意义上的无线传感器网络呢？或者说如何将读取的传感器数据利用 ZigBee 无线网络进行传输呢？下面通过一个简单的实验向读者展示一下传感器数据的采集、传输与显示基本流程。

7.3.1　实验原理及流程图

该实验的基本原理：协调器建立 ZigBee 无线网络，终端节点自动加入到该网络中，然后终端节点周期性的采集温度数据并将其发送给协调器，协调器收到温度数据后，通过串口将其输出到用户 PC。无线温度检测实验效果如图 7-10 所示。

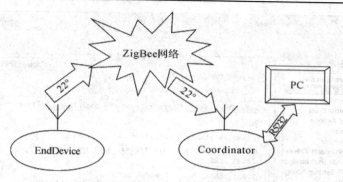

图 7-10　无线温度检测实验效果图

无线温度检测实验协调器流程图如图 7-11 所示。无线温度检测实验终端节点流程图如图 7-12 所示。

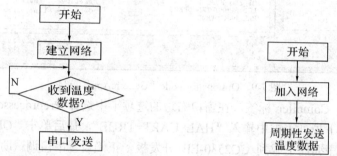

图 7-11　无线温度检测实验协调器流程图　　图 7-12　无线温度检测实验终端节点流程图

对于协调器而言，只需要将接收到的温度数据通过串口发送到 PC 即可；对于终端节点而言，需要周期性地采集温度数据，采集温度数据可以通过读取温度传感器的数据得到。

7.3.2　协调器编程

一般在具体项目开发过程中，通信双方需要提前定义好数据通信的格式，一般需要包含数据头、数据、校验位、数据尾等信息，为了讲解问题方便，在本实验中使用的数据包格式如表 7-1 所示。

表 7-1　数据包格式

数据包	数据头	温度数据十位	温度数据个位	数据尾
长度/字节	1	1	1	1
默认值	'&'	0	0	'C'

在项目开发过程中，使用到数据包时，一般会使用结构体来将整个数据包所需的数据包含起来，这样编程效率较高，在本实验中使用的结构体定义如下：

```
typedef union h{
uint 8 TEMP[4];
struct RFRXBUF{
unsigned char Head;      //命令头
```

```
        unsigned char value[2];    //温度数据
        unsigned char Tail;         //命令尾
    }BUF;
}TEMPERATURE;
```

使用一个共同体来表示整个数据包，里面有两个成员变量，一个是数组 TEMP，该数组有四个元素；另一个是结构体，该结构体具体实现了数据包的数据头、温度数据和数据尾。很容易发现，结构体所占的存储空间也是 4 个字节。

协调器编程时，只需要修改一下数据处理 GenericApp_MessageMSGCB()函数即可：

```
void GenericApp_MessageMSGCB( afIncomingMSGPacket_t *pkt )
{
    //声明存储回车换行符 ASCII 码的数组，主要是为了向串口发送一个回车换行符号
    unsigned char buffer[2]={0x0A，0x0D};
    /*定义一个 TEMPERATURE 类型的变量 temperature，用于存储接收到的数据，
      因为发送也是使用
    TEMPERATURE 类型的变量，所以接收时也使用该类型的变量，这样有利于数据的存储*/
    TEMPERATURE temperature;
    switch ( pkt->clusterId ){
        case GENERICAPP_CLUSTERID:
        /*使用 osal_memcpy()函数，将接收到的数据拷贝到 temperature 中，
          此时 temperature 中便存储了接收到的数据包。*/
        osal_memcpy(&temperature, pkt->cmd.Data, sizeof(temperature));
        //向串口发送数据包
        HalUARTWrite(0, (uint8 *)&temperature, sizeof(temperature));
        //向串口发送回车换行符
        HalUARTWrite(0, buffer, 2);
        break;
    }
}
```

Coordinator.c 文件内容如下：

```
#include "OSAL.h"
#include "AF.h"
#include "ZDApp.h"
#include "ZDObject.h"
#include "ZDProfile.h"
#include <string.h>
#include "Coordinator.h"
#include "DebugTrace.h"


#if !defined( WIN32 )
```

```
    #include "OnBoard.h"
  #endif

  #include "hal_lcd.h"
  #include "hal_led.h"
  #include "hal_key.h"
  #include "hal_uart.h"
const cId_t GenericApp_ClusterList[GENERICAPP_MAX_CLUSTERS] =
{
    GENERICAPP_CLUSTERID
};

const SimpleDescriptionFormat_t GenericApp_SimpleDesc =
{
    GENERICAPP_ENDPOINT,
    GENERICAPP_PROFID,
    GENERICAPP_DEVICEID,
    GENERICAPP_DEVICE_VERSION,
    GENERICAPP_FLAGS,
    GENERICAPP_MAX_CLUSTERS,
    (cId_t *)GenericApp_ClusterList,
    0,
    (cId_t *)NULL
};
endPointDesc_t GenericApp_epDesc;
byte GenericApp_TaskID;
byte GenericApp_TransID;

void GenericApp_MessageMSGCB( afIncomingMSGPacket_t *pckt );
void GenericApp_SendTheMessage( void );
// 任务初始化函数
void GenericApp_Init( byte task_id )
{
    halUARTCfg_t uartConfig;
    GenericApp_TaskID = task_id;
    GenericApp_TransID = 0;

    GenericApp_epDesc.endPoint = GENERICAPP_ENDPOINT;
```

```
        GenericApp_epDesc.task_id = &GenericApp_TaskID;
        GenericApp_epDesc.simpleDesc = (SimpleDescriptionFormat_t *)&GenericApp_SimpleDesc;
        GenericApp_epDesc.latencyReq = noLatencyReqs;

        afRegister( &GenericApp_epDesc );
        uartConfig.configured=TRUE;
        uartConfig.baudRate=HAL_UART_BR_115200;
        uartConfig.flowControl=FALSE;
        uartConfig.callBackFunc=NULL;
        HalUARTOpen(0, &uartConfig);
    }
    // 事件处理函数
    UINT16 GenericApp_ProcessEvent( byte task_id, UINT16 events )
    {
        afIncomingMSGPacket_t *MSGpkt;
        if ( events & SYS_EVENT_MSG ) {
            MSGpkt = (afIncomingMSGPacket_t *)osal_msg_receive( GenericApp_TaskID );
            while ( MSGpkt ) {
                switch ( MSGpkt->hdr.event ) {
                    case AF_INCOMING_MSG_CMD:
                        GenericApp_MessageMSGCB( MSGpkt );
                    break;
                    default:
                      break;
                }
                osal_msg_deallocate( (uint8 *)MSGpkt );
                MSGpkt = (afIncomingMSGPacket_t *)osal_msg_receive( GenericApp_TaskID );
            }
            return (events ^ SYS_EVENT_MSG);
        }
        return 0;
    }
    void GenericApp_MessageMSGCB( afIncomingMSGPacket_t *pkt )
    {
        unsigned char buffer[2]={0x0A, 0x0D};
        TEMPERATURE temperature;
        switch ( pkt->clusterId )
        {
            case GENERICAPP_CLUSTERID:
```

```
        osal_memcpy(&temperature, pkt->cmd.Data, sizeof(temperature));
        HalUARTWrite(0, (uint8 *)&temperature, sizeof(temperature));
        HalUARTWrite(0, buffer, 2);
      break;
    }
  }
```

7.3.3　终端节点编程

终端节点编程时，需要解决两个问题，将温度检测函数放在什么地方？如何发送温度数据？使用 ZigBee 协议栈进行无线传感器网络开发时，将传感器操作有关的函数(如读取传感器数据的函数)放在协议栈的 APP 目录下。温度测量模块包含两个文件：Sensor.h 和 Sensor.c，其中 Sensor.h 文件中是对温度读取函数的声明，Sensor.c 文件是对温度读取函数的具体实现。新建 Sensor.h 和 Sensor.c 两个文件，添加到工程中，如图 7-13 所示。

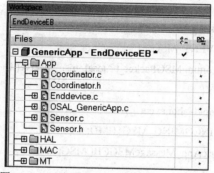

图 7-13　无线温度终端节点工程 APP 目录

Sensor.h 文件的内容如下：

```
    #ifndef SENSOR_H
    #define SENSOR_H
    typdef signed char int8;
    typdef unsigned char uint8;
    typdef signed short int16;
    typdef unsigned short uint16;
    extern int8 readTemp(void);
    #endif
```

Sensor.c 文件的内容如下：

```
    #include "Sensor.c"
    #include "ioCC2530.h"
    #define HAL_ADC_REF_115V     0x00
    #define HAL_ADC_DEC_256      0x20
    #define HAL_ADC_CHN_TEMP     0x0e
    int8 readTemp(void){
```

```
static uint16 reference_voltage;
static uint8   bCalibrate = TRUE;
uint16 value;
int8 temp;
ATEST = 0x01;              //使能温度传感器
TR0   |= 0x01;             //连接温度传感器
ADCIF = 0;
ADCCON3 = (HAL_ADC_REF_115V|HAL_ADC_DEC_256|HAL_ADC_CHN_TEMP);
while(!ADCIF);
  ADCIF = 0;
  value = ADCL;
  value |= ((uint16)ADCH)<<8;
  value >>= 4;
  //记录第一次读取的温度值，用于校正温度数据
  if(bCalibrate){
      reference_voltage = value;
      bCalibrate = FALSE;
  }
  temp = 22+((value-reference_voltage)/4); //温度校正函数
  return temp;
}
```

CC2530 单片机内部有温度传感器，使用该温度传感器的步骤包括使能温度传感器和连接温度传感器到 ADC。然后，就可以用初始化 ADC，确定参考电压、分辨率等，最后启动 ADC 读取温度数据即可。

上述函数有个温度数据的校正，不是很准确，CC2530 自带的温度传感器校正比较麻烦，读者可以暂不考虑温度的校正，只需要掌握常感器和 ZigBee 协议栈的接口方式。此时，温度读取函数就写好了，只需要在 Enddevice.c 函数中调用该函数读取温度数据，然后发送即可。可以使用如下代码实现温度数据的读取与发送：

```
void GenericApp_SendTheMessage( void )
{
  int8 tvalue;        //定义用于存储温度数据的变量
  TEMPERATURE temperature;
  temperature.BUF.Head='&';   //填充命令头
  tvalue = readTemp();        //读取温度数据
  //将温度数据转换为 ASCII 码
  temperature.BUF.value[0] = tvalue/10 + '0';
  temperature.BUF.value[1] = tvalue%10 + '0';
  temperature.BUF.Tail ='C';   //填充命令尾
  /*初始化目的地址以及发送格式，在此使用的发送模式时单播发送，
```

```
                    协调器的网络地址是 0x0000 */
        afAddrType_t my_DstAddr;
        my_DstAddr.addrMode = (afAddrMode_t)Addr16Bit;
        my_DstAddr.endPoint = GENERICAPP_ENDPOINT;
        my_DstAddr.addr.shortAddr = 0x0000;
        /*调用数据发送函数 AF_DataRequest 进行数据发送。
        注意，发送数据的长度使用 sizeof 关键字来计算得到*/
        AF_DataRequest( &my_DstAddr, &GenericApp_epDesc,
                        GENERICAPP_CLUSTERID,
                        sizeof(temperature),
                        (uint8 *)&temperature,
                        &GenericApp_TransID,
                        AF_DISCV_ROUTE,
                        AF_DEFAULT_RADIUS );
    }
```

Enddevice.c 文件的内容如下：

```
    #include "OSAL.h"
    #include "AF.h"
    #include "ZDApp.h"
    #include "ZDObject.h"
    #include "ZDProfile.h"
    #include <string.h>
    #include "Coordinator.h"
    #include "DebugTrace.h"
    #if !defined( WIN32 )
        #include "OnBoard.h"
    #endif
    #include "hal_lcd.h"
    #include "hal_led.h"
    #include "hal_key.h"
    #include "hal_uart.h"
    #define SEND_DATA_EVENT 0x01
    const cId_t GenericApp_ClusterList[GENERICAPP_MAX_CLUSTERS] =
    {
        GENERICAPP_CLUSTERID
    };
    const SimpleDescriptionFormat_t   GenericApp_SimpleDesc =
    {
        GENERICAPP_ENDPOINT,
```

```
        GENERICAPP_PROFID,
        GENERICAPP_DEVICEID,
        GENERICAPP_DEVICE_VERSION,
        GENERICAPP_FLAGS,
        0,
        (cId_t *)NULL,
        GENERICAPP_MAX_CLUSTERS,
        (cId_t *)GenericApp_ClusterList
};
endPointDesc_t   GenericApp_epDesc;
byte    GenericApp_TaskID;
byte    GenericApp_TransID;
devStates_t   GenericApp_NwkState;
void GenericApp_MessageMSGCB( afIncomingMSGPacket_t *pkt );
void GenericApp_SendTheMessage( void );
int readTemp(void);
void GenericApp_Init( byte task_id )
{
    GenericApp_TaskID = task_id;
    GenericApp_NwkState = DEV_INIT;
    GenericApp_TransID = 0;
    GenericApp_epDesc.endPoint = GENERICAPP_ENDPOINT;
    GenericApp_epDesc.task_id = &GenericApp_TaskID;
    GenericApp_epDesc.simpleDesc = (SimpleDescriptionFormat_t *)&GenericApp_SimpleDesc;
        GenericApp_epDesc.latencyReq = noLatencyReqs;
        afRegister( &GenericApp_epDesc );
}
UINT16 GenericApp_ProcessEvent( byte task_id, UINT16 events ) {
    afIncomingMSGPacket_t   *MSGpkt;
    if ( events & SYS_EVENT_MSG ) {
        MSGpkt = (afIncomingMSGPacket_t   *) osal_msg_receive ( GenericApp_TaskID );
        while ( MSGpkt ) {
            switch ( MSGpkt->hdr.event ) {
                case   ZDO_STATE_CHANGE:
                    GenericApp_NwkState = (devStates_t)(MSGpkt->hdr.status);
                    if(GenericApp_NwkState == DEV_END_DEVICE){
                        osal_set_event(GenericApp_TaskID, SEND_DATA_EVENT);
                    }
                break;
```

```
            default:
                break;
            }
            osal_msg_deallocate ( (uint8 *) MSGpkt );
            MSGpkt = (afIncomingMSGPacket_t *) osal_msg_receive ( GenericApp_TaskID );
        }
        return (events   ^ SYS_EVENT_MSG);
    }
    if(events == SEND_DATA_EVENT){
        GenericApp_SendTheMessage();
        osal_start_timerEx(GenericApp_TaskID, SEND_DATA_EVENT, 1000);
        return (events ^ SEND_DATA_EVENT);
    }
    return 0;
}
void GenericApp_SendTheMessage( void )
{
    int8 tvalue;
    TEMPERATURE temperature;
    temperature.BUF.Head = '&';
    tvalue = readTemp();
    temperature.BUF.value[0] = tvalue/10 + '0';
    temperature.BUF.value[1] = tvalue%10 + '0';
    temperature.BUF.Tail = 'C';
    afAddrType_t my_DstAddr;
    my_DstAddr.addrMode = (afAddrMode_t)Addr16Bit;
    my_DstAddr.endPoint = GENERICAPP_ENDPOINT;
    my_DstAddr.addr.shortAddr = 0x0000;
    AF_DataRequest( &my_DstAddr, &GenericApp_epDesc,
                    GENERICAPP_CLUSTERID,
                    sizeof(temperature),
                    (uint8 *)&temperature,
                    &GenericApp_TransID,
                    AF_DISCV_ROUTE,
                    AF_DEFAULT_RADIUS );
}
```

　　上述代码实现了温度数据的读取以及无线发送。虽然代码较为简单，但是向读者展示了无线传感器网络中传感器和 ZigBee 无线网络的接口方式。

　　将程序下载到 CC2530—EB 开发板，打开串口调试助手，波特率设为 115200，打开协调器、终端节点电源，将手放在终端节点 CC2530 单片机上，可见温度在逐渐上升。

7.4　网络通信实验

在 ZigBee 网络中进行数据通信主要有三种类型：广播(Broadcast)、单播(Unicast)和组播(Multicast)，如图 7-14 所示。广播描述的是一个节点发送的数据包，网络中的所有节点都可以收到。这类似于开会时，领导讲话，每个与会者都可以听到。单播描述的是网络中两个节点之间进行数据包的收发过程。这就类似于任意两个与会者之间进行的讨论。组播又称作多播，描述的是一个节点发送的数据包，只有和该节点属于同一组的节点才能收到该数据包。这类似于领导讲完后，各小组进行讨论，只有本小组的成员才能听到相关的讨论内容，不属于该小组的成员不需要听取相关的内容。

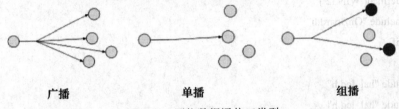

图 7-14　网络数据通信三类型

7.4.1　广播和单播通信

协调器周期性以广播的形式向终端节点发送数据(每隔 5 秒钟广播一次)，终端节点收到数据后，使开发板上的 LED 状态翻转(如果 LED 原来是亮，则熄灭 LED；如果 LED 原来是灭的，则点亮 LED)，同时向协调器发送字符串"EndDevice received!"，协调器收到终端节点发回的数据后，通过串口输出到 PC，用户可以通过串口调试助手查看该信息。

广播和单播通信实验原理图如图 7-15 所示。

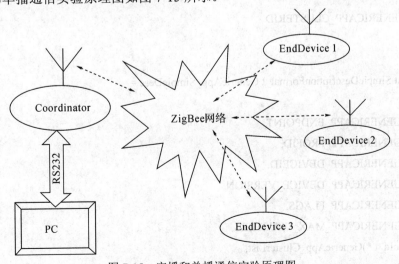

图 7-15　广播和单播通信实验原理图

1. 协调器程序设计

Coordinator.c 文件的内容如下：

```c
#include "OSAL.h"
#include "AF.h"
#include "ZDApp.h"
#include "ZDObject.h"
#include "ZDProfile.h"
#include <string.h>
#include "Coordinator.h"
#include "DebugTrace.h"

#if !defined( WIN32 )
  #include "OnBoard.h"
#endif

#include "hal_lcd.h"
#include "hal_led.h"
#include "hal_key.h"
#include "hal_uart.h"
#include "OSAL_Nv.h"

#define SEND_TO_ALL_EVENT 0x01    //定义发送事件

const cId_t GenericApp_ClusterList[GENERICAPP_MAX_CLUSTERS] =
{
  GENERICAPP_CLUSTERID
};

const SimpleDescriptionFormat_t GenericApp_SimpleDesc =
{
  GENERICAPP_ENDPOINT,
  GENERICAPP_PROFID,
  GENERICAPP_DEVICEID,
  GENERICAPP_DEVICE_VERSION,
  GENERICAPP_FLAGS,
  GENERICAPP_MAX_CLUSTERS,
  (cId_t *)GenericApp_ClusterList,
  0,
  (cId_t *)NULL
```

```
};

endPointDesc_t GenericApp_epDesc;
byte GenericApp_TaskID;
byte GenericApp_TransID;
devStates_t GenericApp_NwkState;        //存储网络状态的变量

void GenericApp_MessageMSGCB( afIncomingMSGPacket_t *pckt );
void GenericApp_SendTheMessage( void );

void GenericApp_Init( byte task_id ) {
    halUARTCfg_t uartConfig;
    GenericApp_TaskID = task_id;
    GenericApp_TransID = 0;

    GenericApp_epDesc.endPoint = GENERICAPP_ENDPOINT;
    GenericApp_epDesc.task_id = &GenericApp_TaskID;
    GenericApp_epDesc.simpleDesc = (SimpleDescriptionFormat_t *)&GenericApp_SimpleDesc;
    GenericApp_epDesc.latencyReq = noLatencyReqs;
    afRegister( &GenericApp_epDesc );
    uartConfig.configured = TRUE;
    uartConfig.baudRate = HAL_UART_BR_115200;
    uartConfig.flowControl = FALSE;
    uartConfig.callBackFunc = NULL;
    HalUARTOpen(0, &uartConfig);
}

UINT16 GenericApp_ProcessEvent( byte task_id, UINT16 events )
{
    afIncomingMSGPacket_t *MSGpkt;
    if ( events & SYS_EVENT_MSG ) {
        MSGpkt = (afIncomingMSGPacket_t *)osal_msg_receive( GenericApp_TaskID );
        while ( MSGpkt ) {
            switch ( MSGpkt->hdr.event ) {
                case AF_INCOMING_MSG_CMD://收到新数据事件
                    GenericApp_MessageMSGCB( MSGpkt );
                break;
                case ZDO_STATE_CHANGE:   //建立网络后，设置事件
                    GenericApp_NwkState = (devStates_t)(MSGpkt->hdr.status);
```

```
                    if(GenericApp_NwkState == DEV_ZB_COORD){
                         osal_start_timerEx(GenericApp_TaskID, SEND_TO_ALL_EVENT, 5000);}
              break;
              default:
               break;
            }
            osal_msg_deallocate( (uint8 *)MSGpkt );
            MSGpkt = (afIncomingMSGPacket_t *)osal_msg_receive( GenericApp_TaskID );
        }
        return (events ^ SYS_EVENT_MSG);
    }
    if(events & SEND_TO_ALL_EVENT){          //数据发送事件处理
        GenericApp_SendTheMessage();
        osal_start_timerEx(GenericApp_TaskID, SEND_TO_ALL_EVENT, 5000);
        return (events ^ SEND_TO_ALL_EVENT);
    }
    return 0;
}
void GenericApp_MessageMSGCB( afIncomingMSGPacket_t *pkt )
{
    char buf[20];
    unsigned char buffer[2] = {0x0A, 0x0D};      //回车换行的 ASCII 码
    switch ( pkt->clusterId )
    {
        case GENERICAPP_CLUSTERID:
        osal_memcpy(buf, pkt->cmd.Data, 20);
        HalUARTWrite(0, buf, 20);
        HalUARTWrite(0, buffer, 2);          //输出回车换行符
        break;
    }
}
void GenericApp_SendTheMessage( void )
{
    unsigned char *theMessageData = "Coordinator send!";
    //char theMessageData[] = "Hello World";
    afAddrType_t my_DstAddr;
    my_DstAddr.addrMode = (afAddrMode_t)AddrBroadcast;
    my_DstAddr.endPoint = GENERICAPP_ENDPOINT;
    my_DstAddr.addr.shortAddr = 0xFFFF;
```

```
AF_DataRequest( &my_DstAddr, &GenericApp_epDesc,
                GENERICAPP_CLUSTERID,
                osal_strlen( theMessageData ) + 1,
                theMessageData,
                &GenericApp_TransID,
                AF_DISCV_ROUTE, AF_DEFAULT_RADIUS );
}
```

注意: 使用广播通信时, 网络地址可以有三种 0xFFFF、0xFFFD、0xFFFC, 其中, 0xFFFF 表示该数据包将在全网广播, 包括处于休眠状态的节点; 0xFFFD 表示该数据包将只发往所有未处于休眠状态的节点; 0xFFFC 表示该数据包发往网络中的所有路由器节点。

2. 终端节点程序设计

Enddevice.c 文件的内容如下:

```c
#include "OSAL.h"
#include "AF.h"
#include "ZDApp.h"
#include "ZDObject.h"
#include "ZDProfile.h"
#include <string.h>
#include "Coordinator.h"
#include "DebugTrace.h"
#if !defined( WIN32 )
    #include "OnBoard.h"
#endif
#include "hal_lcd.h"
#include "hal_led.h"
#include "hal_key.h"
#include "hal_uart.h"

const cId_t GenericApp_ClusterList[GENERICAPP_MAX_CLUSTERS] =
{
    GENERICAPP_CLUSTERID
};
const SimpleDescriptionFormat_t  GenericApp_SimpleDesc =
{
    GENERICAPP_ENDPOINT,
    GENERICAPP_PROFID,
    GENERICAPP_DEVICEID,
    GENERICAPP_DEVICE_VERSION,
```

```
        GENERICAPP_FLAGS,
        0,
        (cId_t *)NULL,
        GENERICAPP_MAX_CLUSTERS,
        (cId_t *)GenericApp_ClusterList
};
endPointDesc_t    GenericApp_epDesc;
byte    GenericApp_TaskID;
byte    GenericApp_TransID;
devStates_t    GenericApp_NwkState;
void GenericApp_MessageMSGCB( afIncomingMSGPacket_t *pkt );

void GenericApp_SendTheMessage( void );
void GenericApp_Init( byte task_id )
{
        GenericApp_TaskID = task_id;
        GenericApp_NwkState = DEV_INIT;
        GenericApp_TransID = 0;
        GenericApp_epDesc.endPoint = GENERICAPP_ENDPOINT;
        GenericApp_epDesc.task_id = &GenericApp_TaskID;
        GenericApp_epDesc.simpleDesc = (SimpleDescriptionFormat_t *)&GenericApp_SimpleDesc;
        GenericApp_epDesc.latencyReq = noLatencyReqs;
        afRegister( &GenericApp_epDesc );
}


UINT16 GenericApp_ProcessEvent( byte task_id, UINT16 events ) {
        afIncomingMSGPacket_t    *MSGpkt;
        if ( events & SYS_EVENT_MSG ) {
        MSGpkt = (afIncomingMSGPacket_t    *) osal_msg_receive ( GenericApp_TaskID );
        while ( MSGpkt ) {
            switch ( MSGpkt->hdr.event ) {
                case    AF_INCOMING_MSG_CMD:
                        GenericApp_MessageMSGCB(MSGpkt);
                    break;
                    default:
                    break;
            }
            osal_msg_deallocate ( (uint8 *) MSGpkt );
                MSGpkt = (afIncomingMSGPacket_t *) osal_msg_receive ( GenericApp_TaskID );
```

```
        }
            return (events    ^ SYS_EVENT_MSG);
    }
    return 0;
}
void GenericApp_MessageMSGCB( afIncomingMSGPacket_t *pkt )
{
    char *recvbuf;
    switch ( pkt->clusterId )
    {
        case GENERICAPP_CLUSTERID:
            osal_memcpy(*recvbuf, pkt->cmd.Data, osal_strlen("Coordinator send!")+1);
            HalUARTWrite(0, (uint8 *)&temperature, sizeof(temperature));
            if(osal_memcmp(recvbuf, "Coordinator send!", osal_strlen("Coordinator send!")+1)){
                GenericApp_SendTheMessage();
            }
            else {
                //这里可以添加相应的出错代码
            }
            break;
    }
}
void GenericApp_SendTheMessage( void )
{
    unsigned char *theMessageData = "EndDevice received!";
    afAddrType_t my_DstAddr;
    my_DstAddr.addrMode = (afAddrMode_t)Addr16Bit;
    my_DstAddr.endpoint = GENERICAPP_ENDPOINT;
    my_DstAddr.addr.shortAddr = 0x0000;
    AF_DataRequest( &my_DstAddr, &GenericApp_epDesc,
                    GENERICAPP_CLUSTERID,
                    osal_strlen(theMessageData)+1,
                    theMessageData,
                    &GenericApp_TransID,
                    AF_DISCV_ROUTE,
                    AF_DEFAULT_RADIUS );
    HalLedSet(HAL_LED_2, HAL_LED_MODE_TOGGLE); //设置 LED 的状态进行翻转
}
```

将协调器程序编译后下载到一个开发板上，将终端节点程序编译后下载到多个开发板

上。然后设置好串口调试助手，打开协调器和终端节点的电源，可以看到每隔 5 s，串口会显示字符串"EndDevice received!"，同时终端节点的 LED 灯每隔 5 s 点亮一次。

7.4.2　组播通信

协调器周期性以组播的形式向路由器发送数据(每隔 5 秒钟组播数据一次)，路由器收到数据后，使开发板上的 LED 状态翻转(如果 LED 原来是亮的，则熄灭 LED；如果 LED 原来是灭的，则点亮 LED)，同时向协调器发送字符串"Router　received!"，协调器收到路由器发回的数据后，通过串口输出到 PC，用户可以通过串口调试助手查看该信息。在路由器编程时，将两个路由器和协调器添加到一个组中，剩余一个路由器不加入该组，观察实验现象。组播通信实验原理图如图 7-16 所示。

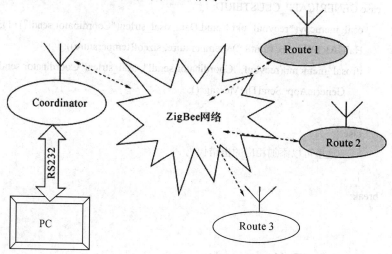

图 7-16　组播通信实验原理图

1. 协调器程序设计

Coordinator.c 文件的内容如下：

```
#include "OSAL.h"
#include "AF.h"
#include "ZDApp.h"
#include "ZDObject.h"
#include "ZDProfile.h"
#include <string.h>
#include "Coordinator.h"
#include "DebugTrace.h"

#if !defined( WIN32 )
    #include "OnBoard.h"
#endif
#include "hal_lcd.h"
```

```
#include "hal_led.h"
#include "hal_key.h"
#include "hal_uart.h"
#include "OSAL_Nv.h"
#include "aps_grups.h"        //使用加入组函数 aps_AddGroup()函数
#define SEND_TO_ALL_EVENT 0x01    //定义发送事件

const cId_t GenericApp_ClusterList[GENERICAPP_MAX_CLUSTERS] =
{
    GENERICAPP_CLUSTERID
};

const SimpleDescriptionFormat_t GenericApp_SimpleDesc =
{
    GENERICAPP_ENDPOINT,
    GENERICAPP_PROFID,
    GENERICAPP_DEVICEID,
    GENERICAPP_DEVICE_VERSION,
    GENERICAPP_FLAGS,
    GENERICAPP_MAX_CLUSTERS,
    (cId_t *)GenericApp_ClusterList,
    0,
    (cId_t *)NULL
};
aps_Group_t GenericApp_Group;

endPointDesc_t GenericApp_epDesc;
byte GenericApp_TaskID;
byte GenericApp_TransID;
devStates_t GenericApp_NwkState;        //存储网络状态的变量

void GenericApp_MessageMSGCB( afIncomingMSGPacket_t *pckt );
void GenericApp_SendTheMessage( void );
static void rxCB(uint8 port, uint8 event);

void GenericApp_Init( byte task_id )
{
    halUARTCfg_t uartConfig;
    GenericApp_TaskID = task_id;
```

```
    GenericApp_TransID = 0;

    GenericApp_epDesc.endPoint = GENERICAPP_ENDPOINT;
    GenericApp_epDesc.task_id = &GenericApp_TaskID;
    GenericApp_epDesc.simpleDesc = (SimpleDescriptionFormat_t *)&GenericApp_SimpleDesc;
    GenericApp_epDesc.latencyReq = noLatencyReqs;
    afRegister( &GenericApp_epDesc );
    uartConfig.configured = TRUE;
    uartConfig.baudRate = HAL_UART_BR_115200;
    uartConfig.flowControl = FALSE;
    uartConfig.callBackFunc = NULL;
    HalUARTOpen(0, &uartConfig);
    GenericApp_Group.ID = 0x0001;        //初始化组号
    GenericApp_Group.name[0] = 6;        //将组名的长度写入 name 数组的第一个元素位置处
    osal_memcpy( & (GenericApp_Group.name[1]), "Goup1", 6);
}


UINT16 GenericApp_ProcessEvent( byte task_id,    UINT16 events )
{
    afIncomingMSGPacket_t *MSGpkt;
    if ( events & SYS_EVENT_MSG ) {
        MSGpkt = (afIncomingMSGPacket_t *)osal_msg_receive( GenericApp_TaskID );
        while ( MSGpkt ) {
            switch ( MSGpkt->hdr.event ) {
                case AF_INCOMING_MSG_CMD:    //收到新数据事件
                    GenericApp_MessageMSGCB( MSGpkt );
                break;
                case ZDO_STATE_CHANGE:   //建立网络后，设置事件
                    GenericApp_NwkState=(devStates_t)(MSGpkt->hdr.status);
                    if(GenericApp_NwkState==DEV_ZB_COORD){      //建立网络后，加入组
                        aps_AddGroup(GENERICAPP_ENDPOINT,    & GenericApp_Group);
                        osal_start_timerEx(GenericApp_TaskID,  SEND_TO_ALL_EVENT,  5000);}
                break;
                default:
                break;
            }
            osal_msg_deallocate( (uint8 *)MSGpkt );
            MSGpkt = (afIncomingMSGPacket_t *)osal_msg_receive( GenericApp_TaskID );
        }
```

```
        return (events ^ SYS_EVENT_MSG);
    }
    if(events & SEND_TO_ALL_EVENT){        //发送组播数据
        GenericApp_SendTheMessage();
        osal_start_timerEx(GenericApp_TaskID，SEND_TO_ALL_EVENT，5000);
        return (events ^ SEND_TO_ALL_EVENT);
    }
    return 0;
}
void GenericApp_MessageMSGCB( afIncomingMSGPacket_t *pkt )
{
    char buf[17];
    unsigned char buffer[2]={0x0A, 0x0D};        //回车换行的 ASCII 码
    switch ( pkt->clusterId )
    {
        case GENERICAPP_CLUSTERID:
            osal_memcpy(buf, pkt->cmd.Data，17);
            HalUARTWrite(0, buf, 17);
            HalUARTWrite(0, buffer, 2);        //输出回车换行符
        break;
    }
}
void GenericApp_SendTheMessage( void )
{
    unsigned char *theMessageData="Coordinator send!";
    afAddrType_t my_DstAddr;
    my_DstAddr.addrMode=(afAddrMode_t)AddrGroup;
    my_DstAddr.endPoint=GENERICAPP_ENDPOINT;
    my_DstAddr.addr.shortAddr=GenericApp_Group.ID;
    AF_DataRequest( &my_DstAddr，  &GenericApp_epDesc,
                    GENERICAPP_CLUSTERID,
                    osal_strlen( theMessageData ) + 1,
                    theMessageData,
                    &GenericApp_TransID,
                    AF_DISCV_ROUTE, AF_DEFAULT_RADIUS );
}
```

2. 路由器程序设计

在 ZigBee 协议栈中，节点的类型是由编译选项来控制的，在 IAR 开发环境 Workspace

窗口的下拉列表框中选择 RouterEB，然后将 Coordinator.c 文件禁止编译即可。

Enddevice.c 文件的内容如下：

```c
#include "OSAL.h"
#include "AF.h"
#include "ZDApp.h"
#include "ZDObject.h"
#include "ZDProfile.h"
#include <string.h>
#include "Coordinator.h"
#include "DebugTrace.h"

#if !defined( WIN32 )
    #include "OnBoard.h"
#endif

#include "hal_lcd.h"
#include "hal_led.h"
#include "hal_key.h"
#include "hal_uart.h"
#include "OSAL_Nv.h"
#include "aps_grups.h"        //使用加入组函数 aps_AddGroup()函数
#define SEND_TO_ALL_EVENT 0x01    //定义发送事件

const cId_t GenericApp_ClusterList[GENERICAPP_MAX_CLUSTERS] =
{
    GENERICAPP_CLUSTERID
};

const SimpleDescriptionFormat_t GenericApp_SimpleDesc =
{
    GENERICAPP_ENDPOINT,
    GENERICAPP_PROFID,
    GENERICAPP_DEVICEID,
    GENERICAPP_DEVICE_VERSION,
    GENERICAPP_FLAGS,
    0,
    (cId_t *)NULL,
    GENERICAPP_MAX_CLUSTERS,
    (cId_t *)GenericApp_ClusterList,
```

```
};

aps_Group_t GenericApp_Group;
endPointDesc_t GenericApp_epDesc;
byte GenericApp_TaskID;
byte GenericApp_TransID;
devStates_t GenericApp_NwkState;

void GenericApp_MessageMSGCB( afIncomingMSGPacket_t *pckt );
void GenericApp_SendTheMessage( void );

void GenericApp_Init( byte task_id )
{
    GenericApp_TaskID = task_id;
    GenericApp_NwkState=DEV_INIT;
    GenericApp_TransID = 0;
    GenericApp_epDesc.endPoint = GENERICAPP_ENDPOINT;
    GenericApp_epDesc.task_id = &GenericApp_TaskID;
    GenericApp_epDesc.simpleDesc = (SimpleDescriptionFormat_t *)&GenericApp_SimpleDesc;
    GenericApp_epDesc.latencyReq = noLatencyReqs;
    afRegister( &GenericApp_epDesc );
    GenericApp_Group.ID=0x0001;        //初始化组号
    GenericApp_Group.name[0]=6;
    osal_memcpy( & (GenericApp_Group.name[1]), "Goup1", 6);
}
UINT16 GenericApp_ProcessEvent( byte task_id, UINT16 events )
{
    afIncomingMSGPacket_t *MSGpkt;
    if ( events & SYS_EVENT_MSG ) {
        MSGpkt = (afIncomingMSGPacket_t *)osal_msg_receive( GenericApp_TaskID );
        while ( MSGpkt ) {
            switch ( MSGpkt->hdr.event ) {
                case AF_INCOMING_MSG_CMD:
                    GenericApp_MessageMSGCB( MSGpkt );
                    break;
                case ZDO_STATE_CHANGE:
                    GenericApp_NwkState = (devStates_t)(MSGpkt->hdr.status);
                    if(GenericApp_NwkState == DEV_ROUTER){
                        aps_AddGroup(GENERICAPP_ENDPOINT, & GenericApp_Group);
```

```
                    }
                break;
                default:
                break;
            }
            osal_msg_deallocate( (uint8 *)MSGpkt );
            MSGpkt = (afIncomingMSGPacket_t *)osal_msg_receive( GenericApp_TaskID );
        }
        return (events ^ SYS_EVENT_MSG);
    }
    return 0;
}
void GenericApp_MessageMSGCB( afIncomingMSGPacket_t *pkt )
{
    char buf[18];
    switch ( pkt->clusterId ) {
        case GENERICAPP_CLUSTERID:
            osal_memcpy(buf, pkt->cmd.Data, osal_strlen("Coordinator send!")+1);
            HalLcdWriteString(buf,   HAL_LCD_LINE_4);
            if(osal_memcmp(buf, "Coordinator send!", osal_strlen("Coordinator send!")+1)){
            GenericApp_SendTheMessage();
            }
        break;
    }
}
void GenericApp_SendTheMessage( void )
{
    unsigned char *theMessageData = "Router received!";
    afAddrType_t my_DstAddr;
    my_DstAddr.addrMode = (afAddrMode_t)Addr16Bit;
    my_DstAddr.endpoint = GENERICAPP_ENDPOINT;
    my_DstAddr.addr.shortAddr = 0x0000;
    AF_DataRequest( &my_DstAddr, &GenericApp_epDesc,
                    GENERICAPP_CLUSTERID,
                    osal_strlen(theMessageData)+1,
                    theMessageData,
                    &GenericApp_TransID,
                    AF_DISCV_ROUTE,
                    AF_DEFAULT_RADIUS );
```

```
            HalLedSet(HAL_LED_2, HAL_LED_MODE_TOGGLE);
    }
```

将协调器程序编译后下载到一个开发板上，将路由器程序编译后下载到两个开发板(A
和 B)上。然后，将加入组函数 aps_AddGroup()注释掉，代码如下：

```
    case ZDO_STATE_CHANGE:
            GenericApp_NwkState = (devStates_t)(MSGpkt->hdr.status);
            if(GenericApp_NwkState == DEV_ROUTER){
    //          aps_AddGroup(GENERICAPP_ENDPOINT, & GenericApp_Group);
            }
            break;
```

此时，将修改后的代码，在编译后下载到开发板 C 中。

设置好串口调试助手，打开协调器和路由器的电源，可以看到每隔 5 s，串口会显示
两个字符串"Router received!"，同时开发板 A 和 B 的 LED 灯每隔 5 s 点亮一次，开发板
C 的 LED 始终处于熄灭状态。

第8章　红外线通信技术

无线遥控方式按传输控制指令信号的载体可分为无线电波式、声控式、超声波式和红外线式。由于无线电波式容易对其他电视机和无线电信设备造成干扰，而且系统本身的抗干扰性能也很差，误动作多，因此未能大量使用。超声波式频带较窄，易受噪声干扰，系统抗干扰性能差。声控式识别正确率低，因难度大而未能大量采用。红外遥控方式是以红外线作为载体来传送控制信息的，同时随着电子技术的发展、单片机的出现，催生了数字编码方式的红外遥控系统的快速发展。另外，红外遥控具有很多的优点，例如红外线发射装置采用红外发光二极管，遥控发射器易于小型化且价格低廉；采用数字信号编码和二次调制方式，不仅可以实现多路信息的控制，增加遥控功能，提高信号传输的抗干扰性，减少误动作，而且功率消耗低；红外线不会向室外泄露，不会产生信号串扰；反应速度快、传输效率高、工作稳定可靠等。所以，现在很多无线遥控应用都采用红外遥控方式。红外线遥控器在家用电器和工业控制系统中已得到广泛应用。

8.1　红外线发射和接收

我们常见的红外遥控系统分为发射和接收两部分。发射部分的发射元件为红外发光二极管，它发出的是红外线而不是可见光。常用的红外发光二极管发出的红外线波长为 940 mm 左右，外形与普通 φ5 mm 发光二极管相同。一般有透明、黑色和深蓝色等三种。

根据红外发射管本身的物理特性，必须要有载波信号与即将发射的信号相"与"，然后将相"与"后的信号发送给发射管，才能进行红外信号的发射传送，而在频率为 38 kHz 的载波信号下，发射管的性能最好，发射距离最远，所以在硬件设计上，一般采用 38 kHz 的晶振产生载波信号，与发射信号进行逻辑"与"运算后，驱动到红外发光二极管上。红外发射信号形成过程如图 8-1 所示。

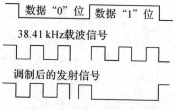

图 8-1　红外发射信号的形成

接收电路的红外接收管是一种光敏二极管，使用时要给红外接收二极管加反向偏压，它才能正常工作而获得较高的灵敏度。红外接收二极管一般有圆形和方形两种。由于红外发光二极管的发射功率较小，红外接收二极管收到的信号较弱，所以接收端就要增加高增益发大电路。所以现在不论是业余制作或正式产品，大都采用成品的一体化接收头。红外线一体化接收头是集红外接收、放大、滤波和比较器输出等于一体的模块，性能稳定、可靠。有了一体化接收头，人们不再制作接收放大电路，这样红外接收电路不仅简单而且可靠性也大大提高。

常用红外接收头的外形，均有三只引脚，即电源正(VCC)、电源负(GND)和数据输出(OUT)。接收头的引脚排列因型号不同而不尽相同，如图 8-2 所示是红外线发射接收头的成品和引脚图。

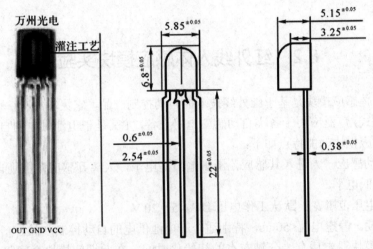

图 8-2　红外发射接收头成品及引脚图

红外遥控有发送和接收两个组成部分。发送端采用单片机将待发送的二进制信号编码调制为一系列的脉冲串信号，通过红外发射管发射红外信号。红外接收端普遍采用价格便宜、性能可靠的一体化红外接收头接收红外信号，它同时对信号进行放大、检波、整形，得到数字信号的编码信息再送给单片机，经单片机解码并执行，去控制相关对象。红外遥控接收应用电路如图 8-3 所示。

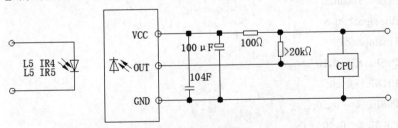

图 8-3　红外遥控接收应用电路

由于 CC2530 芯片可以使用定时器产生 38 kHz 的调制信号，所以只需要在 CC2530 引脚上接一个红外发射管就可以了，在一般情况下，还需要串联一个小电阻。需要注意的是，红外发射对引脚的驱动能力有要求，对于 CC2530 只有引脚 P1_0 和 P1_1 符合要求，可以作为红外信号的输出引脚。

NEC 协议是众多红外遥控协议中比较常见的一种。NEC 编码的一帧(通常按一下遥控器按钮所发送的数据)由引导码、用户码及数据码组成，如图 8-4 所示。把地址码及数据码取反的作用是加强数据的正确性。

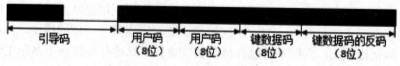

图 8-4　NEC 编码帧

引导码低电平持续时间(即载波时间)为 9000 μs 左右,高电平持续时间为 4500 μs 左右。键码的数字信息通过一个高低电平持续时间来表示,1 的持续时间大概是 1680 μs 高电平+560 μs 低电平,0 的持续时间大概是 560 μs 高电平+560 μs 低电平。键码的反码是为了保证传输的准确。

8.2　红外线人体感应模块实验

红外线人体感应模块是基于红外线技术的自动控制产品,它灵敏度高,可靠性强,超低电压工作模式,广泛应用于各类自动感应电器设备,尤其是干电池供电的自动控制产品。红外线人体感应模块功能特点如下:

(1) 全自动感应。人进入其感应范围则输出高电平,人离开感应范围则自动延时关闭高电平,输出低电平。

(2) 工作电压范围宽。默认工作电压 DC 4.5~20 V。

(3) 微功耗。静态电流<50 μs,特别适合干电池供电的自动控制产品。

(4) 感应模块通电后有一分钟左右的初始化时间,在此期间模块会间隔地输出 0~3 次,一分钟后进入待机状态。

(5) 感应距离 7m 以内,感应角度小于 100°锥角,工作温度为-15℃~+70℃。

本实验实现当有人进入红外线人体感应模块探测区域时,传感板上的 LED1 和 LED2 灯闪烁。程序代码如下:

```
#include "iocc2530.h"
#include "exboard.h"
#define signal P0_5
void main(void){
    P1SEL &= ~0xc0;
    P1DIR |= 0xc0;
    P0SEL &= ~0x20;
    P0DIR &= 0x20;
    while(1){
        if(signal){
            led1 = 1;
            led2 = 1; }
        else{
            led1 = 0;
            led2 = 0; }
```

```
        }
    }
```

其中 exboard.h 文件中的代码如下：

```
#define uint   unsigned int
#define uchar unsigned char
#define uint32 unsigned long

#define led1 P1_6
#define led2 P1_7
#define key1 P0_0
#define key2 P0_1
```

8.3　中断方式发射红外信号

本实验是通过在学习板上编程向另一块学习板发送红外信号，从而掌握 CC2530 以中断方式发射红外信号的方法。

定时器 3 有一个单独的分频器，T3CTL.DIV 取值 010，有效时钟=标记频率/4。寄存器 T3CC0 设置载波信号的周期，取值 105，频率约为 76 kHz。T3 定时器选择模式，当 T3 定时器计数器的值等于寄存器 T3CC0 时，发生 T3 定时器溢出中断，在中断处理函数中，如果当前的信号为 0，则将高低电平进行转换，一个高低电平组成的波的频率为 38 kHz。

下面的代码为 T3 定时器中断处理函数：

```
//定时器 3 的中断处理函数，每 1/76 ks 被调用一次
#pragma vector=T3_VECTOR
_interrupt void T3_ISR(void) {
    //当标志位为 0 时，将 IR 输出引脚电平反转，输出 38 kHz 信号
    if(flag==0){P1_1 = ~P1_1; }
    else { P1_1=0; }
}
```

由于红外信号对信号周期的要求比较严格，一般要求采用定时器 1 来定时。下面几个宏用于定时器 1 的操作：

```
#define T1_Start() T1CTL = 0xa    //启动定时器 1 的宏
#define T1_Stop() T1CTL = 0x8     //停止定时器 1 的宏
#define T1_Clear() T1STAT = 0     //清除定时器 1 中断标志的宏
#define T1_Set(dat) T1CC0L = dat; T1CC0H = dat>>8   //启动定时器 1 通道 0 比较值的宏
#define T1_Over() (T1STAT&1)   //测试定时器 1 通道 0 中断标志的宏
```

下面代码的作用为发送 9 ms 的低电平引导码，其中 **flag**=0 表示发送低电平信号。

```
T1_Set(9000);
Flag = 0;
```

```
        T1_Clear();
        T1_Start();
        while(!(T1_Over()));
        T1_Stop();
```

该实验的完整程序代码如下：

```
    #include "ioCC2530.h"
    #define uint unsigned int
    #define T1_Start() T1CTL = 0xa          //启动定时器 1 的宏
    #define T1_Stop() T1CTL = 0x8           //停止定时器 1 的宏
    #define T1_Clear() T1STAT = 0           //清除定时器 1 中断标志的宏
    #define T1_Sct(dat) T1CC0L = dat;  T1CC0H = dat>>8   //启动定时器 1 通道 0 比较值的宏
    #define T1_Over() (T1STAT&1)            //测试定时器 1 通道 0 中断标志的宏


    static unsigned int count;              //延时计数器
    static unsigned char flag;              //红外发送标记
    char iraddr1;                           // 十六位地址的第一个字节
    char iraddr2;                           // 十六位地址的第二个字节


    void SendIRdata (char p_irdata);
    void Init_T3(void){
        P1DIR=0x02;                         //设引脚 P1_1 为输出
        CLKCONCMD &=   ~0x7f;               //晶振设置为 32 MHz
        while(CLKCONSTA & 0X40);            //等待晶振稳定
        EA = 1;                             //开总中断
        T3IE = 1;                           //开定时器 3 中断
        T3CTL = 0x46;                       //定时器 3 设分 4 频，设模模式
        T3CCTL0 = 0x44;                     //定时器 3 通道 0 开中断，设比较模式
        T3CC0 = 105;                        //设置定时器 3 通道 0 比较寄存器值
    }
    void Init_T1(void){
        T1IE = 1;                           //开定时器 1 中断
        T1CTL = 0x0a;                       //定时器 1 设分频，设模模式
        T1CCTL0 = 0x44;                     //定时器 1 通道 0 开中断，设比较模式
    }


    void main(void){
        Init_T3();
        Init_T1();
        P1_1 = 1;                           // IR 输出引脚，初始化为 1
```

```
        T3CTL |= 0x10;               //启动定时器 3
        iraddr1 = 0;                 //地址码第一个字节
        iraddr2 = 0xff;
        SendIRdata(18);
    }
    //定时器 3 的中断处理函数，每 1/76 ks 被调用一次
#pragma vector = T3_VECTOR
_interrupt void T3_ISR(void) {
    //当标志位为 0 时，将 IR 输出引脚电平反转，输出 38 kHz 信号
    if(flag==0){P1_1 = ~P1_1; }
    else { P1_1 = 0; }
}
void SendIRdata (char p_irdata) {
    int i;
    char irdata = p_irdata;
    //发送 9 ms 的低电平引导码
    T1_Set(9000);
    Flag = 0;
    T1_Clear();
    T1_Start();
    while(!(T1_Over()));
    T1_Stop();
        //发送 4.5 ms 的高电平引导码
    T1_Set(4500);
    flag=1;
    T1_Clear();
    T1_Start();
    while(!(T1_Over()));
    T1_Stop();
        //发送 300 μs 的低电平引导码
    T1_Set(300);
    Flag = 0;
    T1_Clear();
    T1_Start();
    while(!(T1_Over()));
    T1_Stop();
    //发送十六位地址的第一个字节
    irdata = iraddr1;
    for(i = 0; i<8; i++){
```

```
        //如果当前位为 1，则发送 1680 μs 的高电平和 560 s 的低电平
        //如果当前位为 0，则发送 560 μs 的高电平和 560 s 的低电平
        if(irdata-(irdata/2)*2){
            T1_Set(1680); }
        else{ T1_Set(560); }


    T1_Clear();
    T1_Start();
    Flag = 1;
    while(!(T1_Over()));
    T1_Stop();


    flag = 0;
    T1_Set(560);
    T1_Clear();
    T1_Start();
    while(!(T1_Over()));
    T1_Stop();
    irdata = irdata>>1;    //数据右移一位，等待发送
}
flag = 0;
//发送十六位地址的第二个字节
irdata=iraddr2;
for(i=0; i<8; i++){
    flag=1;
    if(irdata-(irdata/2)*2){
        T1_Set(1680); }
    else{ T1_Set(560); }


    T1_Clear();
    T1_Start();


    while(!(T1_Over()));
    T1_Stop();


    flag=0;
    T1_Set(560);
    T1_Clear();
    T1_Start();
```

```
    while(!(T1_Over()));
  T1_Stop();
  irdata=irdata>>1;
}
flag=0;
//发送 8 位数据
irdata=p_irdata;
for(i=0;i<8;i++){
    flag=1;
    if(irdata-(irdata/2)*2){
        T1_Set(1680); }
      else{ T1_Set(560); }

  T1_Clear();
  T1_Start();

    while(!(T1_Over()));
  T1_Stop();

    flag=0;
    T1_Set(560);
  T1_Clear();
  T1_Start();
    while(!(T1_Over()));
  T1_Stop();
  irdata=irdata>>1;
}
flag=0;
//发送 8 位数据的反码
irdata=~p_irdata;
for(i=0;i<8;i++){
    flag=1;
    if(irdata-(irdata/2)*2){
        T1_Set(1680); }
      else{ T1_Set(560); }

      T1_Clear();
      T1_Start();
```

```
        while(!(T1_Over()));
        T1_Stop();

        flag=0;
        T1_Set(560);
        T1_Clear();
        T1_Start();
        while(!(T1_Over()));
        T1_Stop();
        irdata = irdata>>1;
    }
    flag=1;
}
```

8.4　PWM 方式输出红外信号

CC2530 可以按照类似 PWM 输出的机制来输出调制的红外信号，输出只需最少的 CPU 参与即可产生 IR 的功能。调制码可以由 16 位的定时器 1 和 8 位的定时器 3 合作生成。定时器 3 用于产生载波，定时器 3 有一个独立的分频器，它的周期使用 T3CC0 设置。定时器 3 通道 1 用于 PWM 输出，载波的占空比使用 T3CC1 设置。通俗地说，T3CC0 设置的是一个 38 kHz 载波信号的周期，T3CC1 设置的是在这个周期中高电平和低电平的周期是多少。而通道 1 使用比较模式：在比较时清除，在 0x00 设置输出 (T3CCTL1.CMP=100)。例如，T3CC0=211，T3CC1=105，这时定时器 3 通道 1 输出是占空比为 1:2 的方波，也就是高低电平各占一半的方波，这种方法与前面使用的中断产生载波的方式不同，前面的程序是中断每半个载波周期跳转一次，而 PWM 方式是一次完整地输出一个载波，而且如果需要输出占空比为 1:3 的方波，PWM 方式就方便多了。

IRCTL.IRGEN 寄存器位使得定时器 1 处于 IR 产生模式。当设置了 IRGEN 位时，定时器 1 采用定时器 3 通道 1 的输出比较信号作为标记，而不是采用系统标记。这时相当于定时器 1 计数器不再计算系统时钟信号的个数，而是计算定时器 3 通道 1 输出的方波的个数，这个在后面需要给定时器 1 通道比较寄存器赋值的时候尤其要注意。

定时器 1 处于调制模式(T1CTL.MODE=10)。定时器 1 的周期是使用 T1CC0 设置的，通道 0 处于比较模式(T1CCTL0.MODE=1)。通道 1 比较模式"在比较时设置输出，在 0x0000 清除" (T1CCTL1.CMP=011)用于输出门控信号。标记载波的个数由 T1CC1.T1CC1 设置。例如，在 NEC 码中数据 1 的持续时间大概是 1680 μs 高电平+560 μs 低电平，需要将 T1CC1 设置为 1680 μs，而 T1CC0 要设置成 1680 μs +560μs，而 T1CC1 和 T1CC0 的值需要分别设为 1680/26.3，和 2240/26.3，其中 26.3 μs 是 38 kHz 载波信号的周期。每个定时器每周期由 DMA 或 CPU 更新一次，而这个定时操作是需要由 24 位的睡眠定时器完成的，这是由于定时器 1 和定时器 3 已经使用，而定时器 4 是 8 位定时器。

　　本实验是在学习板上编程向另一块学习板发送红外信号，从而掌握 CC2530 以 PWM
输出方式发射红外信号的方法。其程序代码如下：

```
#include "ioCC2530.h"
#include "exboard.h"

#define T1_Set(dat)    T1CC0L=dat;T1CC0H=dat>>8
#define T11_Set(dat)  T1CC1L=dat;T1CC1H=dat>>8
char iraddr1=0;        //十六位地址的第一个字节
char iraddr2=0xFF;     //十六位地址的第二个字节
void SendIRdata(char p_irdata);

void Set_ST_Period(uint sec) {
    long sleepTimer=0;
    //将睡眠定时器当前值加到变量 sleepTimer 中，先读 ST0 的值
    sleepTimer|=ST0;
    sleepTimer|=(long)ST1<<8;
    sleepTimer|=(long)ST2<<16;
    //将睡眠时间加到 sleepTimer 上
    sleepTimer+=sec;
    //将 sleepTimer 写入睡眠定时器
    ST2=(char)(sleepTimer>>16);
    ST1=(char)(sleepTimer>>8);
    ST0=(char) sleepTimer;
}
void Init_SLEEP_TIMER(void) {
    ST2=0x00;
    ST1=0x0F;
    ST0=0x0F;
    EA=1;            //开中断
    STIE=1;          //睡眠定时器中断使能
    STIF=0;          //睡眠定时器中断状态位置 0
}
void Init_T3(void) {
    T3IE=0;          //关定时器 3 中断
    T3CTL=0x46;      //定时器 3 设分 4 频，设模式
T3CCTL1=0X24;        //定时器 3 通道 1 开中断，设比较模式 100，
//在比较时清除输出，在 0 时设置
    T3CC0=211;       //设置波形总的周期
    T3CC1=105;       //设置波形高电平的周期
```

```
    }

    void Init_T1(void) {
        T1IE=0;                    //关 T1 定时器溢出中断
        T1CTL=0x02;                //定时器 1 设为模模式
        PERCFG=0X40;               //外设 T1 定时器使用备用位置 2，输出为引脚 P1_1
        T1CCTL0=0X04;              //外设 T1 定时器通道 0 设为比较输出
        T1CCTL1=0X5C;              //外设 T1 定时器通道 1 设为比较输出，设比较模式 101,
                                   //在等于 T1CC0 时清除输出，在等于 T1CC1 时设置输出
    }

    void main(void) {
        CLKCONCMD &=~0x7f;         //晶振设置为 32 MHz
        while(CLKCONSTA & 0X40);   //等待晶振稳定
        P1SEL=0xFE;                //将相应引脚设为外设功能
        P1SEL=0x28;
        P1DIR=0xFE;                //将相应引脚设为输出
        Init_T3();
        P1_1=0;
        IRCTL=0X01;                //定时器 3 的输出作为定时器 1 的标记输入
        Init_T1();
        Init_SLEEP_TIMER();
        T3CTL|=0X10;               //启动定时器 3
        SendIRdata(18);
    }

    void SendIRdata(char p_irdata) {
        int i;
        char irdata;
        //发送 4.5 ms 的高电平起始码
        T1_Set(180);
        T11_Set(165);
        Set_ST_Period(154);        //睡眠定时器控制波形的时间
        while(!(IRCON&0x80));
        STIF=0;                    //睡眠定时器消除中断标志
        //发送十六位地址的第一个字节
        irdata=iraddr1;
        for(i=0;i<8;i++) {
            if(irdata-(irdata/2)*2) {
                T1_Set(85);
                T11_Set(63);
```

```
        Set_ST_Period(73);
    }
    else {
     T1_Set(42);
     T11_Set(21);
     Set_ST_Period(37);
    }
    while(!(IRCON&0x80));
    STIF=0;
    irdata=irdata>>1;
}
//发送十六位地址的第二个字节
irdata=iraddr2;
for(i=0;i<8;i++) {
    if(irdata-(irdata/2)*2) {
        T1_Set(85);
        T11_Set(63);
        Set_ST_Period(73);
    }
    else {
     T1_Set(42);
     T11_Set(21);
     Set_ST_Period(37);
    }
    while(!(IRCON&0x80));
    STIF=0;
    irdata=irdata>>1;
}
//发送 8 位数据
irdata=p_irdata;
for(i=0;i<8;i++){
    if(irdata-(irdata/2)*2) {
        T1_Set(85);
        T11_Set(63);
        Set_ST_Period(73);
    }
    else {
     T1_Set(42);
     T11_Set(21);
```

```
        Set_ST_Period(37);
    }
    while(!(IRCON&0x80));
    STIF=0;
    irdata=irdata>>1;
}
//发送 8 位数据的反码
irdata=~p_irdata;
for(i=0;i<8;i++){
    if(irdata-(irdata/2)*2) {
        T1_Set(85);
        T11_Set(63);
        Set_ST_Period(73);
    }
    else {
        T1_Set(42);
        T11_Set(21);
        Set_ST_Period(37);
    }
    while(!(IRCON&0x80));
    STIF=0;
    irdata=irdata>>1;
}
T3CTL&=~0x10;
}
```

8.5　红外接收实验

　　本实验是编程实现红外遥控器的按键编码，并将其键码显示在学习板的 1602LCD 上。本实验的设计思路是红外接收要求能够准确计算信号周期，所以使用定时器 1 计算信号的周期，可以将定时器 1 进行 32 倍分频，定时器 1 每个计数周期就是 1 μs。红外遥控器的按键动作是随机产生的，所以需要使用输入引脚 P1_0 的中断处理红外接收头接收的数据。

　　其程序的完整代码如下：

```
#include "ioCC2530.h"
#include "exboard.h"
#include "lcd.h"

#define IRIN P1_0     //红外接收器数据线
```

```
uchar IRCOM[7];
#define T1_Start() T1CTL=0x09
#define T1_Stop() T1CTL=0x08
#define T1_Clear() T1STAT=0
#define T1_Set(dat)   T1CC0L=dat;T1CC0H=dat>>8
#define T1_Over() (T1STAT&1)


void main(void){
    CLKCONCMD &=~0x7f;              //晶振设置为 32 MHz
    while(CLKCONSTA & 0X40);        //等待晶振稳定
    P0DIR=0xF0;                     //设置 P0 口引脚方向
    P1DIR=0x1C;
    lcd_init();                     //初始化 LCD
    P1IEN|=0x11;                    //P1_0 设置为中断方式
    P1CTL|=0x02;                    //下降沿触发
    EA=1;
    IEN2|=0x10;                     //P0 设置为中断方式
    //初始化中断标志位
    T1CTL=0x09;
    while(1){}
}
#pragma vector = P1INT_VECTOR
_interrupt void P1_ISR(void){
    unsigned char j，k;
    unsigned int N=0;
    IEN2 &= ~0x10;
    if(IRIN == 1){                  // 如果先出现高电平信号，则退出
      IEN2 |= 0x10;
      return;
    }
    T1CNTL = 0;
    T1CNTH = 0;
    T1_Start();                     //启动 T1 定时器定时
    while(!IRIN){}                  //等 IR 变为高电平，跳过 9 ms 的前导低电平信号
    T1_Stop();
    N=T1CNTH;                       //停止 T1 定时器定时
    N=N<<8;                         //计算时间
    N=N+T1CNTL;
    if(N<8500){                     //如果小于 8500 µs，则退出
```

```
    IEN2|=0x10;
    return;
  }
  T1CNTL=0;
  T1CNTH=0;
  for(j=0;j<4;j++){               //收集 4 组数据
    for(k=0;k<8;k++){             //每组数据有 8 位
      while(IRIN){}              //等 IR 变为低电平，跳过 4.5 ms 的前导高电平信号
      while(!IRIN){}             //等 IR 变为高电平
    }
    T1CNTL=0;
    T1CNTH=0;
    T1_Start();
    while(IRIN){}               //计算 IR 高电平时长
    N=T1CNTH;
    N=N<<8;
    N=N+T1CNTL;
    if(N>=2000){                //如果 IR 高电平时长超过 2000 μs，则退出
      IEN2|=0x10;
      break;
    }
    IRCOM[j]=IRCOM[j]>>1;       //数据右移一位，最高位补"0"
    if(N>=700){                 // IR 高电平时长超过 700 μs，数据最高位置补"1"
    IRCOM[j]=IRCOM[j]|0x80;
  }
    N=0;
    T1CNTL=0;
    T1CNTH=0;
    T1_Stop();
  }
}
IEN2|=0x10;
IRCOM[5] = IRCOM[2] & 0x0F;     //取键码的低 4 位，存入 IRCOM[5]
IRCOM[6] = IRCOM[2]>>4;         //键码右移 4 次，高四位变为低四位，存入 IRCOM[6]
if(IRCOM[5] > 9){               //IRCOM[5]转为 ASCII 码
  IRCOM[5] = IRCOM[5]+0x37;
}
else {
  IRCOM[5]=IRCOM[5]+0x30; }
```

```
if(IRCOM[6]>9){
    IRCOM[6]=IRCOM[6]+0x37;
}
else {
    IRCOM[6]=IRCOM[6]+0x30; }
P1DIR=0x1c;
lcd_pos(0);
lcd_wdat(IRCOM[6]);    //第一位数显示
lcd_pos(1);
lcd_wdat(IRCOM[5]);    //第二位数显示
P1IFG|=0x00;
}
```

参 考 文 献

[1]　青岛英谷教育科技股份有限公司. ZigBee 开发技术及实践. 西安：西安电子科技大学出版社，2016.

[2]　刘传清，刘化君. 无线传感网技术. 北京：电子工业出版社，2015.

[3]　余成波，李洪兵. 无线传感器网络实用教程. 北京：清华大学出版社，2012.

[4]　姜仲，刘丹. ZigBee 技术与实训教程：基于 CC2530 的无线传感网技术. 北京：清华大学出版社，2014.

[5]　王小强，欧阳骏. ZigBee 无线传感器网络设计与实现. 北京：化学工业出版社，2012.

[6]　宋吾力. 无线传感器网络核心及安全技术研究. 北京：中国水利水电出版社，2016.

[7]　http://wiki.ai-thinker.com/esp8266/docs.